# 자동차 기관 실습

안상호 · 손영진 공저

# Preface

요즘의 세상을 보면 쉬워지는 것은 별로 없으면서 모든 것이 다양하고 복잡하게만 변화해 가는데 그 중에서 유달리 컴퓨터와 자동차 전자제어 시스템의 변화가 더욱 그러하다.

최근에 컴퓨터의 기술이 확대 보급되면서 메카트로닉스란 말을 흔히 사용한다. 메카트로닉스란 메카닉스(mechanics)와 일렉트로닉스(electronics)의 합성어이며, 기계와 전자를 합성시킨 첨단기술을 말한다.

이러한 메카트로닉스가 자동차 산업의 발달로 기관, 자동차 안전장치 및 편의장치 등에 적용되면서 더욱 발전하게 되었다. 그 예로 전자제어 기관, 린번(lean burn) 기관, GDI 기관, 자동변속기, 전자제어 현가장치(ECS), 미끄럼방지 브레이크(ABS), 구동력 제어장치(TCS), 에탁스(ETACS), IMS, LAN 통신 등등 상당 부분 확대되었을 뿐만 아니라 급속도로 발달되고 있다.

이렇게 복잡하고 첨단화된 자동차 기술에 대응하기 위해서는 관련된 서적이나 각종 첨단 시스템에 대한 꾸준한 공부와 연구가 있어야 각종 전자제어 장치에서 발생되는 고장을 쉽게 정비할 수 있을 것이다.

이 책은 이와 같은 현실에 착안하여 집필하였으며 구성을 살펴보면 제1편 가솔린기관 점검 정비, 제2편 LPG 연료계통 정비, 제3편 디젤기관 점검 및 정비로 되어있다. 또한, 현장의 정비사 및 대학이나 대학교에서 자동차를 공부하는 학생 등 이 분야에 관심을 지니고 있는 다양한 계층에서 실습할 수 있도록 체계적으로 집필하였다.

이 책이 자동차 공업발전에 다소나마 기여할 수 있기를 기원하면서 뜻하지 않은 오류가 있으면 독자 여러분들의 기탄없는 질책과 조언을 받아 수정해 나갈 것을 약속드린다.

끝으로 이 책의 출간을 위해 수고해 주신 기한재 여러분께 감사드린다.

저자

## 제1편 가솔린 기관 점검 · 정비

### 제1장 가솔린 기관 분해 · 조립 ▸ 11



### 제2장 기관본체 부분 점검 · 정비 ▸ 31



### 제3장 가솔린 기관 시동 및 점화시기 점검 ▸ 95



### 제4장 냉각장치 점검 및 정비 ▸ 113

## 제9장 배기가스 농도 및 공기 과잉률 ▸ 247



# 제2편 LPG 연료계통 정비

## 제10장 메인 솔레노이드 듀티 값 ▸ 265



## 제11장 베이퍼라이저 1차실 압력 점검 및 조정 ▸ 269



# 제3편 디젤기관 점검 및 정비

## 제12장 디젤기관 분해 · 조립 순서 ▸ 275

# 제 1 편

# 가솔린 기관 점검 · 정비

# 가솔린 기관 분해 · 조립

## 1.1 가솔린 기관 분해 · 조립작업

### 【1】 기관을 분해 · 조립 작업을 할 때 주의사항

① 분해 · 조립할 때에는 반드시 기관의 정면에서 하도록 한다.

② 기관에서 풀어 낸 볼트(bolt)는 부품에서 빼내지 말고 끼워진 채로 부품을 떼어내도록 한다.

③ 볼트와 너트를 풀 때에는 바깥쪽에서 중앙을 향하여, 조일 때에는 중앙에서 바깥쪽을 향하도록 하고, 특히 실린더헤드 볼트의 경우는 풀고, 조이는 순서에 주의하여야 한다.

④ 복잡한 부품을 분해할 때에는 기능이나 외관상 영향을 미치지 않는 부분에 조립 표시를 한다.

⑤ 분해작업을 할 때 그 부품이 조립되었던 상태 · 이상 마모 및 변형유무를 점검한다.

⑥ 부품은 분해한 순서대로 잘 정리하였다가 조립하도록 한다.

⑦ 볼트머리 및 너트의 지름과 공구의 크기를 익혀두도록 한다.

⑧ 조립할 때 오일 실 · 개스킷 · O-링 · 플라스틱 너트 등은 신품으로 교환한다.

## 1.2 기관 부속장치 분해작업

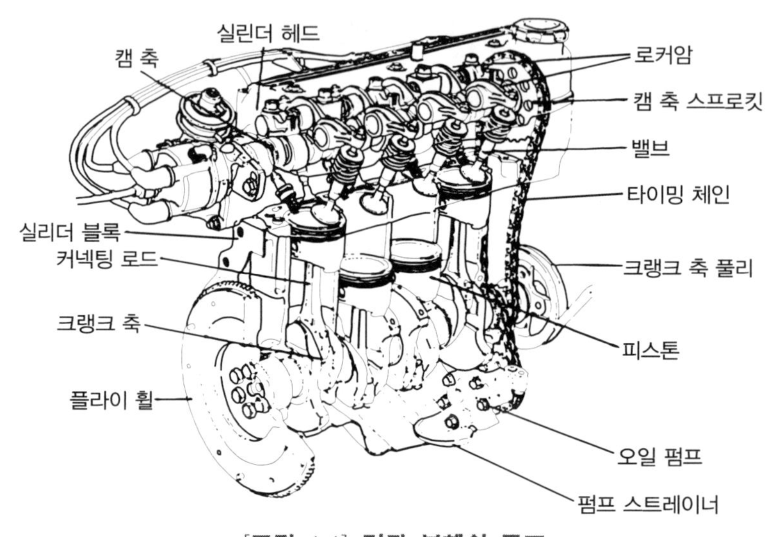


[그림 1-1] **기관 본체의 구조**

① 기관 주위에 교류발전기(alternator), 기동전동기(stating motor), 점화코일(ignition coil), 배전기(distributor), 파워 트랜지스터, 고압케이블(high tension cable), 에어컨 압축기(air con compressor) 등이 부착되어 있는 경우에는 이들 전기장치를 먼저 분리한다.

② 딜리버리 파이프, 인젝터, 스로틀 보디, 흡기다기관(intake manifold), 배기다기관(exhaust manifold), 서지 탱크(Surge tank) 등을 분리한다.

③ 크랭크축 풀리(crank shaft pulley)와 물 펌프 풀리(water pump pulley), 물 펌프(water pump) 등을 분리한다.

④ 오일 여과기(oil filter), 오일레벨 게이지(oil level gauge, 유면 표시기) 등을 분리한다.

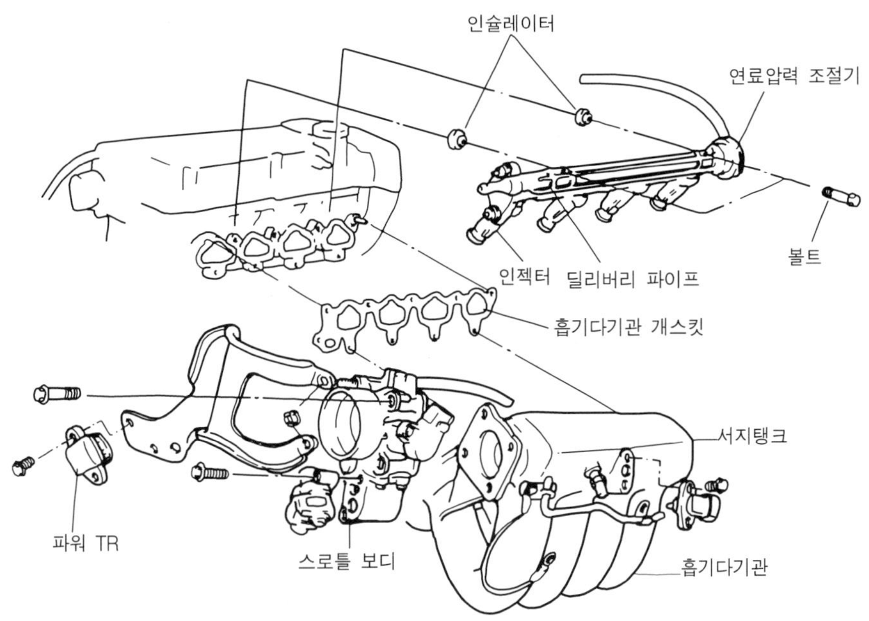


[그림 1-2] 흡기다기관과 서지탱크 등의 구성부품

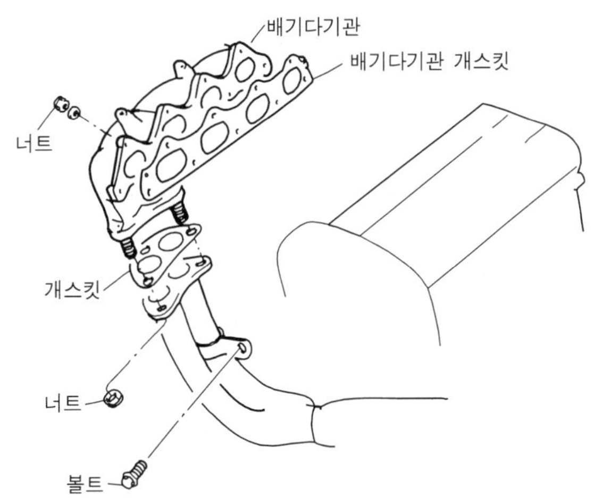


[그림1-3] 배기다기관 부착위치

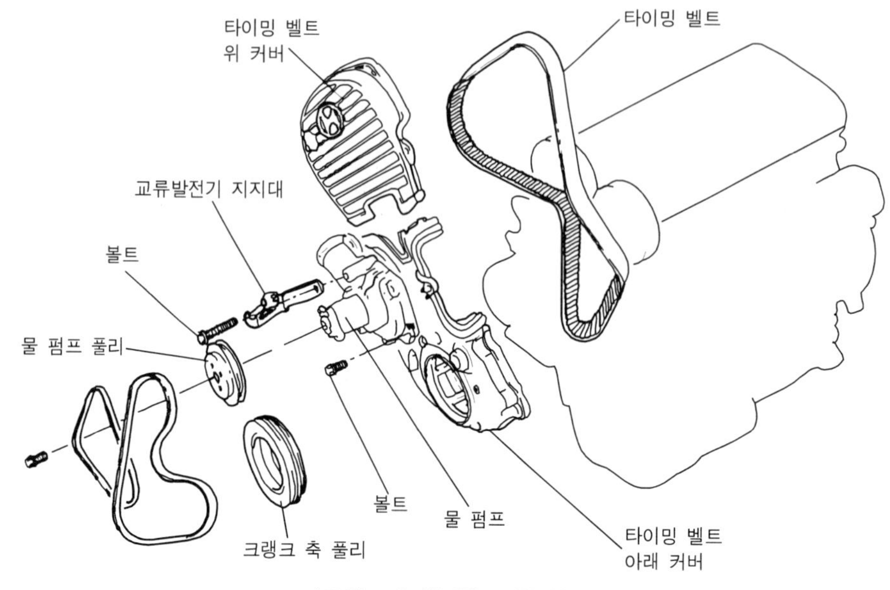


[그림1-4] 물 펌프 구성부품

## 1.3 기관 본체부분 분해 및 조립작업

### 【1】 로커암(rocker arm)과 캠축(cam shaft) 분해 · 조립순서

#### 1) 로커암과 캠축 분해순서

① 센터커버(center cover)를 분리한 후, 타이밍벨트 커버(timing belt cover)와 로커암 커버를 분리한다.

② 캠축 스프로킷 볼트(cam shaft sprocket bolt)를 풀고 캠축 스프로킷을 분리한다.

③ 베어링 캡 볼트(bearing cap bolt)를 풀고 베어링 캡, 캠축, 로커암, 오토 래시 어저스터(auto lash adjuster) 등을 분리한다.

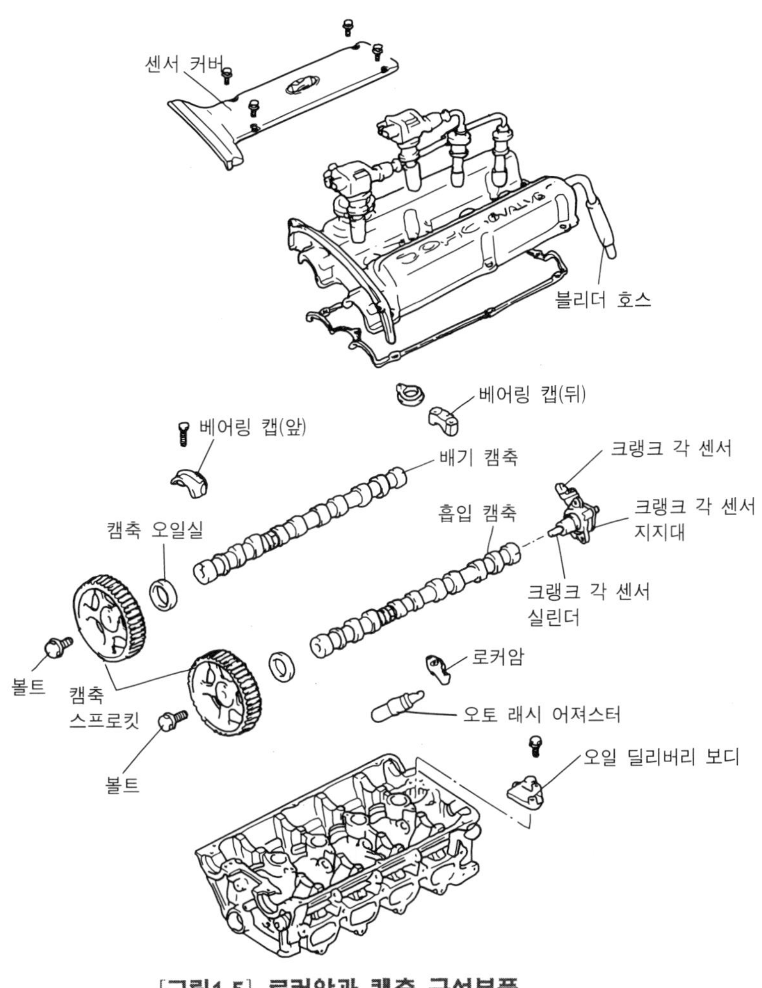


[그림1-5] 로커암과 캠축 구성부품

## 2) 로커암과 캠축 조립순서

① 실린더 헤드에 캠축을 설치한다. 배기 캠축 뒤 끝 부분에는 크랭크 각 센서(crank angle sensor)를 구동하기 위한 홈(slot)이 있다.

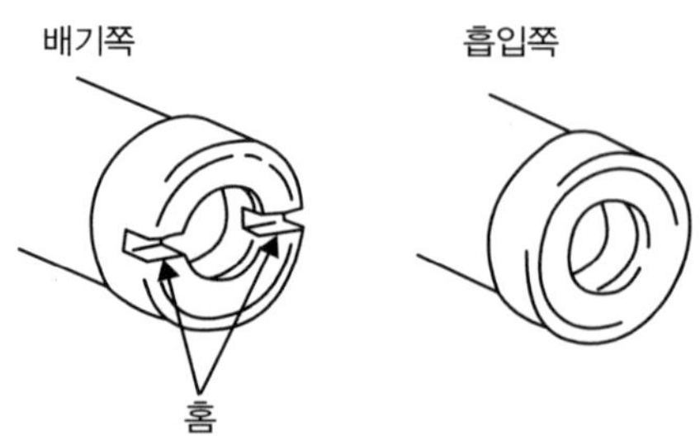


[그림1-6] 흡 · 배기 캠축의 구분

② 베어링 캡을 설치한다. "L 마크"는 흡입 캠축용, "R 마크"는 배기 캠축용이며, 베어링 캡의 "◀" 표시가 앞쪽을 향하도록 한다.

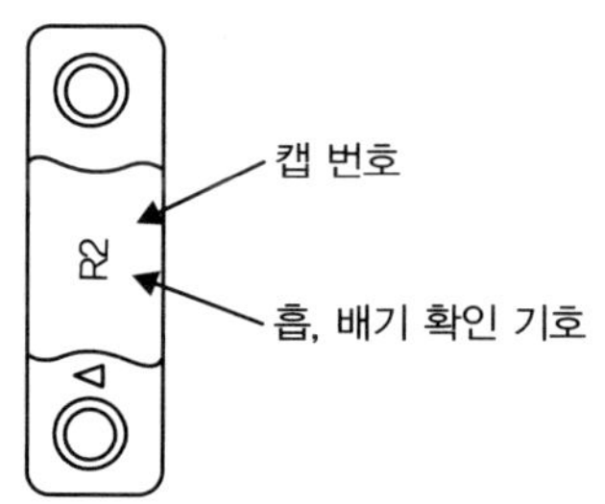


[그림1-7] 베어링 캡의 확인 기호

③ 캠축 스프로킷에 있는 다웰 핀(dowel pin)이 위쪽으로 설치되었는지 점검한다.

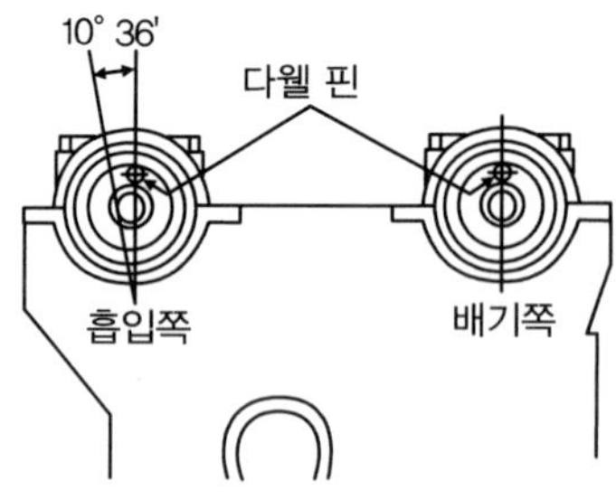


[그림1-8] 다웰 핀의 설치위치

④ 베어링 캡 볼트를 그림 1-9의 순서로 조인다.

⑤ 캠축 스프로킷 볼트를 조인 다음 로커암 커버와 센터커버를 설치한다.

[그림1-9] **베어링 캡 볼트 조임 순서**

## 【2】 타이밍 벨트 분해 · 조립순서

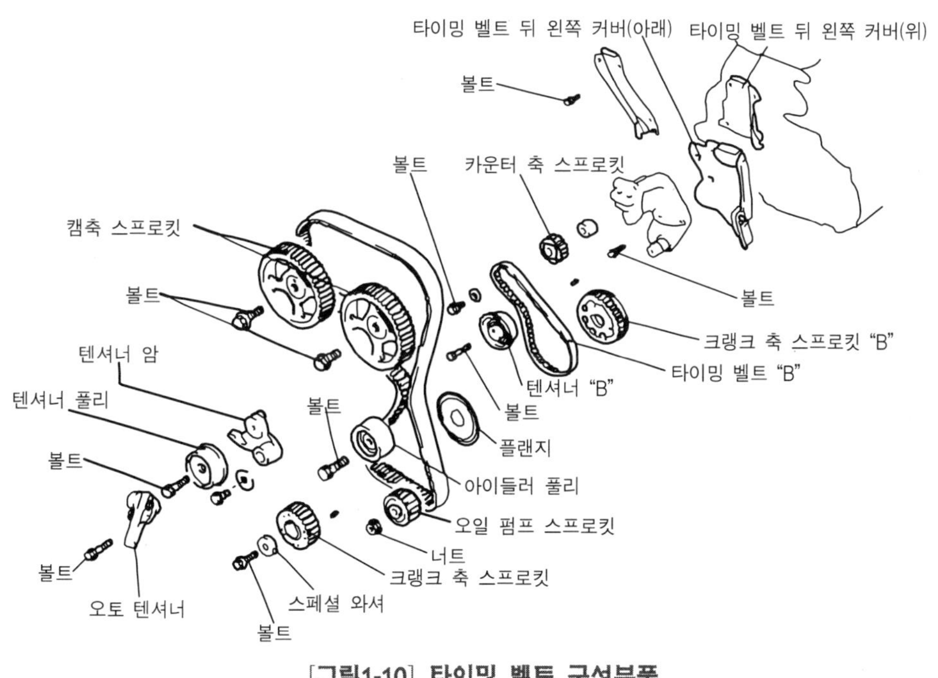


[그림1-10] **타이밍 벨트 구성부품**

### 1) 타이밍 벨트 분해순서

① 크랭크축 풀리 및 물 펌프 풀리와 구동벨트를 분리한 다음 타이밍 벨트 커버를 분리한다.

② 오토 텐셔너(auto tensioner)를 분리한다. 오토 텐셔너를 떼어낼 때에는 크랭크축을 시계방향으로 돌려서 제1번 실린더의 피스톤을 압축행정의 상사점에

오도록 타이밍 마크를 일치시킨다. 이때 캠축 스프로킷의 타이밍 마크와 실린더 헤드 윗면이 서로 일치하여야 하며, 캠축 스프로킷의 다웰 핀은 위쪽에 있어야 한다.

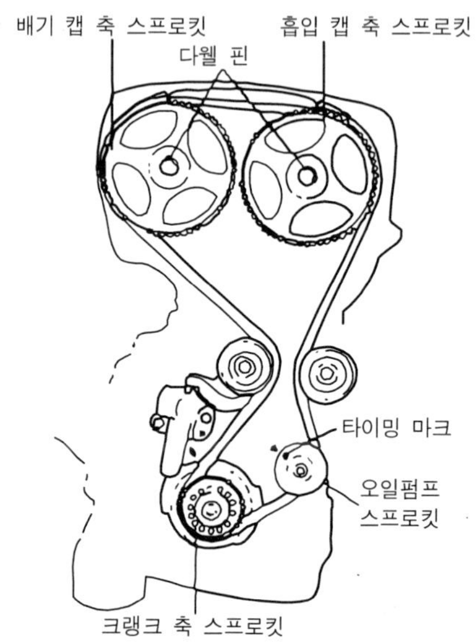


[그림1-11] 타이밍 마크 정렬상태

③ 타이밍 벨트를 분리한 다음 캠축을 분리한다.

④ 오일펌프 스프로킷 너트를 풀 때 실린더 블록의 왼쪽 플러그를 풀고 왼쪽 카운터 밸런스 축(left count balance shaft)이 움직이지 않도록 하기 위해 직경 8mm, 길이 60mm 이상의 스크루드라이버(screw driver)를 끼운다.

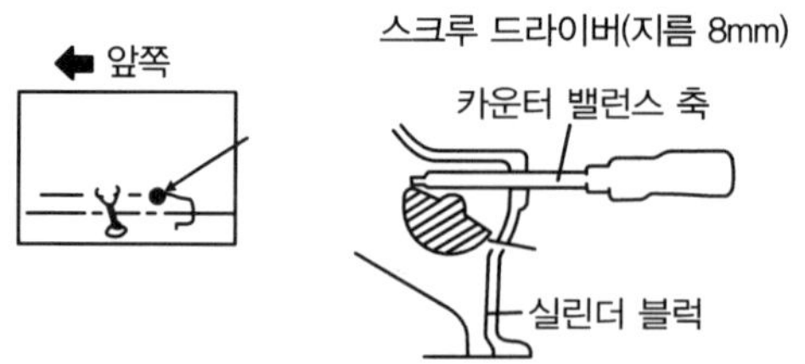


[그림1-12] 왼쪽 카운터 밸런스 축 고정하기

⑤ 오일펌프 스프로킷 너트를 푼 다음 오일펌프 스프로킷을 분리한다.

⑥ 오른쪽 카운터 밸런스 축 고정볼트를 손으로 풀 수 있을 정도까지 푼다.

⑦ 텐셔너 B를 떼어낸 후 타이밍 벨트 B와 크랭크축 스프로킷 B를 분리한다.

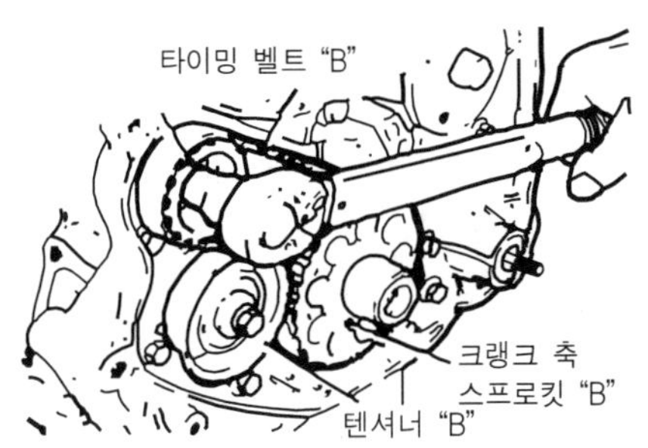


[그림1-13] **타이밍 벨트 B와 크랭크축 스프로킷 B**

### 2) 타이밍 벨트 조립순서

① 크랭크축 스프로킷 B를 크랭크축에 설치한 후 스페이서(spacer)를 오른쪽 카운터 밸런스 축에 설치한다.

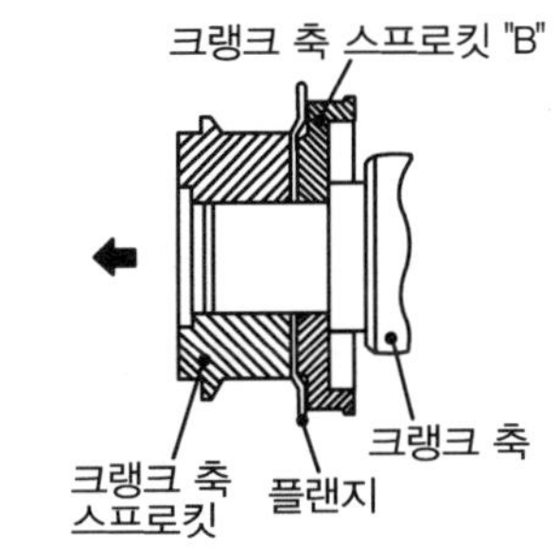


[그림1-14] **크랭크축 스프로킷 B 설치**

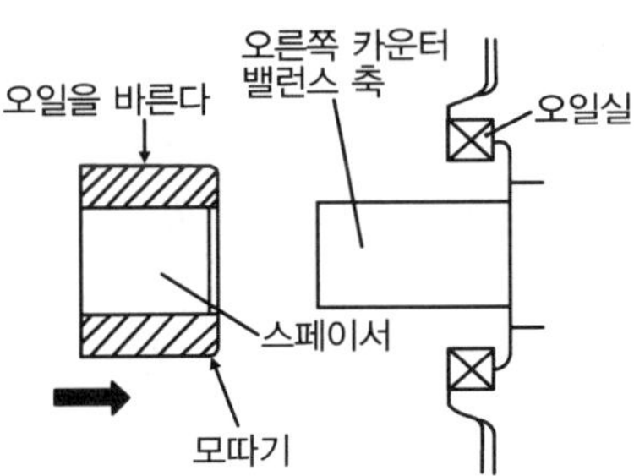


[그림1-15] **스페이서를 오른쪽 카운터 밸런스 축에 설치**

② 카운터 밸런스 축 스프로킷을 오른쪽 카운터 밸런스 축에 설치한 후 고정볼트를 손으로 조인 다음 각 스프로킷의 타이밍 마크를 앞 케이스(front case)의 타이밍마크(timing mark)에 일치시킨다.

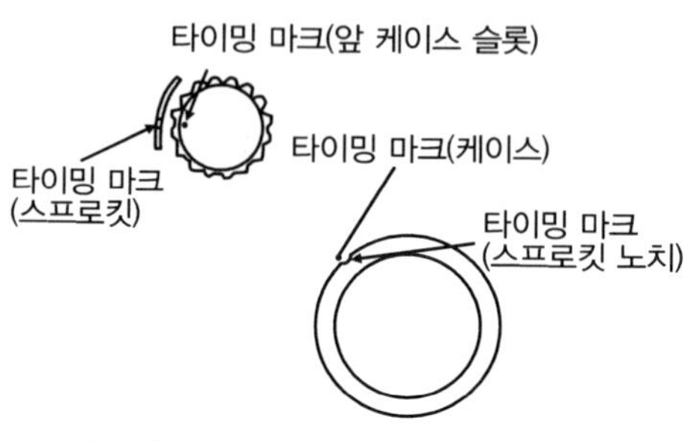


[그림1-16] 타이밍마크 일치시키기

③ 타이밍벨트 B를 설치할 때 장력 쪽이 처지지 않도록 한다. 텐셔너 B를 고정볼트의 왼쪽에 위치한 풀리 및 기관 앞쪽으로 위치된 풀리 플랜지(pulley flange)에 설치한다. 그리고 텐셔너 B쪽이 팽팽하도록 타이밍벨트 B를 조이고 텐셔너 B가 고정되도록 볼트를 조인다.
볼트를 조일 때 축이 함께 돌아가면 벨트가 너무 팽팽해지므로 함께 회전하지 않도록 주의한다. 작업이 끝나면 타이밍마크가 일치하는지 점검한다. 또 벨트 장력은 장력 쪽 중심을 손가락으로 눌렀을 때 5~7mm 정도 되어야 한다.

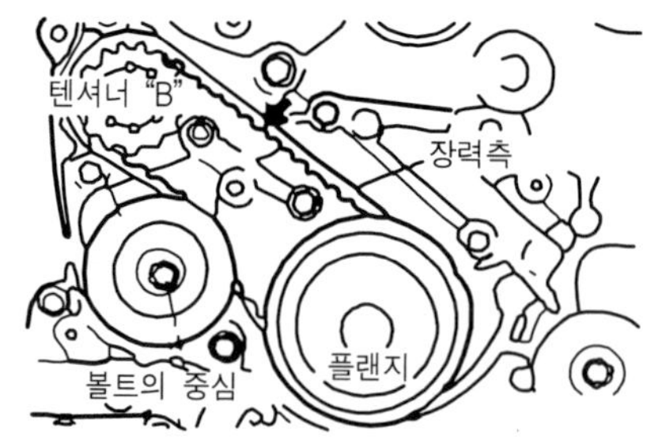


[그림1-17] 타이밍벨트 B와 텐셔너 B 설치

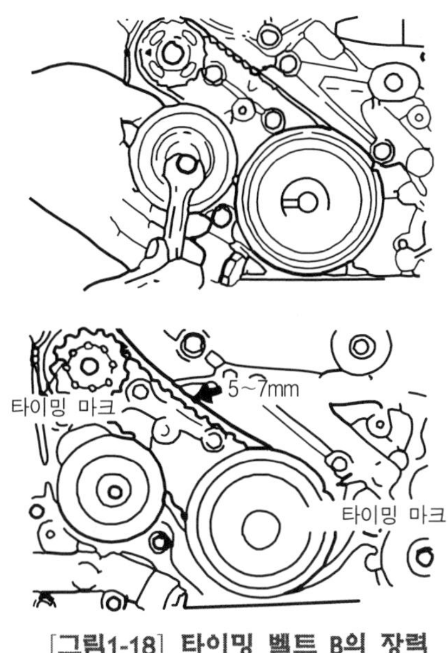


[그림1-18] 타이밍 벨트 B의 장력

④ 플랜지 및 크랭크축 스프로킷을 설치한 후 와셔(washer) 및 스프로킷 볼트를 조인다.

⑤ 스크루드라이버를 실린더블록 왼쪽 플러그 구멍에 카운터 밸런스 축이 움직이지 않도록 하기 위해 끼운 후 오일펌프 스프로킷을 설치하고 볼트로 조인다.

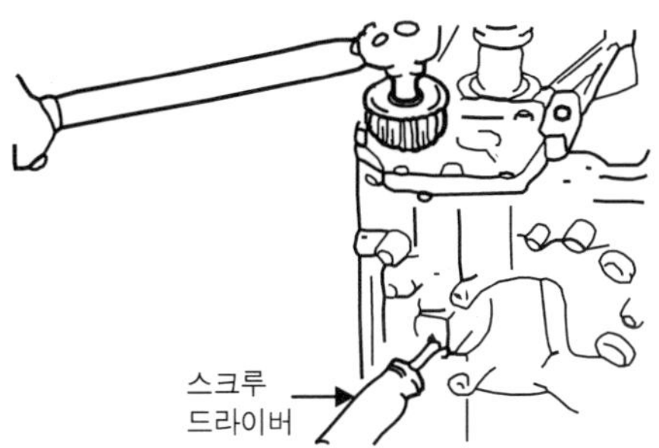


[그림1-19] 오일펌프 스프로킷 설치

⑥ 캠축 스프로킷을 설치하고 볼트를 조인다.

⑦ 오토 텐셔너를 설치한다. 이때 오토 텐셔너에 세트 핀을 설치한 채로 둔다.

[그림1-20] 오토 텐셔너 설치

참고

오토 텐셔너 로드가 너무 튀어 나왔으면 다음과 같이 조정한다.

㉮ 오토 텐셔너의 밑바닥에 플러그가 있을 때에는 평와셔를 사용한 후 부드러운 금속과 함께 오토 텐셔너를 바이스에 물린다.

㉯ 2개의 구멍이 서로 만날 때까지 바이스로 서서히 밀어 넣는다.

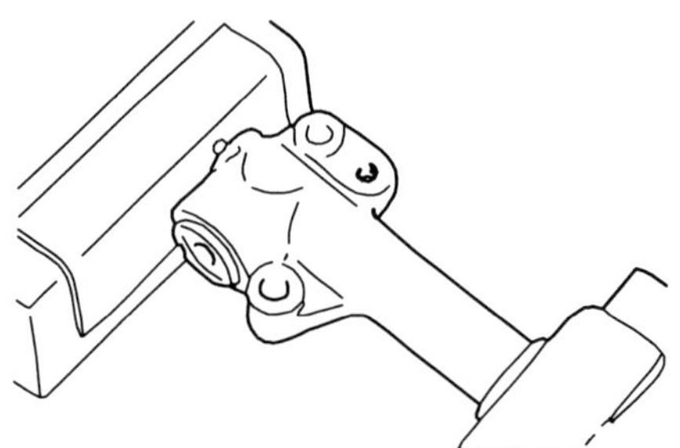

[그림1-21] 오토 텐셔너 로드 조정

⑧ 텐셔너 암에 텐셔너 풀리를 설치한 후 다웰 핀이 위쪽에 오도록 2개의 캠축 스프로킷을 회전시켜 로커암 커버의 타이밍마크와 2개의 스프로킷 타이밍마크를 일치시킨다.

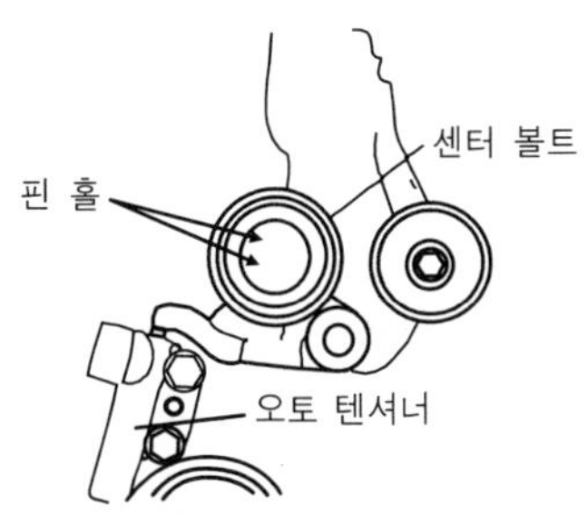


[그림1-22] 텐셔너 풀리 설치

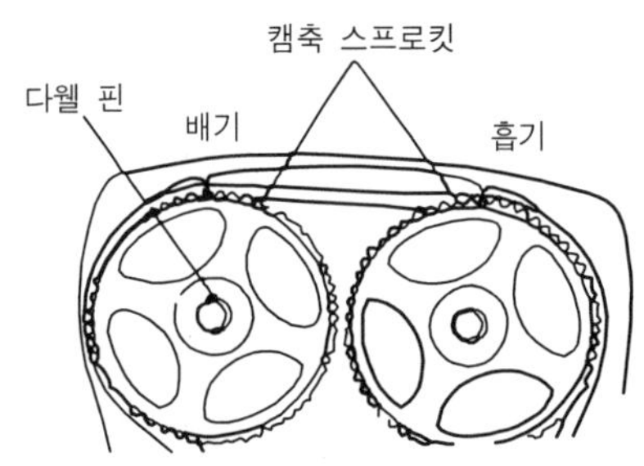


[그림1-23] 캠축 스프로킷의 타이밍마크 정렬

⑨ 크랭크축 스프로킷 타이밍마크와 오일펌프 스프로킷 타이밍마크를 정렬한다.

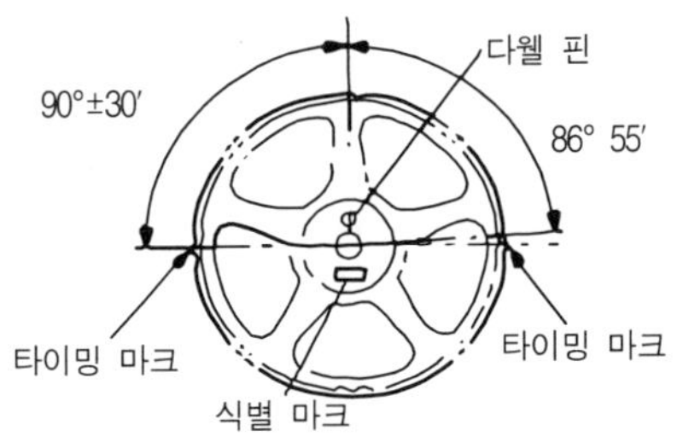


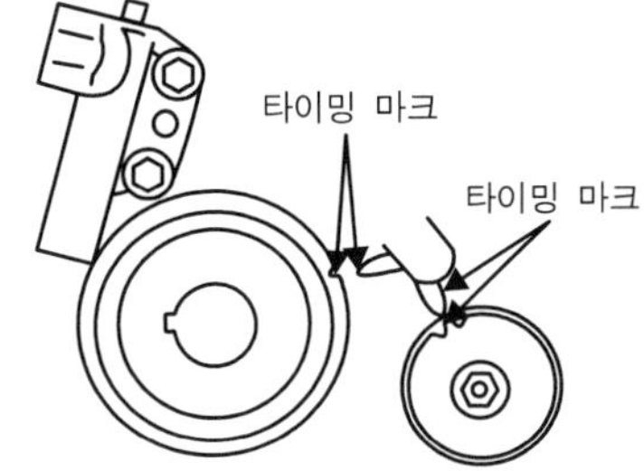


[그림1-24] 크랭크축 스프로킷 타이밍마크 정렬

⑩ 텐셔너 풀리와 크랭크축에 타이밍벨트를 설치하고 왼손으로 텐셔너 풀리 위에 있는 타이밍벨트를 꼭 잡고, 오른손으로 타이밍벨트를 당겨서 오일펌프 스프로킷에 벨트를 설치한다.

⑪ 아이들러 풀리(idler pulley), 캠축 스프로킷에 타이밍벨트를 설치한다.

⑫ 실린더 헤드 윗면과 타이밍마크를 정렬하기 위해 흡・배기 캠축 스프로킷을 시계 및 반시계 방향으로 돌려 타이밍마크를 일치시킨다.

⑬ 텐셔너 풀리에 타이밍벨트를 건 후 오토 텐셔너 세트 핀을 빼낸 다음 타이밍벨트 위・아래 커버를 설치한다.

**【3】 실린더 헤드 분해 · 조립순서**

① 실린더 헤드 볼트 소켓(특수공구)을 이용하여 그림 1-25의 순서로 2~3회 나누어 헤드볼트를 풀도록 한다.

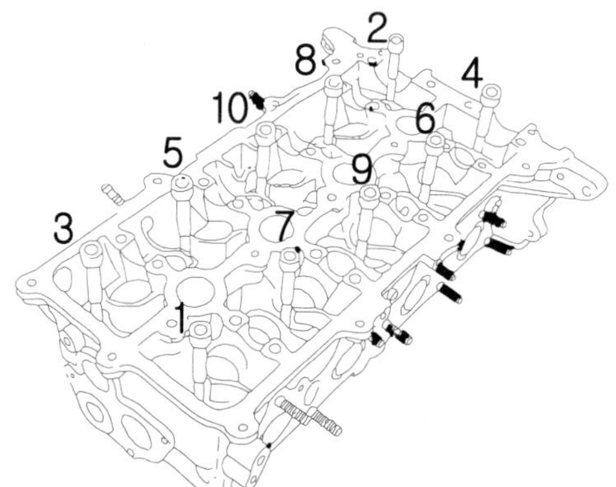


[그림1-25] **헤드볼트 푸는 순서**

② 실린더 헤드 볼트 소켓(특수공구)을 이용하여 그림 1-26의 순서로 헤드볼트를 조인다.

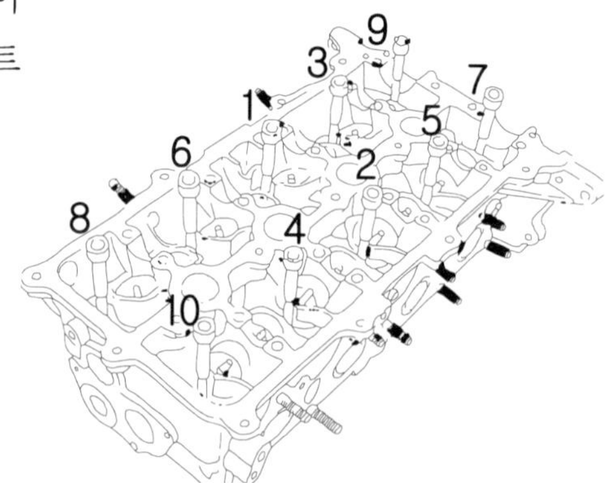


[그림1-26] **헤드볼트 조임 순서**

## 【4】 오일펌프 · 오일 팬 및 카운터 밸런스 축 분해 · 조립

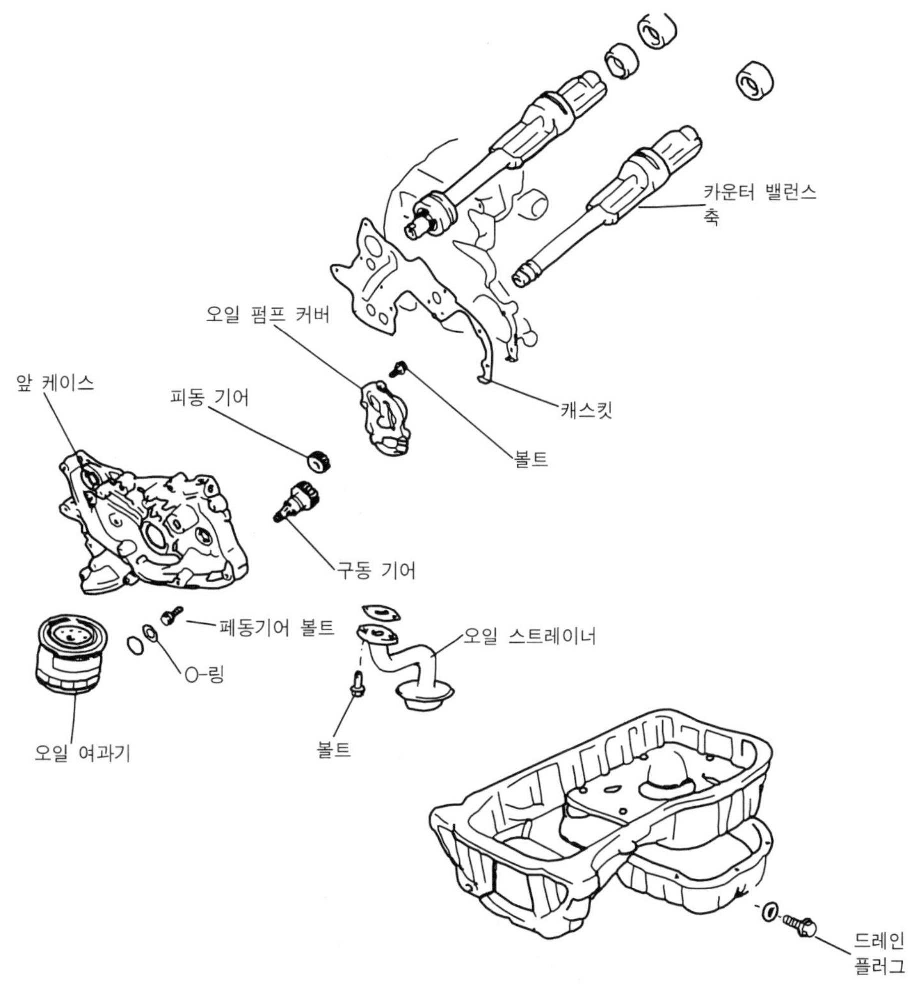


[그림1-27] **오일펌프 · 오일 팬 및 카운터 밸런스 축 구성부품**

① 타이밍벨트를 떼어낸 후 오일 팬 고정볼트를 풀고 고무해머로 오일 팬의 한 쪽을 두드려 실린더블록으로부터 분리한다.

② 오일 스트레이너(oil strainer), 앞 케이스, 오일 여과기 등을 분리한다.

③ 특수공구를 이용하여 앞 케이스의 오일펌프 쪽에서 플러그 캡을 떼어낸 후 왼쪽 실린더 블록의 플러그를 풀고 스크루드라이버(직경 8mm, 길이 60mm 이상)를 플러그 구멍에 끼운다.

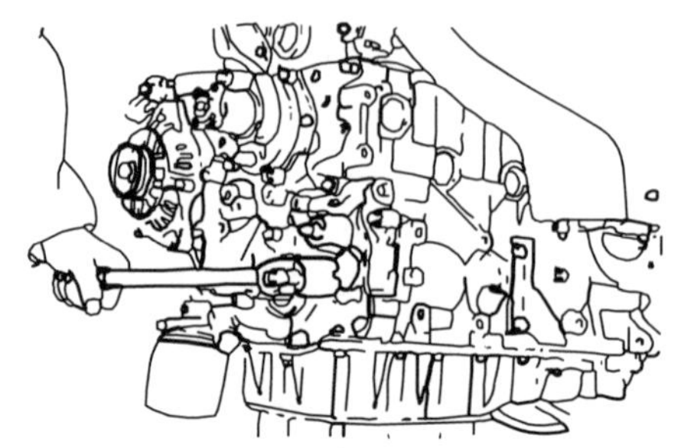

[그림1-28] 오일펌프 쪽의 플러그 캡 분리하기

④ 오일펌프 피동기어를 떼어낸 후 왼쪽 카운터 밸런스 축 볼트를 푼다.

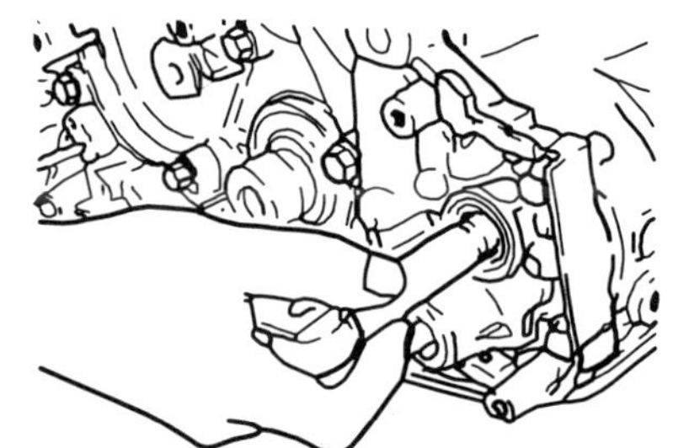

[그림1-29] 왼쪽 카운터 밸런스 축 볼트 풀기

⑤ 앞 케이스 고정볼트를 풀고 앞 케이스를 떼어낸 후 2개의 카운터 밸런스 축을 실린더 블록에서 분리한다.

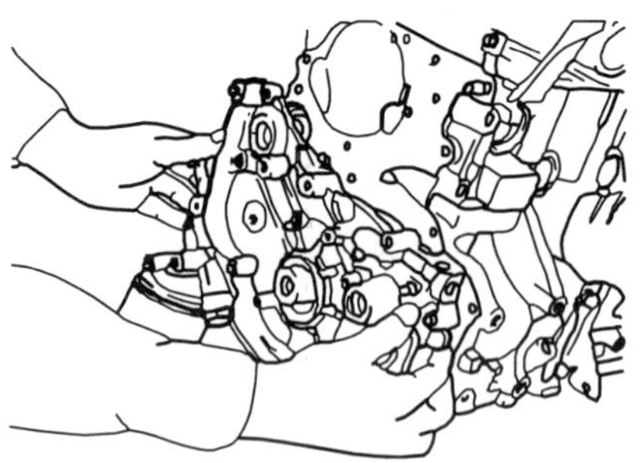

[그림1-30] 앞 케이스 분리하기

⑥ 오일펌프 커버와 오일펌프를 분리한다.

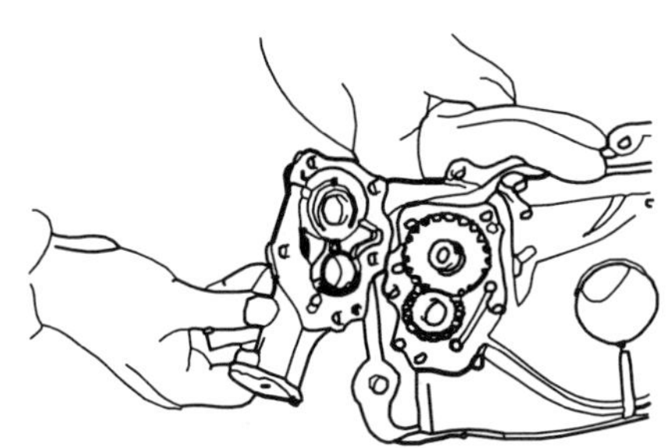

[그림1-31] 오일펌프 커버와 오일펌프 분리하기

⑦ 분해한 순서의 반대 순서로 조립한다.

## 【5】 피스톤-커넥팅로드 분해 · 조립순서

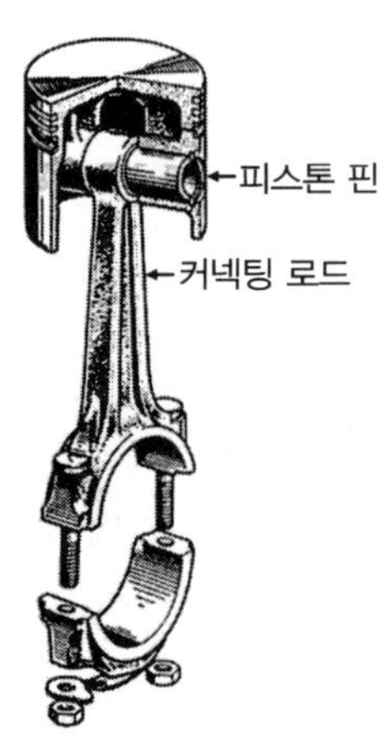


[그림1-32] 피스톤-커넥팅로드 구성부품

### (1) 피스톤-커넥팅로드 분해순서

① 커넥팅로드 캡 너트를 풀고 베어링 캡과 대단부 베어링을 분리한다.

② 각 피스톤-커넥팅로드 어셈블리를 실린더 위로 밀어 올린다.

### (2) 피스톤-커넥팅로드 조립순서

① 피스톤 링이 설치된 피스톤을 실린더에 끼울 때에는 피스톤 링을 압축기로 꽉 조여야 한다.

② 피스톤 앞쪽 마크 및 커넥팅로드 앞쪽 마크가 기관의 앞쪽으로 향하였는지를 확인한다.

③ 커넥팅로드 캡을 설치할 때 분해 전 조립되었던 것과 같이 커넥팅로드와 캡 볼트를 해당 번호의 실린더용인지를 확인한다. 또 커넥팅로드와 베어링 캡의 노치(notch)가 같은 쪽에 있는지 확인한다.

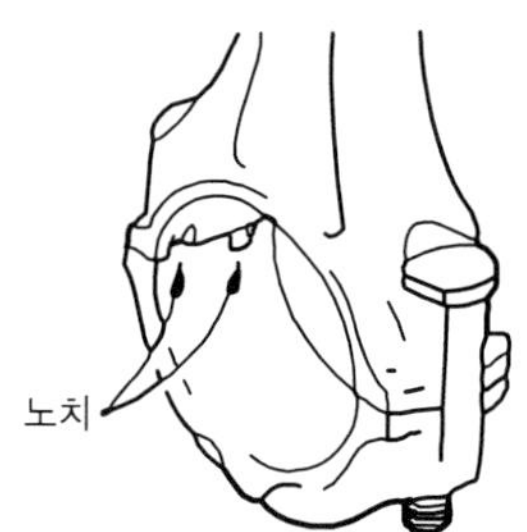


[그림1-33] **베어링 캡 노치 방향**

④ 커넥팅로드 캡 너트를 조인다.

## 【6】 플라이 휠과 크랭크축 분해 · 조립순서

여기서는 플라이 휠과 크랭크축 조립순서만 설명하도록 한다.

① 실린더 블록에 홈이 있는 메인 베어링(상부 베어링)을 설치한 후 메인 베어링 캡에 홈이 없는 메인 베어링(하부 베어링)을 설치한다. 그리고 제3번 메인 저널 실린더블록 쪽에만 스러스트 베어링(thrust bearing)을 설치하되 홈이 있는 방향이 바깥쪽으로 향하도록 설치한다.

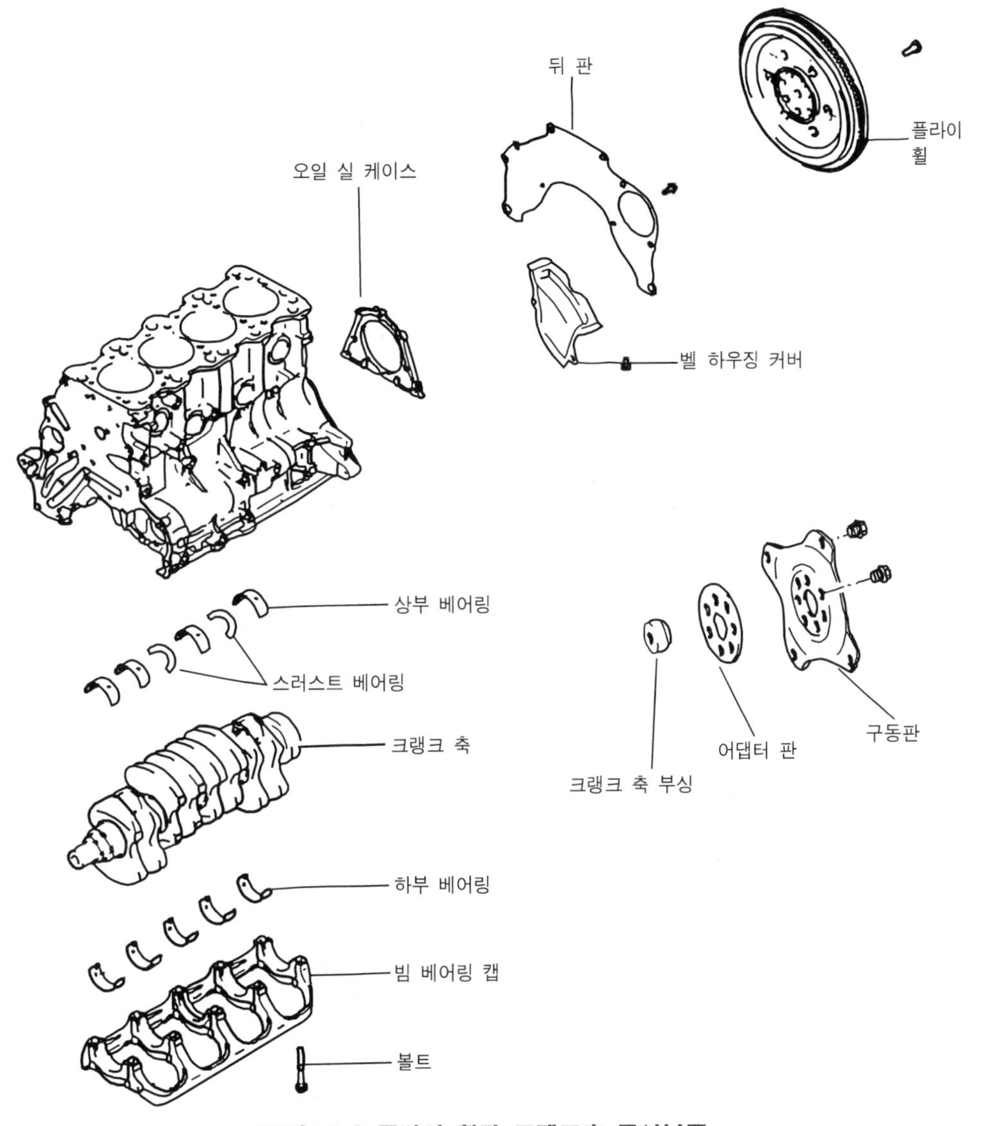


[그림1-34] **플라이 휠과 크랭크축 구성부품**

② 크랭크축을 실린더 블록에 설치한다. 그리고 화살표 방향이 기관 앞쪽으로 향하도록 베어링 캡을 설치하여야 하며, 이때 베어링 캡 번호가 일치하는지 확인한다.

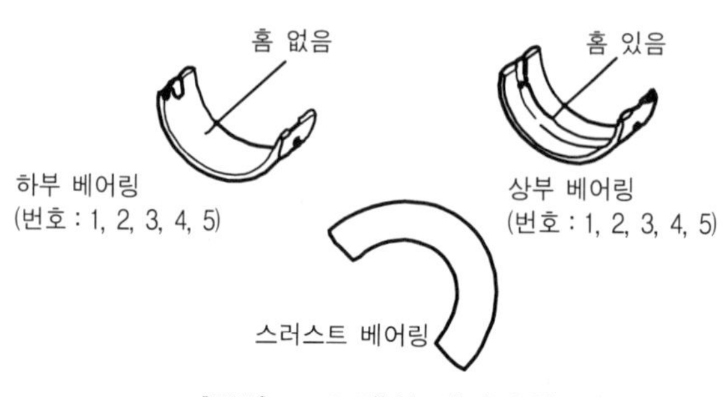


[그림1-35] **메인 베어링의 구분**

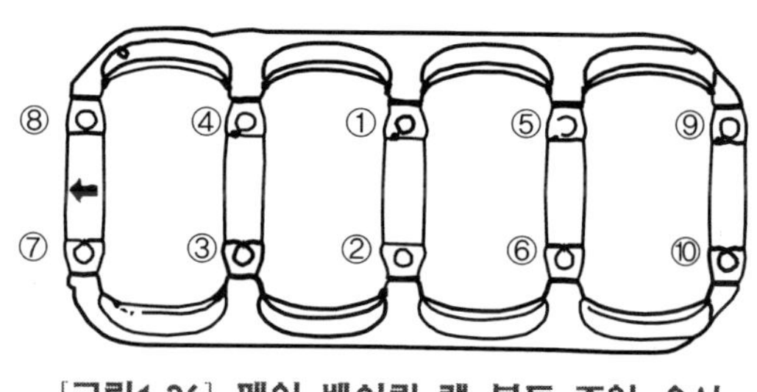


[그림1-36] **메인 베어링 캡 볼트 조임 순서**

③ 특수공구를 이용하여 오일 실 케이스(oil seal case)에 오일 실을 설치 후 오일 실 케이스를 설치한다.

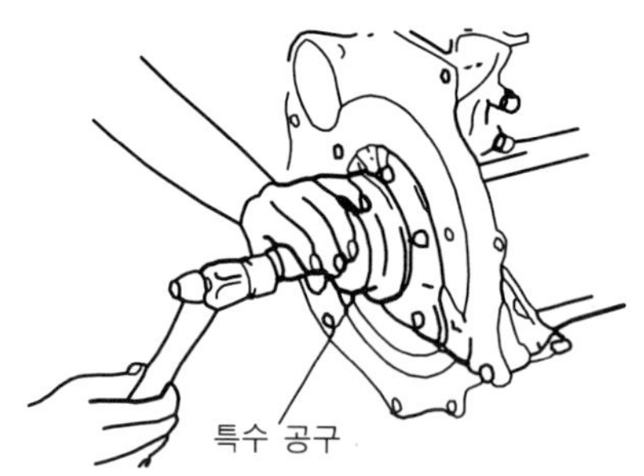


[그림1-37] **오일 실 설치하기**

④ 뒤 판을 실린더 블록에 설치한 후 플라이 휠을 크랭크축에 설치한다.

제 2 장

# 기관본체 부분 점검 · 정비

## 2.1 실린더 헤드(cylinder head) 변형도 측정 및 점검

### 2.1.1 실린더 헤드의 구조와 기능

실린더 헤드(cylinder head)는 헤드 개스킷(head gasket)을 사이에 두고 실린더 블록에 헤드볼트로 설치되며, 피스톤 및 실린더와 함께 연소실을 형성한다. 실린더 헤드의 양쪽에는 흡기다기관과 배기다기관이 설치되고, 위쪽에는 캠축, 로커암 축 어셈블리, 밸브 등이 설치된다. 그리고 실린더 헤드는 높은 온도에서 열팽창이 적고, 폭발압력에 견딜 수 있는 재질을 사용하여야 한다. 또 열전도성을 높이기 위해 여러 금속의 합금을 사용하기도 하며, 가열되기 쉬운 돌출부분이 없어야 한다. 실린더 헤드의 재질은 알루미늄 합금이나 주철을 사용하여 일체주조 한다.

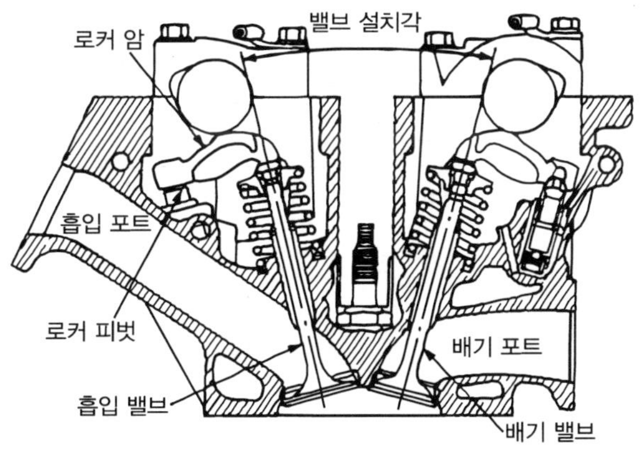


[그림2-1] 실린더 헤드와 그 구성부품들

## 2.1.2 실린더 헤드의 변형

실린더 헤드의 편평도는 0mm로 유지되어야 하지만 실린더 헤드 개스킷 불량, 헤드볼트의 조임 불균일, 기관의 과열, 냉각수 동결 등의 원인으로 변형이 발생한다.

실린더 헤드에 변형이 발생하면 헤드 개스킷의 손상, 냉각수의 누출, 기관오일의 누출, 블로바이로 인해 압축압력 저하, 기관의 출력감소 등이 발생한다.

### 【1】 실린더 헤드 변형도 점검방법

실린더 헤드 변형도는 그림 2-3에 나타낸 바와 같이 필러 게이지(feeler gauge or thickness gauge)와 곧은자를 이용하여 다음 순서로 점검한다.

① 실린더 헤드 면의 개스킷 조각 등을 깨끗이 제거한다.

② 필러 게이지는 변형이 없는 것을 사용한다.

③ 곧은자를 실린더 헤드 면에 설치한 후 필러 게이지를 곧은자와 실린더 헤드 면 사이에 끼워 점검한다. 이때 무리한 힘을 가하지 말고 필러 게이지의 얇은 두께부터 끼워 측정하도록 하며, 점검할 때 필러 게이지의 수치가 가장 큰 값(필러 게이지의 두께가 가장 두꺼운 것)이 변형 값이다.

④ 위와 같은 방법으로 6~7개소를 점검한다.

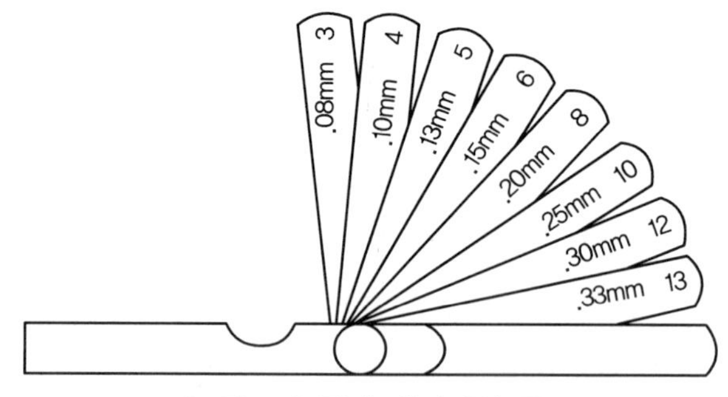


[그림2-2] 필러 게이지의 구조

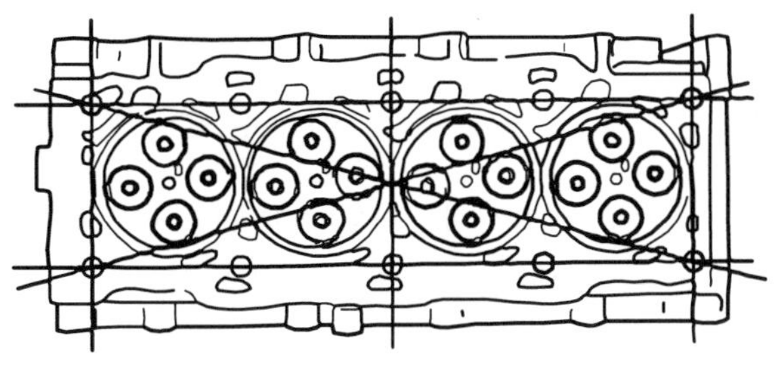

(a) 측정부위

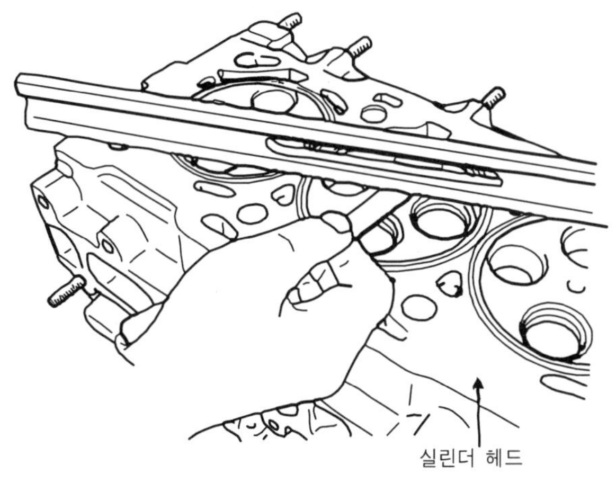


(b) 측정방법

[그림2-3] 실린더 헤드의 변형도 점검

## 【2】 실린더 헤드 변형도 수정방법

실린더 헤드의 변형도가 한계 값 이상일 때는 평면 연삭기로 연삭 수정하며, 변형도가 한계 값 이하일 때는 정반에 광명단(인주)을 바르고 실린더 헤드를 밀착시켜 변형이 있는 부분을 스크레이퍼로 깎아낸다.

▶차종별 실린더 헤드 변형도 규정 값 및 한계 값(단위 mm)

| 차 종 | 규정값 | 한계값 |
|---|---|---|
| 아반떼 | 0.05mm 이하 | 0.1mm |
| EF소나타 | 0.03mm | |

주어진 기관(DOHC)을 기록표 작성할 수 있는 부분까지 분해하여 기록표의 요구사항[실린더 헤드 변형도]을 측정 및 점검하고 본래 상태로 조립하시오.

| 실린더 헤드 변형 측정<br>기관 번호 : | 비번호<br>(등번호) | | 감독위원<br>확　인 | |
|---|---|---|---|---|

| 측정항목 | ① 점검(또는 측정) | | ② 판정 및 정비(또는 조치)사항 | | 득점 |
|---|---|---|---|---|---|
| | 측 정 값 | 규정(정비한계)값 | 판　정 | 정비 및 조치할 사항 | |
| 헤드 변형도 | | | | | |

▶기록표 작성방법

① 측정값 : 측정한 값을 단위와 함께 기록한다.(예 : 0.15mm)

② 규정(정비한계)값 : 측정용 기관의 제원에 맞는 규정 값을 단위와 함께 기록한다.(예 : 0.05mm)

③ 판정 : 측정한 값이 정비 한계 값 이내인 경우에는 "양호", 벗어난 경우에는 "불량"으로 기록한다.

④ 정비 및 조치할 사항 : 양호로 판정한 경우에는 "사용가능", 불량으로 판정한 경우에는 정비 및 조치할 사항을 기록한다.(예 : 실린더 헤드 수정)

## 2.1.3 실린더 헤드 균열 점검방법

실린더 헤드의 균열원인은 냉각수의 동결 및 과격한 열 부하이며, 균열 점검방법에는 육안검사, 자기 탐상 방법, 침투(염색) 탐상 방법, 초음파 탐상 방법, 방사선 탐상 방법 등이 있다.

### 【1】 자기 탐상 방법

강철이나 주철의 표면 또는 표면 가까운 곳에 균열이 있을 때 그 재료를 자화(磁化)하면 그림 2-4의 (a)와 같이 균열이 있는 부분에서 자력선이 누출된다. 그림 (b)는 자화의 예이며, 이와 같이 자화된 부분에 산화철 가루에 오일 또는 물을 탄 액체를 바르면 자력선이 누출되는 부분에 산화철 가루를 부으면 균열이 검출된다.

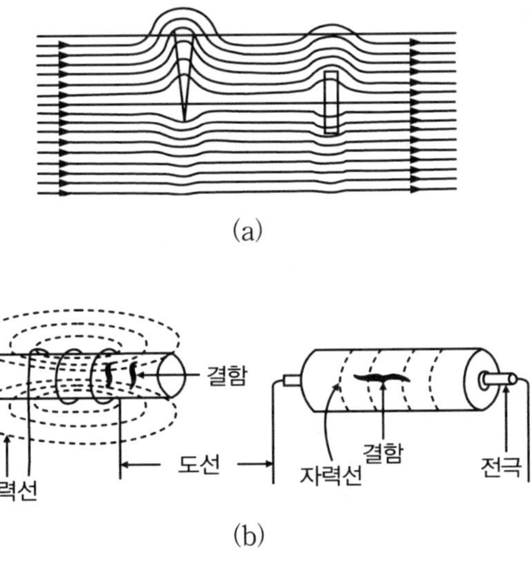


[그림2-4] 자기 탐상방법

### 【2】 침투(염색) 탐상 방법

균열이 의심되는 부분에 염료 액체이나 형광을 발하는 액체를 뿜어 주거나 그 속에 실린더 헤드를 담가서 액체를 균열이 의심되는 부분에 충분히 침투시킨 후 표면에 묻은 여분의 액체를 잘 닦은 후 여기에 백색 가루를 알코올로 녹인 현상제를 뿌려 건조시키면 그림 2-5와 같이 침투한 액체가 현상제에 비쳐 나와

균열부분이 확대된다. 염료 액체를 형광 액체로 사용하였을 경우에는 자외선 램프 밑에서 결함을 검출할 수 있다.

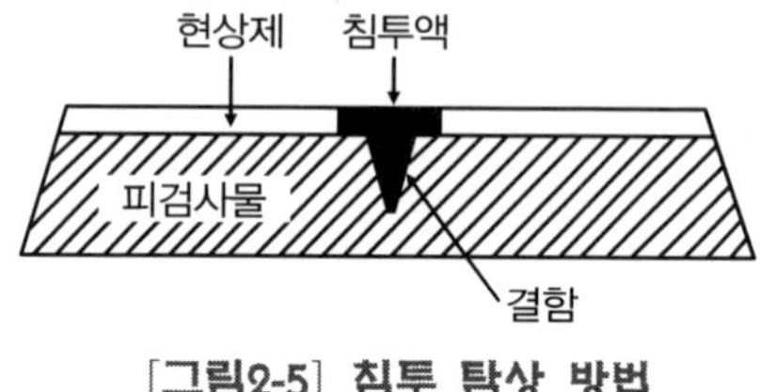


[그림2-5] 침투 탐상 방법

### 【3】 초음파 탐상 방법

초음파를 균열이 의심되는 부분에 투사하면 그림 2-6과 같이 초음파는 균열이 있는 부분과 끝 면에서 반사한다. 이 반사파를 전압으로 바꾸어 증폭시켜 브라운관에 나타내면 그림 (b)와 같은 파형이 나오며, 균열의 크기와 위치를 알 수 있다.

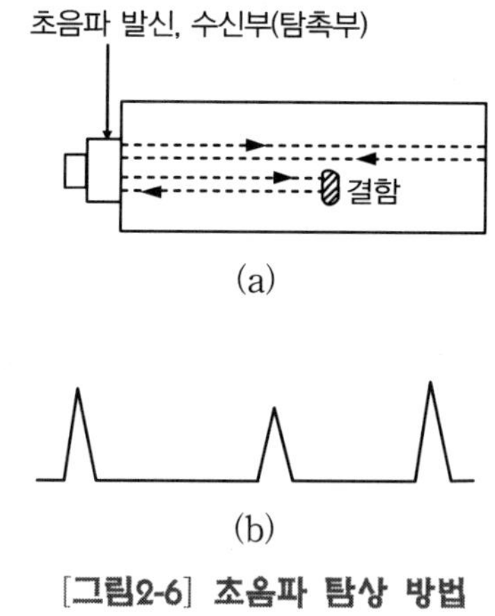


[그림2-6] 초음파 탐상 방법

### 【4】 방사선 탐상 방법

X선 또는 코발트 60에서 나오는 방사선은 금속 재료를 통과하는 능력이 있다. 재료 속을 통과한 X선이나 방사선을 사진 필름에 감광시켜 현상하면 균열이 있는 부분은 진하게 나타나므로 내부의 균열을 검출할 수 있다.

## 2.2 실린더(cylinder) 마모량 측정 및 점검

### 2.2.1 실린더의 구조와 기능

실린더는 피스톤이 기밀(機密)을 유지하면서 왕복 운동하여 열 에너지를 기계적 에너지로 변환시켜 동력을 발생시키는 부분이다. 실린더는 진 원통형으로 그 길이는 피스톤 행정의 약 2배 정도이다.

실린더에는 일체형과 라이너(슬리브)방식이 있다. 실린더 벽은 피스톤의 미끄럼 운동에 의한 마모와 마찰이 적도록 정밀하게 연마 다듬질되어 있으며, 또 실린더 벽의 마모를 감소시키기 위해 크롬으로 도금을 하기도 한다.

크롬을 도금할 때에는 두께가 0.1mm 정도이며, 크롬으로 도금한 실린더에는 크롬으로 도금된 피스톤 링을 사용해서는 안 된다. 그리고 실린더는 기관이 작동할 때 평균 1,500℃ 정도의 연소 가스에 노출된다.

이 높은 온도로 인하여 기능이 떨어지므로 냉각하여 일정 온도 이상 되지 않도록 하여야 하며, 이를 위해 수랭식 기관에서는 실린더 주위에 물 재킷(water jacket)을 두고 있으며, 공랭식 기관에서는 실린더 블록 바깥 둘레에 냉각 핀(cool fin)을 두고 있다.

실린더 블록에는 블록과 동일한 재질로 만든 일체형 실린더와 실린더 블록과 별도의 재질로 만든 후 끼우는 라이너 방식의 실린더가 있다.

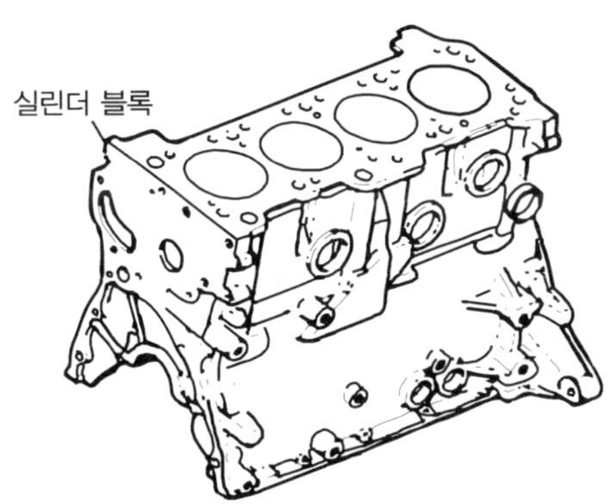


[그림2-7] 실린더 블록의 형상

## 2.2.2 실린더 벽 마모 경향

실린더 벽의 마모 경향은 실린더 윗부분(상사점 부근의 리지 아랫부분)에서 가장 크며, 하사점 부근에서도 피스톤이 운동방향을 바꿀 때 일시 정지하므로 이때 오일 막이 차단되기 때문에 그 마모가 현저하다. 그러나 하사점 아랫부분은 거의 마모되지 않는다. 상사점 부근의 마모 원인은 다음과 같다.

① 폭발행정 때 상사점에서 더해지는 폭발압력으로 피스톤 링이 실린더 벽에 강력하게 밀착되기 때문이다.

② 기관의 어떤 회전속도에서도 피스톤이 상사점에서 일단 정지하고, 이때 피스톤 링의 호흡작용으로 인한 오일 막이 끊어지기 쉽기 때문이다.

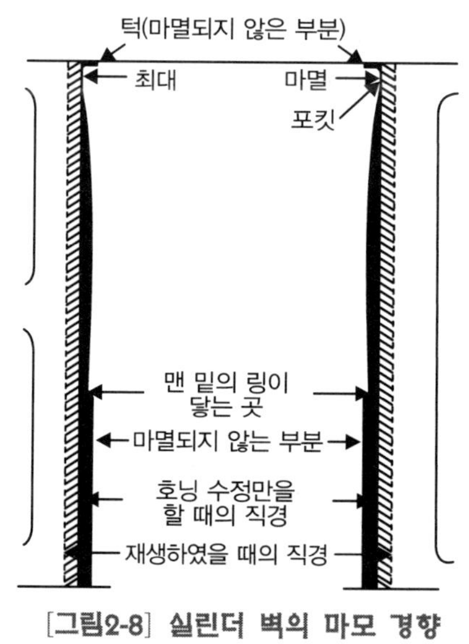


[그림2-8] 실린더 벽의 마모 경향

### 【1】 실린더 벽의 마모 원인

① 실린더 벽과 피스톤의 접촉에 의해 마모된다.

② 불완전 연소로 발생한 카본에 의해 마모된다.

③ 흡입 공기 중의 먼지와 이물질의 유입에 의해 마모된다.

④ 커넥팅로드의 변형에 의해 마모된다.

⑤ 농후한 혼합가스의 공급에 의해서 마모된다.

⑥ 하중의 변동에 의해 마모된다.

### 【2】 실린더 벽이 마멸되었을 때의 영향

① 블로바이(blow by) 발생으로 압축압력이 저하한다.
② 연소실에 기관오일이 올라온다.
③ 연료가 기관 오일에 떨어져 희석된다.
④ 연료 소비율과 오일 소비율이 증가한다.
⑤ 기관 출력이 저하되고, 기관 시동이 곤란하다.

## 2.2.3 실린더 벽 마모량 점검방법

### 【1】 실린더 벽 마모량 점검기구

실린더 벽 마모량을 점검할 수 있는 기구에는 실린더 보어 게이지(cylinder bore gauge), 내측 마이크로미터, 텔리스코핑 게이지(telescoping gauge)와 외측 마이크로미터 등이 있으며, 여기서는 가장 많이 사용하고 있는 실린더 보어 게이지(칼마형)로 점검하는 방법에 대해 설명한다.

### 【2】 실린더 보어 게이지(칼마형)에 의한 마모량 점검

그림 2-11에 나타낸 바와 같이 크랭크축의 회전방향과 크랭크축의 직각방향(측압 방향)의 실린더 상, 중, 하 6개소를 다음과 같이 측정한다.

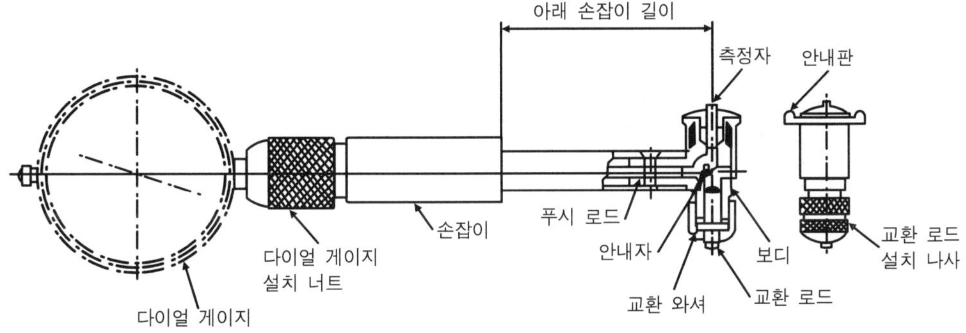


[그림2-9] 실린더 보어 게이지의 구조

① 실린더 벽을 깨끗이 닦는다.

② 실린더 보어 게이지 측정자의 길이를 실린더 표준 안지름 값과 같은 것으로 조립한 후 외측 마이크로미터를 측정자와 교환로드 사이에 그림 2-10과 같이 끼우고 실린더 안지름 값이나 교환로드의 길이로 외측 마이크로미터를 조정한 후 다이얼 게이지 바늘을 0점으로 조정한다.
예를 들어 실린더 안지름 또는 교환로드 길이가 80.00mm이면 외측 마이크로미터 눈금을 80.00mm로 조정한 후 다이얼 게이지 눈금을 0점에 조정한다.

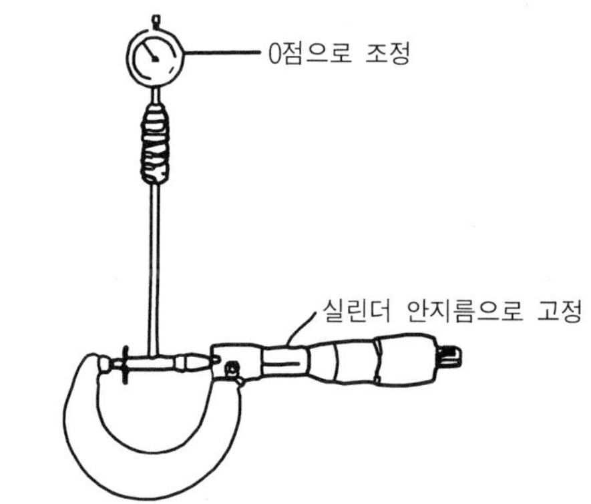


[그림2-10] 다이얼 게이지 0점 조정하기

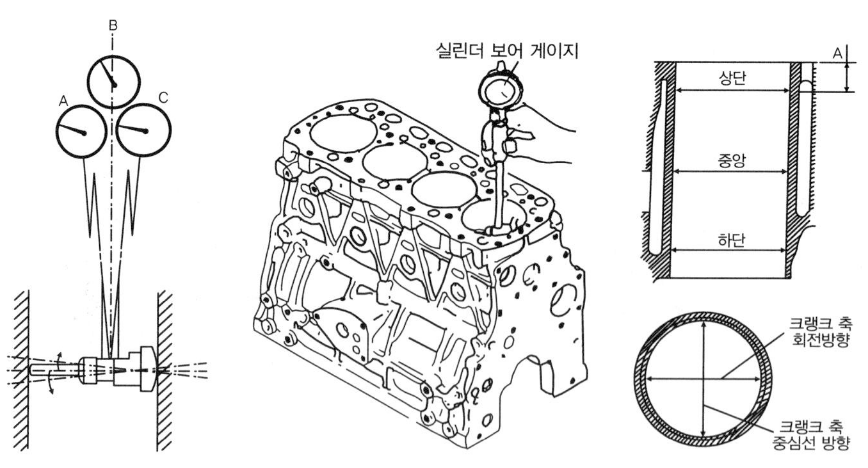


[그림2-11] 실린더 벽 마모량 측정방법

③ 실린더 보어 게이지의 측정자를 한 손으로 누르고 약간 기울여 실린더에 넣은 후 그림 2-11의 A쪽에서 C쪽으로 천천히 기울였을 때 바늘이 멈춘 부분

의 눈금을 읽는다.

이때 다이얼 게이지 0을 기준으로 하여 바늘이 반시계 방향으로 움직였으면 실린더 보어 게이지 교환로드 길이에서 바늘이 가리킨 값을 더해주고(예를 들어 다이얼 게이지 바늘이 반시계 방향으로 0.25mm 움직였으면 80.00mm + 0.25 = 80.25mm), 시계방향으로 움직였다면 바늘이 지시한 값을 빼주면(다이얼 게이지 바늘이 시계방향으로 0.2mm 움직였다면 80.00mm - 0.2 = 78.80mm) 이 값이 측정값이 된다.

## 【3】 실린더 벽 마모량 수정방법

실린더 벽의 마모는 측압 쪽(크랭크축 직각 방향)이 더욱 심하며 이를 진원으로 절삭하기 위해서 최대 마모 값을 기준으로 진원 절삭 값 0.2mm를 더 깎는다. 피스톤의 오버사이즈(over size) 규격에는 0.25mm, 0.50mm, 0.75mm, 1.00mm, 1.25mm, 1.50mm의 6단계가 있으며 오버 사이즈 한계는 실린더 지름이 70mm 이상인 경우에는 1.50mm, 70mm 이하인 경우에는 1.25mm이다. 실린더 벽 수정 값은 다음과 같이 산출한다.

▶ 실린더 벽 수정 값(o/s값) = 실린더 벽 최대 마모량 + 0.20mm(진원 절삭량)

---

**예제**

어느 4행정 사이클 4실린더 가솔린 기관의 실린더 안지름 표준 값이 75.00mm이다. 이 기관을 분해하여 실린더 안지름을 측정하였더니 제1번 실린더가 75.22mm, 제2번 실린더가 75.23mm, 제3번 실린더가 75.32mm, 제4번 실린더는 75.24mm가 측정되었다. 이 기관의 수정 값은 얼마인가?

**계산방법**

가장 많이 마모된 실린더가 제3번 실린더 75.32mm이므로 75.32mm + 0.2(진원 절삭 값) = 75.52mm이다. 그러나 피스톤 오버 사이즈 표준 값에는 0.52mm가 없기 때문에 가장 크면서 가까운 값이 0.75mm를 선택하여 수정하여야 한다. 따라서 실린더 수정 값은 75.75mm이다.

---

주어진 기관(SOHC)을 기록표 작성할 수 있는 부분까지 분해하여 기록표의 요구사항[**실린더 마모량**]을 측정 및 점검하고 본래 상태로 조립하시오.

| 기관 번호 : | | | 비번호<br>(등번호) | | 감독위원<br>확 인 | |
|---|---|---|---|---|---|---|
| 측정항목 | ① 점검(또는 측정) | | ② 판정 및 정비(또는 조치)사항 | | 득 점 | |
| | 측 정 값 | 규정(정비한계)값 | 판 정 | 정비 및 조치할 사항 | | |
| 실린더<br>마모량 | | | | | | |

▶기록표 작성방법

① 측정값 : 측정한 값을 단위와 함께 기록한다.(예 : 75.32mm).

② 규정(정비한계)값 : 측정용 기관의 제원에 맞는 규정 값을 단위와 함께 기록한다.(예 : 75.00mm)

③ 판정 : 측정한 값이 정비 한계 값 이내인 경우에는 "양호", 벗어난 경우에는 "불량"으로 기록한다.

④ 정비 및 조치할 사항 : 양호로 판정한 경우에는 "사용가능", 불량으로 판정한 경우에는 정비 및 조치할 사항을 기록한다.(예 : 실린더 보링, 라이너 방식인 경우에는 라이너 교환).

## 2.3 라이너(liner) 교환방법

### 【1】 라이너의 종류

라이너 방식 실린더는 실린더 블록과 실린더를 별도로 제작한 후 실린더 블록에 끼우는 형식으로, 일반적으로 보통 주철의 실린더 블록에 특수주철의 라이너를 끼우는 경우와 알루미늄 합금 실린더 블록에 주철로 만든 라이너를 끼우는 형식이 있다. 그리고 라이너의 종류에는 습식과 건식이 있다.

#### 1) 습식 라이너(wet type)

습식은 라이너 바깥둘레가 물 재킷의 일부분으로 되어 냉각수와 직접 접촉하는 형식이며, 주로 대형 디젤기관에서 사용한다. 습식 라이너는 다음과 같은 특징이 있다.

① 냉각효과가 커 열(熱)로 인한 실린더 변형이 적다.
② 실린더 벽의 두께가 5~8mm 정도이고, 내 마모성이 크다.
③ 정비성능이 좋고, 특히 물 재킷 부분의 세척이 쉽다.
④ 실링(seal ring)이 파손되거나 변형되면 크랭크 케이스(crank case)로 냉각수가 들어간다.
⑤ 실린더 블록의 강성이 떨어진다.

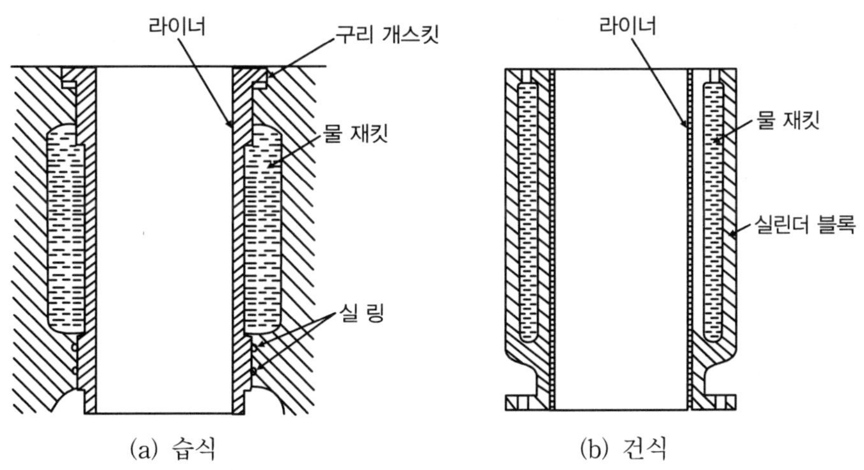

(a) 습식 (b) 건식

[그림2-12] 라이너의 종류

### 2) 건식 라이너(dry type)

건식은 라이너가 냉각수와 직접 접촉하지 않고 실린더 블록을 통하여 냉각되는 형식이며, 실린더 벽을 여러 번 보링(boring)을 하여 실린더 벽의 두께가 너무 얇아져 더 이상 보링을 할 수 없는 경우에 실린더 재생용으로 사용되었다. 그러나 최근에는 제작할 때부터 건식 라이너를 사용하는 형식도 있다. 건식 라이너는 삽입 압력이 2~3톤 필요하며, 라이너를 끼운 후에는 호닝(horing)을 하여야 한다. 건식 라이너는 다음과 같은 특징이 있다.

① 실린더 블록의 강도와 강성이 습식 라이너보다 크다.
② 크랭크 케이스로 냉각수가 누출될 염려가 없다.
③ 두께가 2~4mm 정도이므로 라이너 수명이 짧다.
④ 구조가 복잡하여 정비성능이 떨어지며, 냉각효과가 불량하다.

## 【2】 라이너 교환작업

### 1) 라이너를 교환할 때 주의사항

라이너는 건식이냐 또는 습식이냐에 따라 그 교환방법이 달라지며, 바르게 끼워지지 않으면 기관 고장의 원인이 된다.

① 끼우기 힘과 끼우기대

라이너의 바깥지름이 끼워지는 실린더의 안지름보다 조금 크게 되어있다. 이것을 끼우기대라 하고, 이것을 미는 힘을 끼우기 힘이라 한다. 끼우기대는 라이너의 재질이나 크기에 따라 차이가 있으며, 일반적으로 안지름 100mm에 대해 0.05~0.5mm 정도이고, 끼우기 힘은 2~3ton 정도이다. 끼우기대가 너무 크면 실린더 블록에 균열이 생기거나 라이너가 찌그러진다. 반대로 끼우기대가 너무 작으면 라이너가 빠지거나 라이너와 실린더 블록 사이의 열전도가 잘 안되어 라이너나 피스톤이 과열하며, 습식 라이너의 경우에는 냉각수 누출의 원인이 된다.

② 라이너의 돌출치수

라이너의 플랜지(flange)를 실린더 블록의 면보다 조금 돌출 되도록 한다. 이 돌출이 개스킷에 밀착되어 압축가스 누출이나 연소가스의 블로바이를 방지한다. 그러나 이 돌출이 너무 높으면 개스킷이 파손되어 압축가스 누출이나 연소가스의 블로바이가 일어나고, 너무 낮으면 라이너가 상하로 움직인다. 일반적으로 압축압력이 높은 습식 라이너가 0.05~0.15mm 정도, 건식 라이너는 0.02~0.05mm 정도이다.

### 2) 라이너 교환방법

라이너를 실린더 블록에서 빼내거나 끼울 때에는 전용의 풀러(puller)를 사용하는 것이 좋다. 이것에는 건식 라이너용, 습식 라이너용 및 건식 및 습식 모두 사용할 수 있는 것 등 여러 가지가 있다. 그밖에 유압 프레스도 사용된다. 끼우는 힘을 알려면 계기가 설치된 프레스를 사용하는 것이 좋다.

(1) 건식 라이너 교환방법

① 라이너 바깥지름을 측정한다. 바깥지름 측정은 끼우기대와 관계되므로 라이너의 위쪽 · 중간 및 아랫부분의 3개소를 각각 직각방향으로 2개소씩 합계 6개소를 측정한 후 그 평균값을 라이너의 바깥지름 치수로 한다.

② 실린더 벽을 보링(boring)한다. 실린더 안지름이 라이너 바깥지름에서 끼우기대를 뺀 것만큼 작게 되도록 보링한다.

③ 실린더 블록에 라이너를 끼운다. 끼워지기 쉽게 하기 위하여 라이너의 끝 부분을 챔퍼(chamfer) 가공한 다음 바깥둘레에 오일을 바르고 나무 해머 등으로 두들겨 끝 부분을 고르게 실린더 블록에 끼운다. 다음에 라이너 윗면이 수평이 되게 하여 밀어 끼운다.

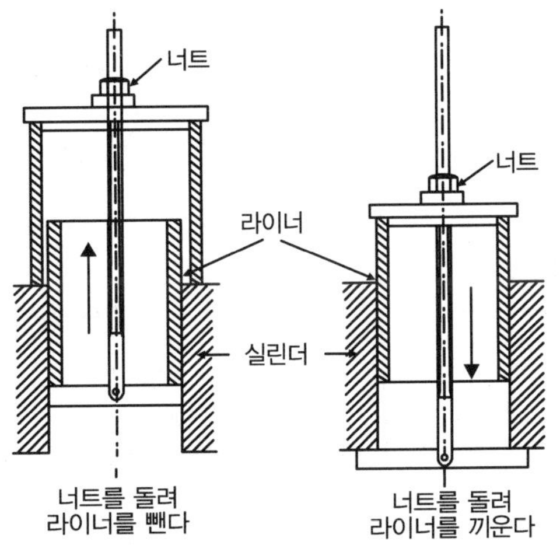


[그림2-13] 건식 라이너 교환하기

(2) 습식 라이너 교환방법

습식 라이너는 끼우기대가 건식 라이너보다 작다. 실링(seal ring)의 상태를 점검한 후 비눗물을 바르고 실린더 블록에 밀어 넣는다.

## 2.3 피스톤(piston) 및 피스톤 링(piston ring)측정 및 점검

### 2.3.1 피스톤의 구조와 기능

피스톤은 실린더 내를 직선 왕복운동을 하여 폭발행정에서의 고온·고압 가스로부터 받은 동력을 커넥팅 로드를 통하여 크랭크축에 회전력(torque)을 발생시키고 흡입·압축 및 배기 행정에서 크랭크축으로부터 힘을 받아서 각각 작용을 한다. 피스톤의 구조는 피스톤 헤드, 링지대, 스커트 부분, 보스부분으로 구성되어 있다. 피스톤의 형상은 보스부분은 짧은지름으로 하고, 스커트 부분은 긴지름으로 하는데 그 이유는 피스톤 핀의 마찰로 인한 보스부분의 열 팽창을 고려하여 기관이 냉각되었을 때의 지름 차이를 두기 위함이다. 또, 피스톤 헤드부분과 스커트 부분의 지름 차이도 연소 열에 의한 열 팽창을 고려하여 헤드부분의 지름을 작게 한다. 따라서 피스톤 지름은 스커트 부분의 지름으로 표시한다.

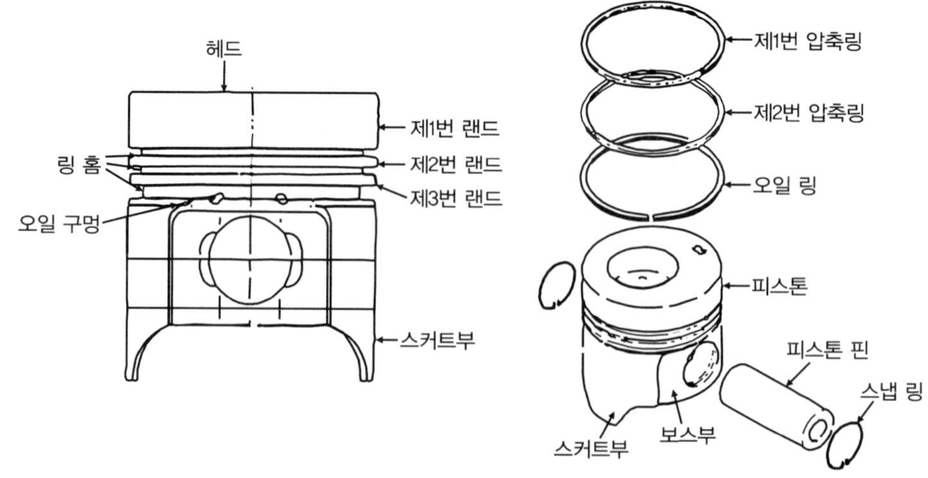


[그림2-14] 피스톤의 구조

### 2.3.2 피스톤의 재질

피스톤의 재질은 특수주철과 알루미늄 합금이 있으며 현재는 주로 알루미늄 합금을 사용한다. 주철은 강도가 크고 열팽창률이 적어 피스톤 간극을 적게 할 수 있어 블로바이(blow by)나 피스톤 슬랩(piston slap)을 감소시킬 수 있으나 무게가 무거워 운전 중 관성(慣性)이 커지므로 고속 기관의 피스톤으로는 부적합하다.

그러나 알루미늄 합금은 무게가 가볍고 열전도성이 커 피스톤 헤드의 온도가 낮아져 고속·고압축비 기관에 적합하다. 그리고 피스톤용 알루미늄 합금에는 구리계열의 Y합금과 규소계열의 로엑스(LO-EX)가 있다.

Y합금의 표준조직은 구리(Cu) 4%, 니켈(Ni) 2%, 마그네슘(Mg) 1.5% 나머지가 알루미늄(Al)이며, 특징은 열전도성이 크고 내열성이 큰 장점이 있으나 비중과 팽창계수가 큰 결점이 있다.

로엑스의 표준조직은 구리(Cu) 1%, 니켈(Ni) 1.0~2.5%, 규소(Si) 12~25%, 마그네슘(Mg) 1%, 철(Fe) 0.7% 나머지가 알루미늄(Al)이며, 특징은 낮은 열팽창, 경량, 내열성 및 내압성, 내마모성, 내부식성 등이 우수하나 내열성이 Y합금보다 약간 떨어진다.

### 2.3.3 피스톤 간극 측정방법

피스톤 간극이란 실린더 안지름과 피스톤 최대 바깥지름(스커트 부분의 지름)과의 차이를 말하며, 기관 작동 중 열팽창을 고려하여 둔다. 따라서 피스톤 간극은 스커트 부분에서 측정하며, 간극을 두는 값은 피스톤의 재료, 형상, 기관 냉각상태 등에 따라서 결정되지만 일반적으로 알루미늄 합금 피스톤에서는 실린더 안지름의 0.05% 정도이다.

피스톤 간극이 작으면 기관 작동 중 열팽창으로 인해 실린더와 피스톤 사이에서 고착(소결)이 발생한다. 반대로 피스톤 간극이 크면 압축압력의 저하, 블로바이 발생, 연소실에 기관오일 상승, 피스톤 슬랩 발생, 연료가 기관오일에 떨어져 희석되고, 기관의 출력감소, 시동성능이 저하하는 원인이 된다.

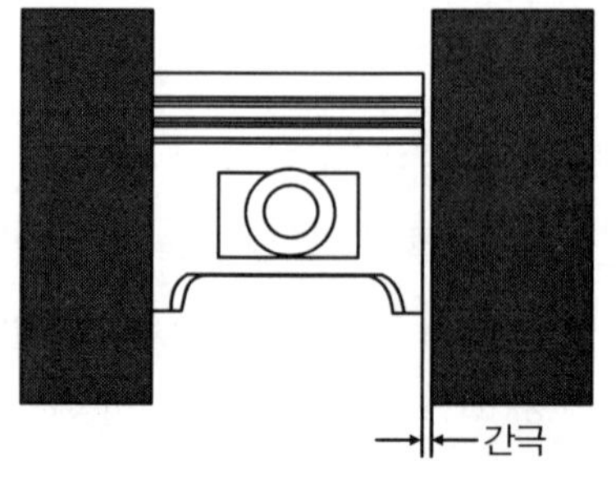


[그림2-15] 피스톤 간극

**【1】 필러 게이지와 스프링 저울을 이용한 피스톤 간극 점검**

① 그림 2-16과 같이 피스톤을 거꾸로 하여 피스톤 스커트 부분과 실린더 사이에 피스톤 간극 규정 두께의 필러 게이지를 넣고 피스톤을 전체 길이에 걸쳐 실린더에 끼운다.

② 필러 게이지를 스프링 저울로 잡아 당겨 필러 게이지가 막 움직일 때의 눈금을 읽는다. 이때 필러 게이지가 파손되지 않도록 주의한다.

③ 저울의 눈금이 1.0~3.0kg 정도이어야 한다.

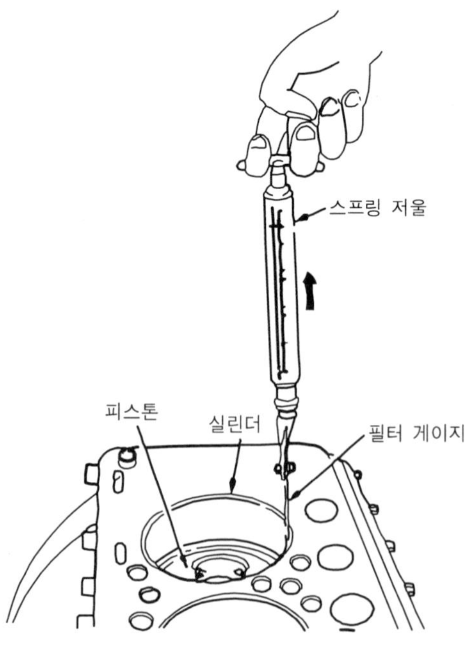


[그림2-16] 피스톤 간극의 측정방법

### 【2】 실린더 보어 게이지와 외측 마이크로미터에 의한 피스톤 간극 측정

① 실린더 보어 게이지로 실린더 안지름을 측정한다.

② 그림 2-17과 같이 외측 마이크로미터로 피스톤 바깥지름을 피스톤 핀에서 직각으로 오일 링 아래쪽 16mm 지점이나 스커트 위쪽 10mm 지점에서 측정한다.

③ 실린더 안지름 측정값에서 피스톤 최대 바깥지름 측정값을 뺀 값이 피스톤 간극이다.

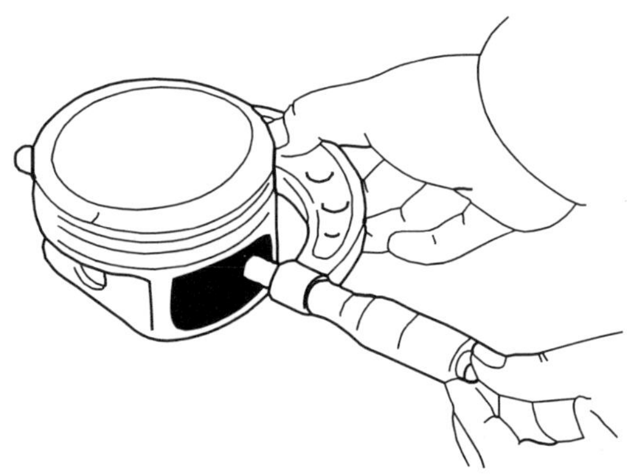

[그림2-17] 피스톤 최대 바깥지름 측정부위

### 【3】 피스톤 간극 수정방법

① 피스톤 간극이 표준 값 이상 한계 값 이하인 경우에는 피스톤을 너링(knuring) 가공 후 다시 사용한다.

② 피스톤 간극이 한계 값 이상인 경우에는 피스톤을 교환한다.

## 2.3.4 피스톤 링 엔드 갭(이음 간극) 측정 및 점검

### 【1】 피스톤 링의 3가지 작용

피스톤 링은 실린더 내에서 피스톤과 함께 왕복운동을 하면 기밀유지(밀봉)작용, 오일제어(실린더 벽의 오일 긁어내리기) 작용, 열전도(냉각)작용 등 3가지 작용을 한다.

[그림2-18] 피스톤 링의 3가지 작용

## 【2】 피스톤 링이 불량할 때 기관에 미치는 영향

① 기관오일이 연소실에 침입한다.
② 실린더 벽에 긁힘이 발생한다.
③ 압축가스가 누설된다.
④ 고착 등의 고장이 발생한다.

## 【3】 피스톤 링 엔드 갭 점검방법

① 피스톤 링을 실린더에 넣는다.
② 피스톤을 거꾸로 스커트까지 밀어 넣어 피스톤 링이 수평이 되도록 한다.
③ 실린더 최소 마모부분(하사점 부근)에서 그림 2-19와 같이 필러 게이지를 이용하여 피스톤 링 엔드 갭을 측정한다.

▶차종별 압축링 엔드 갭 규정 값 및 한계 값(단위 : mm)

| 차 종 | 규정 값 | 한계 값 |
|---|---|---|
| 아반떼 | 1번 링 : 0.15~0.3<br>2번 링 : 0.25~0.4 | 1.0 |
| EF소나타 1.8, 2.0 | 1번 링 : 0.25~0.35<br>2번 링 : 0.40~0.55 | |

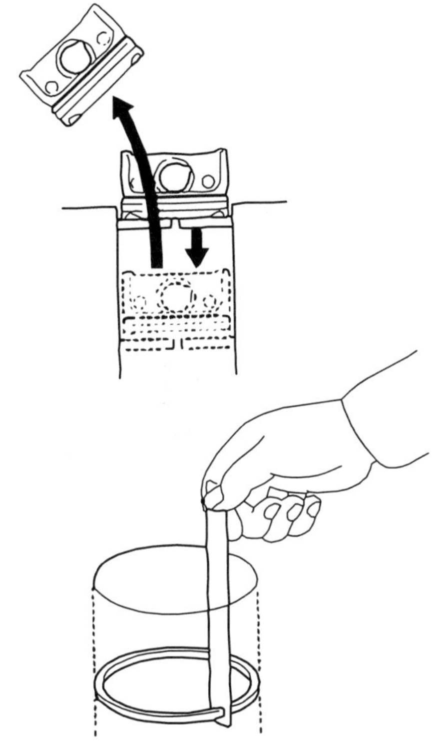

[그림2-19] 피스톤 링 엔드 갭 측정방법

## 【4】 피스톤 링 엔드 갭 수정방법

줄을 바이스에 설치한 후 그림 2-20과 같은 방법으로 수정한다.

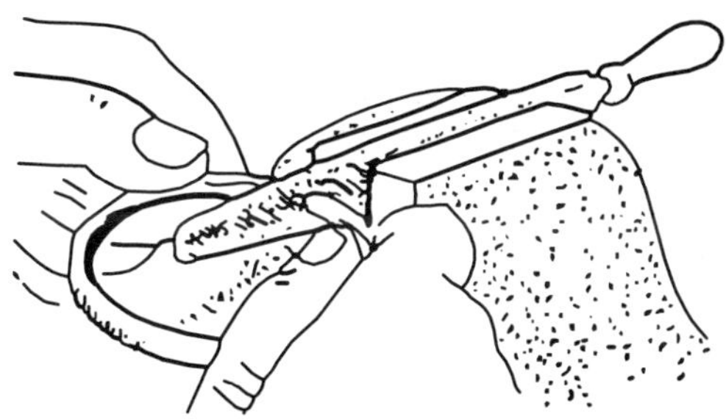

[그림2-20] 피스톤 링 엔드 갭 수정방법

### 【5】 피스톤 링사이드 간극 측정방법

피스톤 링 홈에 피스톤 링을 그림 2-21과 같이 설치한 후 3~4군데를 측정한다. 이때 필러 게이지는 피스톤 링 홈 끝 부분에 닿을 때까지 밀어 넣어야 한다. 링사이드 간극이 규정 값보다 크면 컴파운드를 정반이나 유리 판 위에 바른 후 피스톤 링을 골고루 연마하여야 한다.

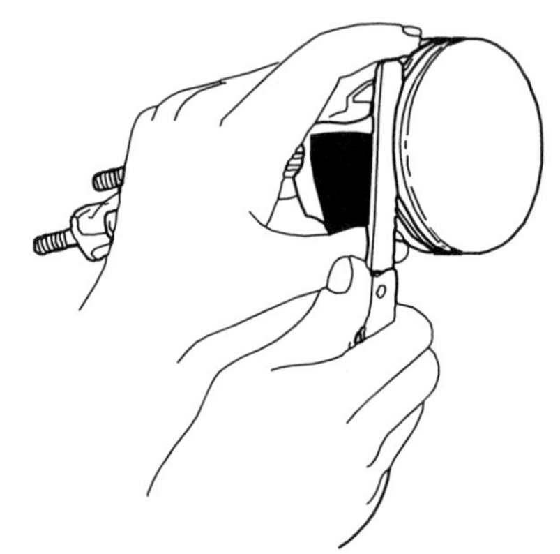

[그림2-21] 피스톤 링사이드 간극 측정방법

▶차종별 피스톤 링사이드 간극 규정 값 및 한계 값(단위 : mm)

| 차 종 | 규정값 | 한계값 |
|---|---|---|
| 아반떼 | 0.04~0.08 | 0.1 |
| EF소나타 | 0.02~0.06 | |

## 2.3.5 피스톤 링을 피스톤에 조립하는 방법

### 【1】 피스톤 링을 조립할 때 주의사항

① 피스톤 링의 순서가 바뀌지 않도록 한다.

② 피스톤 링 면이 바뀌지 않도록 주의한다.(사이즈 표시 및 제작회사 마크 표시가 위쪽으로 향하도록 한다.)

③ 링 이음부분이 크랭크축 축방향(피스톤 핀 방향)과 축 직각방향(측압 쪽)을 피하여 그림 2-22와 같이 120~180°의 각도를 두고 순차적으로 피스톤 링

익스팬더(expander)를 사용하거나 손으로 조립한다.

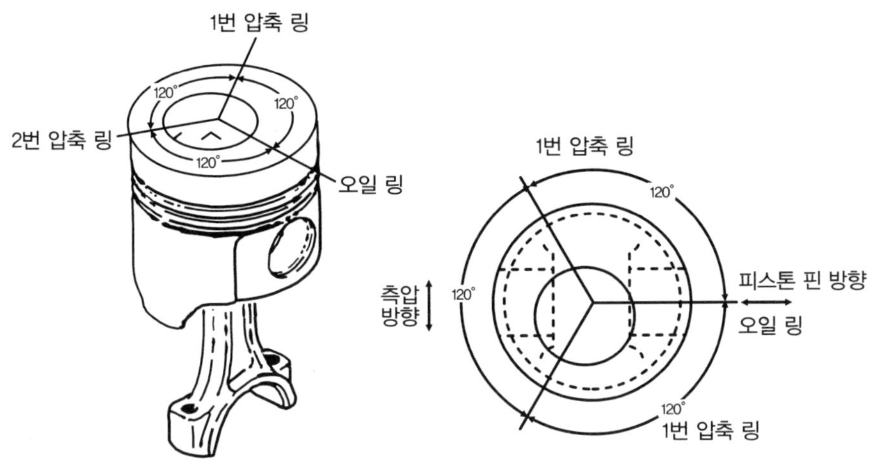


[그림2-22] 피스톤 링 이음부분 조립각도

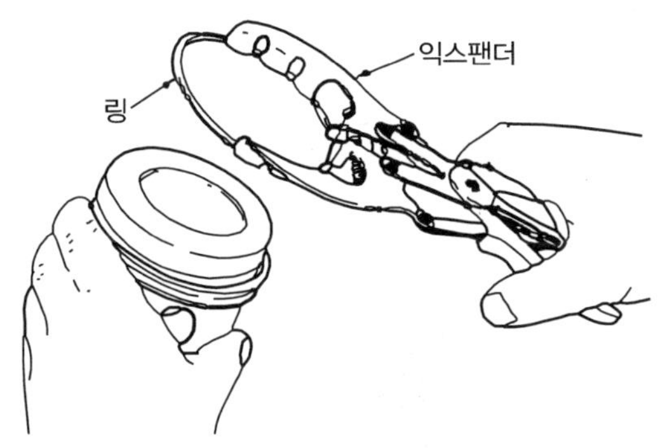


[그림2-23] 피스톤 링 익스팬더

## 【2】 피스톤 링 조립순서

① 오일 링 홈에 스페이서(spacer)를 설치한다.

② 상하 사이드 레일을 설치한다. 이때 사이드 레일을 설치하기 위하여 피스톤 링 홈 스페이서 사이에 사이드 레일의 한 끝을 먼저 넣고 사이드 레일을 단단히 붙잡은 다음 그림 2-24의 (a)와 같이 손으로 홈에 끼워지는 부분을 누른다. 사이드 레일을 설치할 때에는 피스톤 링 익스팬더를 사용하지 않도록 한다.

③ 상부 사이드 레일의 조립과 같은 방법으로 하부 사이드 레일을 설치한다.

④ 피스톤 링 익스팬더를 사용하여 제2번 압축 링을 설치한다.

⑤ 제1번 압축 링을 설치한다.

⑥ 피스톤과 피스톤 링 주위에 기관오일을 바른다.

⑦ 가능한 한 이웃한 링 이음부분과 서로 떨어뜨려 각 피스톤 링 이음부분을 그림 2-22와 같이 조립한다.

⑧ 피스톤 링들을 실린더로 끼워 넣을 때에는 링들을 링 압축기로 압착시킨 후 밀어 넣어야 하며 피스톤 앞쪽 마크 및 커넥팅 로드 앞쪽 마크가 기관의 앞쪽으로 향했는지를 확인한다.

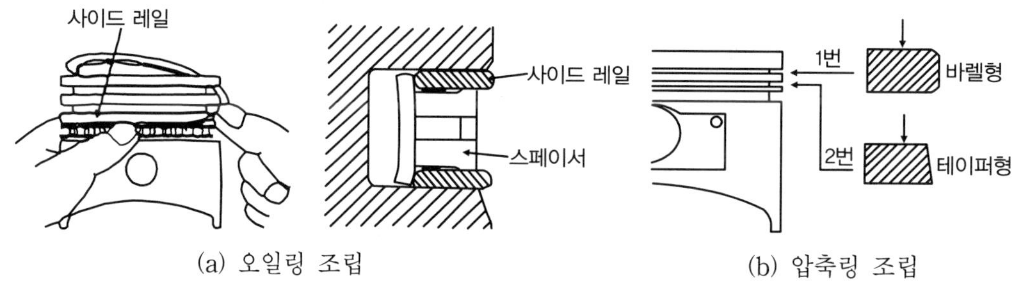


(a) 오일링 조립 (b) 압축링 조립

[그림2-24] 피스톤 링의 조립방법

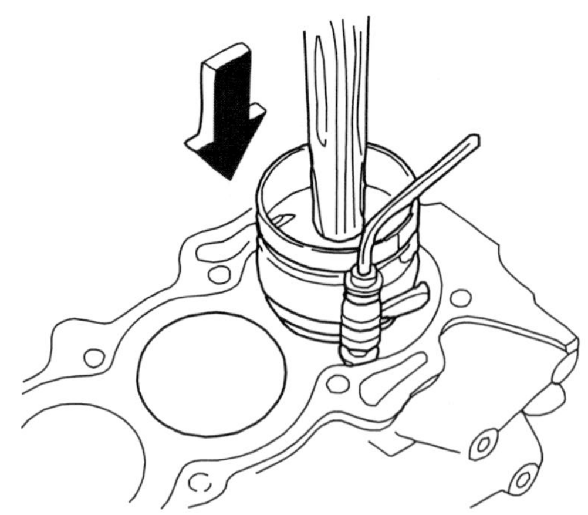

[그림2-25] 실린더에 피스톤 조립하기

주어진 기관(DOHC)을 기록표 작성할 수 있는 부분까지 분해하여 기록표의 요구 사항[**피스톤 링 엔드 갭(이음 간극)**]을 측정 및 점검하고 본래 상태로 조립하시오.

| 기관번호 : | 비번호<br>(등번호) | | 감독위원<br>확 인 | |
|---|---|---|---|---|

| 측정항목 | ① 점검(또는 측정) | | ② 판정 및 정비(또는 조치)사항 | | 득 점 |
|---|---|---|---|---|---|
| | 측 정 값 | 규정(정비한계)값 | 판 정 | 정비 및 조치할 사항 | |
| 링 엔드 갭<br>(이음 간극) | | | | | |

**▶기록표 작성방법**

① 측정값 : 측정한 값을 단위와 함께 기록한다.(예 : 0.35mm)

② 규정(정비한계)값 : 측정용 기관의 제원에 맞는 규정 값을 단위와 함께 기록한다.(예 : 제1번 링 : 0.15~0.3mm, 제2번 링 : 0.25~0.4mm)

③ 판정 : 측정한 값이 정비 한계 값 이내인 경우에는 "양호", 벗어난 경우에는 "불량"으로 기록한다.

④ 정비 및 조치할 사항 : 양호로 판정한 경우에는 "사용가능", 불량으로 판정한 경우에는 정비 및 조치할 사항을 기록한다.(예 : 피스톤 링 교환).

## 2.3.6 피스톤 핀 교환방법

### 【1】 피스톤 핀의 기능

피스톤 핀은 피스톤 보스부분에 끼워져 피스톤과 커넥팅로드 소단부와 연결하는 핀이며, 피스톤이 받은 폭발력을 커넥팅로드를 거쳐 크랭크축으로 전달하고 동시에 피스톤과 함께 실린더 내를 고속으로 왕복운동을 한다. 따라서 피스톤을 가볍게 하는 것과 같은 이유에서 가벼워야 하며, 또 변화하는 큰 하중에 견딜 수 있도록 상당한 강도가 있어야 한다. 피스톤 핀의 표면은 피스톤과 커넥팅로드 베어링에서 미끄럼운동을 하기 때문에 내마모성도 우수하여야 한다.

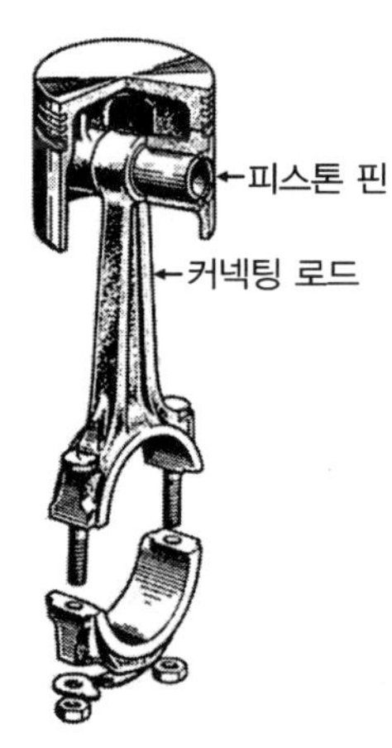


[그림2-26] 피스톤 핀의 설치상태

### 【2】 피스톤 핀을 피스톤에 설치하는 방법

#### 1) 고정식

고정식은 피스톤 핀을 피스톤 보스에 고정하는 방법이며, 커넥팅 로드 소단부에 구리합금의 부싱(bushing)이 들어간다.

#### 2) 반부동식

반부동식은 피스톤 핀을 커넥팅 로드 소단부에 고정시키는 방법이다.

### 3) 전부동식

피스톤 핀을 피스톤 보스, 커넥팅 로드 소단부 등 어느 부분에도 고정시키지 않는 방법으로 핀의 양끝에 스냅 링(snap ring)이나 엔드 와셔(end washer)를 두어 핀이 밖으로 이탈되는 것을 방지한다.

(a) 고정식 (b) 반부동식 (c) 전부동식

[그림2-27] 피스톤 핀의 고정방법

## 【3】 피스톤 핀 교환작업

### 1) 반부동식

(1) 피스톤 핀 빼내기

① 그림 2-28에 나타낸 특수공구를 이용하여 피스톤 핀과 커넥팅 로드를 분해 및 조립한다.

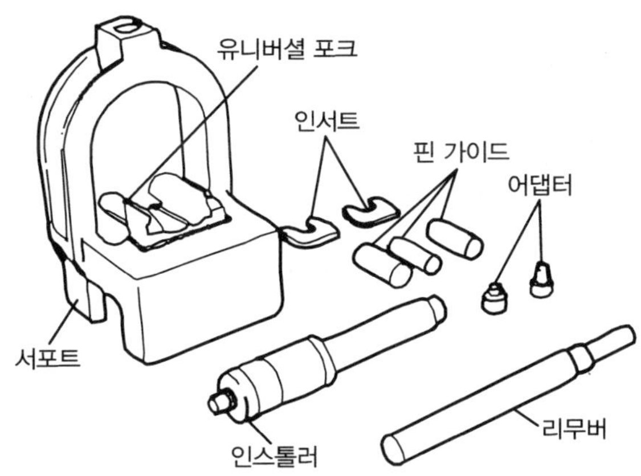


[그림2-28] 피스톤 핀 탈 · 부착 공구

② 피스톤과 커넥팅 로드 사이에 인서트를 넣는다.

③ 적당한 피스톤 핀 분리용 공구를 피스톤 핀 설치구멍에 넣는다. 이때 리무버를 피스톤 핀 중심에 놓는다.

④ 그림 2-29와 같이 피스톤 핀을 누른다.

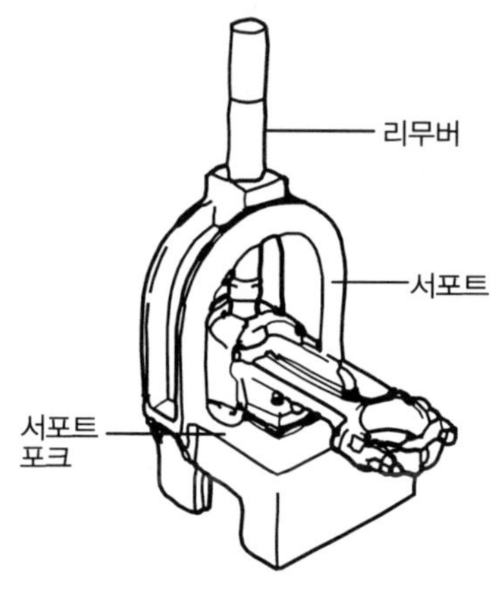


[그림2-29] 피스톤 핀 누르기

⑤ 적당한 핀 가이드를 피스톤을 통해 커넥팅 로드에 설치한다. 이때 적당한 보존력을 위해 핀 가이드를 피스톤에 대고 손으로 가볍게 두드린 후 피스톤 핀을 피스톤의 다른 쪽으로 빼낸다.

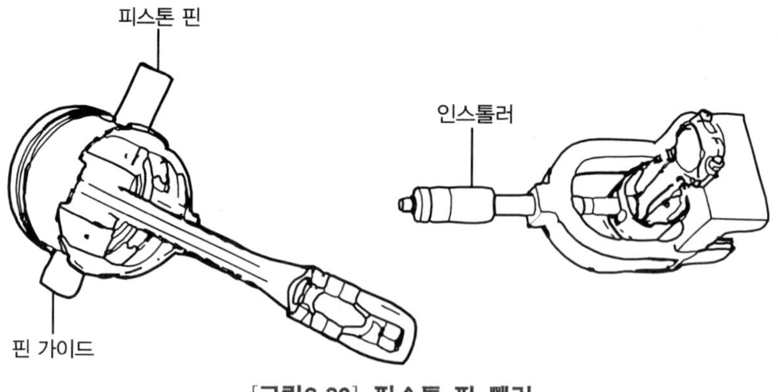


[그림2-30] 피스톤 핀 빼기

(2) 피스톤 핀 끼우기

그림 2-31과 같이 피스톤 핀을 피스톤 핀 구멍을 통하여 커넥팅 로드 소단부와 연결되도록 하여 끼운다.

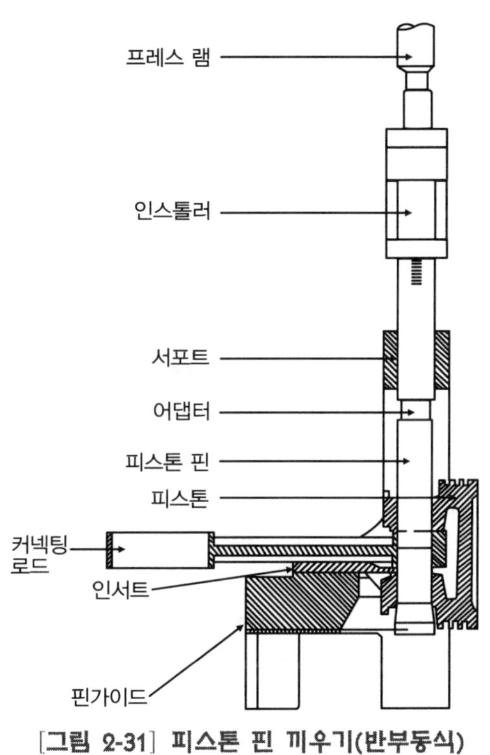


[그림 2-31] 피스톤 핀 끼우기(반부동식)

## 2) 전부동식

(1) 피스톤 핀 빼내기

① 스냅 링을 스냅 링 플라이어를 이용하여 빼낸다.

② 피스톤 히터(piston heater)로 가열한다. 피스톤 히터가 없는 경우에는 피스톤을 오일 속에 넣고 100~200℃ 정도로 가열한다.

③ 피스톤 핀의 한쪽에 막대를 대고 플라스틱 해머 등으로 두들겨 빼낸다. 이때 피스톤을 피스톤 바이스에 물리고 작업하면 피스톤에 상처를 내지 않고 안전하게 작업할 수 있다.

(2) 피스톤 핀 끼우기

피스톤 핀의 끼우기 정도는 피스톤의 재질이나 핀 설치방식에 따라서 다르다. 헐거워도 안되고 또 너무 빡빡해도 안 된다. 상온에서 가볍게 움직일 정도이면 작동온도에서는 피스톤의 열팽창이 크기 때문에 매우 헐겁게 된다. 따라서 상온에서 약간 빡빡하게 움직이도록 한다.

① 피스톤을 피스톤 히터로 가열한다.(100~200℃의 오일에 2~3분 넣는다.)
② 피스톤을 피스톤 바이스에 물리고 핀을 손으로 밀어 넣는다.
③ 스냅 링을 끼운다.

(a) 엄지 손가락으로 밀어 끼운다

(b) 손바닥으로 밀어 끼운다

(c) 손바닥 끝부분으로 밀어 끼운다

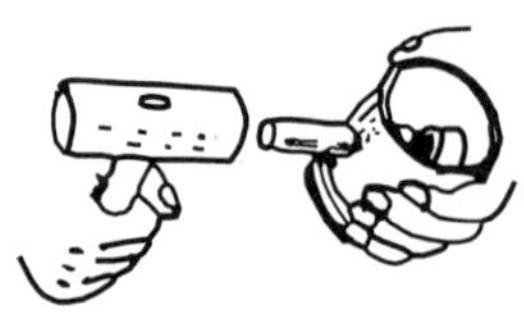

(d) 연질 해머로 두들겨 끼운다

**[그림2-32] 피스톤 핀 끼우기(전부동식)**

# 2.4 커넥팅 로드 측정 및 점검

## 2.4.1 커넥팅 로드의 개요

커넥팅로드는 피스톤과 크랭크축을 연결하는 것이며, 소단부(small end) · 대단부(big end) 및 생크(shank)로 구성되어 있다. 소단부는 피스톤 핀을 통하여 피스톤과 연결되고, 대단부는 분할형의 평면 베어링을 거쳐 크랭크 핀에 연결되며, 생크는 소단부와 대단부를 연결하는 부분이다.

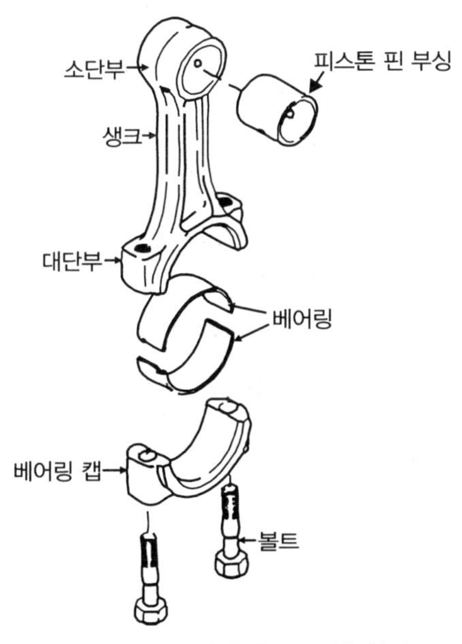


[그림2-33] 커넥팅 로드의 형상

## 2.4.2 커넥팅 로드 변형 점검

### [1] 커넥팅 로드가 변형되는 원인

커넥팅 로드의 변형(휨 및 비틀림) 원인은 실린더 내의 폭발압력, 회전 모멘트, 고정볼트나 너트의 풀림, 재질의 결함 등에 원인 한다.

### 【2】 커넥팅 로드가 변형되었을 경우의 영향

① 실린더 및 피스톤과 피스톤 링의 편마모가 발생한다.
② 피스톤의 측압이 증가한다.
③ 압축압력이 저하된다.
④ 크랭크축 저널이 편마모된다.
⑤ 기관 베어링이 손상된다.

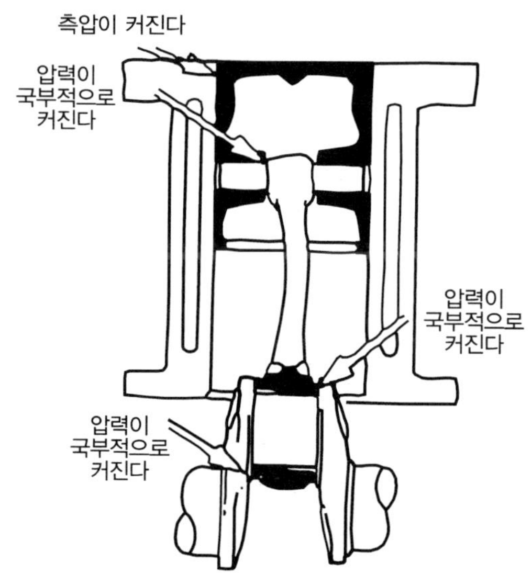


[그림2-34] 커넥팅 로드가 변형되었을 경우

### 【3】 커넥팅 로드 변형 점검방법

#### 1) 커넥팅 로드 휨 점검

① 커넥팅 로드 소단부에 피스톤 핀을 끼우고, 대단부는 커넥팅 로드 얼라이너에 설치한다.
② 피스톤 핀 위에 V-블록의 핀이 상하로 향하게 얼라이너를 정반에 접촉하도록 하고 간극이 생겼으면 간극이 생긴 부분을 필러 게이지로 점검한다. 휨 한계 값은 0.04~0.075mm이다.

### 2) 커넥팅 로드 비틀림 점검

V블록의 핀이 좌우로 향하도록 얼 라이너 정반에 접촉하도록 하고 간극이 생긴 경우에는 간극이 생긴 부분을 필러 게이지로 점검한다.

비틀림 한계 값은 0.04~0.18mm이다.

### 3) 커넥팅 로드 얼라이너 사용상 주의할 점

① 소단부 내면과 대단부 내면 및 피스톤 핀의 각 부분이 정렬된 후에 할 것

② 피스톤 핀과 게이지와의 접촉면에 먼지가 없도록 청소할 것

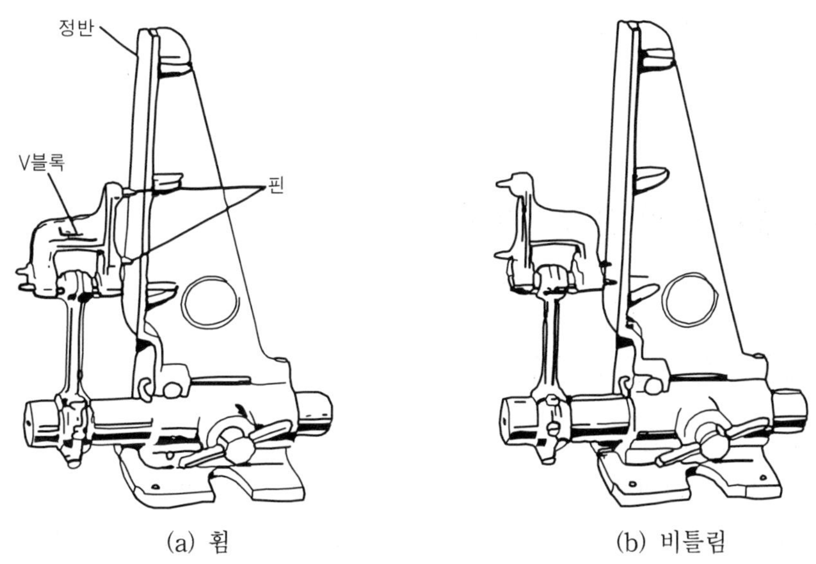


(a) 휨 (b) 비틀림

[그림2-35] 커넥팅 로드 휨과 비틀림 점검

## 2.4.3 커넥팅 로드 대단부 사이드 간극 점검

커넥팅 로드 대단부 사이드 간극은 크랭크축에 커넥팅 로드를 조립한 후 측면에 필러 게이지를 끼워 넣어 측정한다.

사이드 간극은 0.10~0.25mm이다.

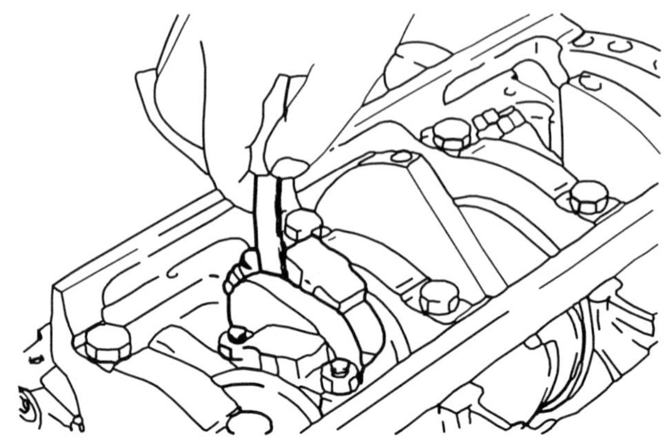

[그림2-36] 커넥팅 로드 대단부 사이드 간극 점검

## 2.5 크랭크축 측정 및 점검

### 2.5.1 크랭크축 구조와 기능

크랭크축은 실린더블록의 아래쪽 반원부분에 메인 저널베어링의 상반부(上半部)가 설치되고, 하반부(下半部)는 블록에 볼트로 설치되는 베어링 캡으로 지지된다. 크랭크축은 폭발행정에서 얻은 피스톤의 동력을 회전운동으로 바꾸어 기관으로 출력을 외부로 전달하고, 흡입·압축 및 배기 행정에서는 피스톤에 운동을 전달하는 회전축이다.

크랭크축은 큰 하중을 받으면서 고속회전을 하기 때문에 강도와 강성이 충분하고, 내마모성이 크며, 또 정적(static) 및 동적(dynamic)평형이 잡혀 원활하게 회전되어야 한다.

크랭크축의 회전중심을 형성하는 축 부분을 메인 저널(main journal), 커넥팅로드 대단부와 결합되는 부분을 크랭크 핀(crank pin), 메인 저널과 크랭크 핀을 연결하는 부분을 크랭크 암(crank arm) 그리고 회전평형을 유지하기 위해 크랭크 암에 둔 평형추(balance weight) 등의 주요부분으로 구성되어 있다.

또 크랭크축 앞 끝에는 캠축 구동용의 타이밍기어(timing gear) 또는 타이밍 벨트 구동용 스프로킷(sprocket)과 물 펌프 및 발전기 구동을 위한 크랭크축 풀리(pulley)가 설치되며 뒤쪽에는 플라이 휠 설치를 위한 플랜지(flange)와 클러치축 지지용 파일럿 베어링(pilot bearing)을 끼우는 구멍이 있다.
내부에는 커넥팅 로드 베어링으로 오일공급을 하기 위한 오일구멍 및 오일통로가 있고, 크랭크케이스(crank case)의 오일누출을 방지하기 위한 오일 실(oil seal)을 두고 있다. 또 크랭크 핀의 수는 직렬형 기관의 경우는 그 수가 실린더 수와 같으나 V형 기관은 실린더 수의 1/2로 둔다.
이것은 1개의 크랭크 핀에 대해 좌우 2개의 커넥팅로드를 연결하기 때문이다.
그리고 메인 저널은 크랭크축 앞·뒤 끝 부분과 각 크랭크 핀 1개마다 두는 것을 원칙으로 하지만 크랭크 핀 2개나 3개에 메인 저널을 두기도 한다.
따라서 크랭크 핀 4개에 대하여 메인 저널은 3~5개를 주로 사용하고 6실린더에서는 4~7개를 둔다.

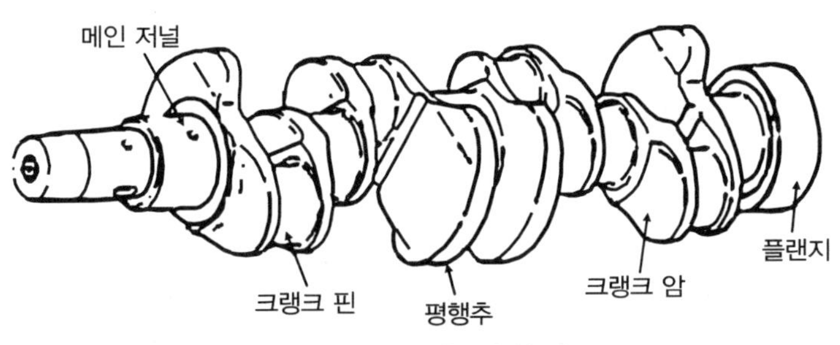

[그림2-37] 크랭크축의 구조

## 2.5.2 크랭크축 축방향 유격(end play) 측정 및 점검

### 【1】 크랭크축 축방향 유격이 크거나 작으면

#### 1) 축방향 유격이 크면

① 크랭크축이 앞뒤로 움직이게 되므로 소음이 발생하고, 피스톤 측압이 커진다.
② 커넥팅로드에 휨이 하중이 작용한다.
③ 클러치가 작동할 때 충격 및 진동이 발생한다.
④ 밸브 개폐시기나 점화시기가 부정확해진다.

⑤ 실린더 및 피스톤. 커넥팅로드 베어링에 편 마모가 일어난다.

⑥ 클러치나 타이밍기어에 악 영향을 미친다.

### 2) 축방향 유격이 작으면

① 마찰 및 마멸이 증가한다.

② 스러스트 베어링(throttle bearing)에 열이 발생되어 고착된다.

③ 기계적 손실이 증대된다.

## 【2】 크랭크축 축방향 유격 측정방법

① 크랭크축을 기관 베어링과 함께 실린더 블록에 조립한다.

② 실린더 블록에 다이얼 게이지를 설치한 후 크랭크축을 앞쪽이나 뒤쪽으로 플라이 바 또는 스크루드라이버 등으로 한쪽으로 민다.

③ 그림 2-38과 같이 다이얼 게이지 스핀들을 크랭크축 앞 끝이나 뒤끝에 직각으로 설치하고, 0점 조정을 한 다음 앞쪽이나 뒤쪽으로 플라이 바로 밀었을 때 다이얼 게이지 바늘이 지시하는 값이 축방향 유격이다. 그리고 필러 게이지를 사용할 때에는 스러스트 베어링과 크랭크축 옆면 사이에 넣어 측정한다.

▶차종별 크랭크축 축 방향 유격

| 차 종 | 규정값 | 한계값 |
|---|---|---|
| 아반떼 | 0.05~0.18 | 0.25 |
| EF소나타1.8, 2.0 | 0.05~0.25 | |

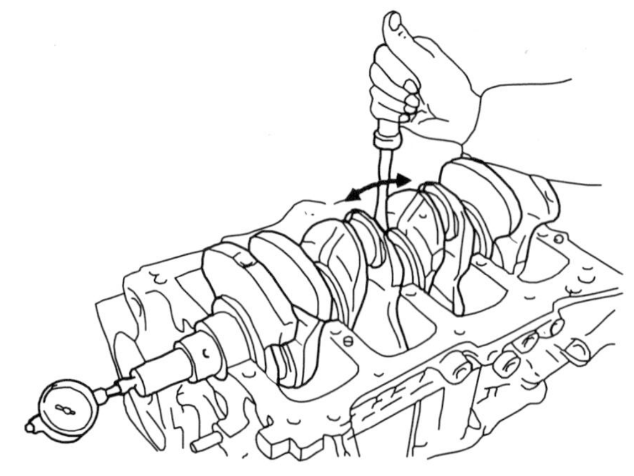

(a) 다이얼 게이지 사용

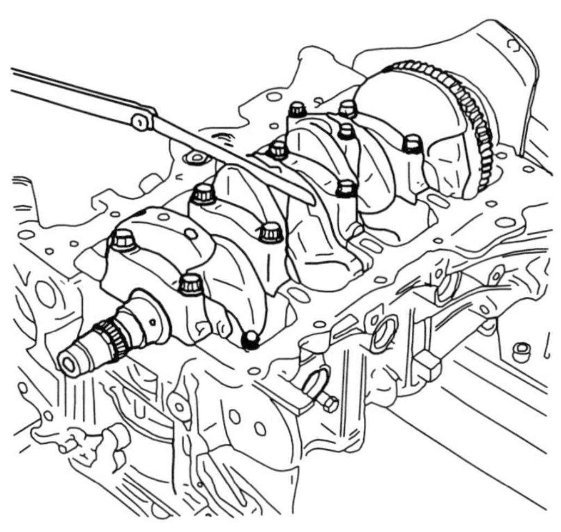

(b) 필러 게이지 사용

[그림2-38] 크랭크축 축 방향 유격 점검

## 【3】 크랭크축 축방향 유격 수정방법

① 축방향 유격 값이 크면 스러스트 베어링을 사용하는 경우에는 베어링을 교환하고, 스러스트 심(shim)을 사용하는 경우에는 심을 교환한다.

② 축방향 유격 값이 작으면 정반 위에 연마지를 놓고 스러스트 면을 연마하여 조정한다.

### 참고_다이얼 게이지 눈금 읽은 방법과 사용할 때 주의사항

[1] 다이얼 게이지 눈금 읽는 방법

그림 2-39와 같은 측정값을 얻은 경우에는 다음의 순서로 읽는다.

① 짧은바늘의 눈금을 읽는다. 그림 2-39의 경우에는 1과 2사이에 있다.

② 긴바늘의 눈금을 읽는다. 그림 2-39의 경우에는 36이다.

③ 눈금 읽기의 값은 눈금판에 0.01mm라고 표시되어 있으므로 긴바늘 한 눈금이 0.01mm이다. 따라서 긴바늘의 값은 0.36mm이다. 긴바늘이 1회전하는데 대해 짧은 바늘은 1눈금 전진하므로 짧은바늘의 눈금은 0.01×100 = 1mm이다. 따라서 그림 2-39의 경우 측정값은 1.0mm+0.36mm = 1.36mm이다.

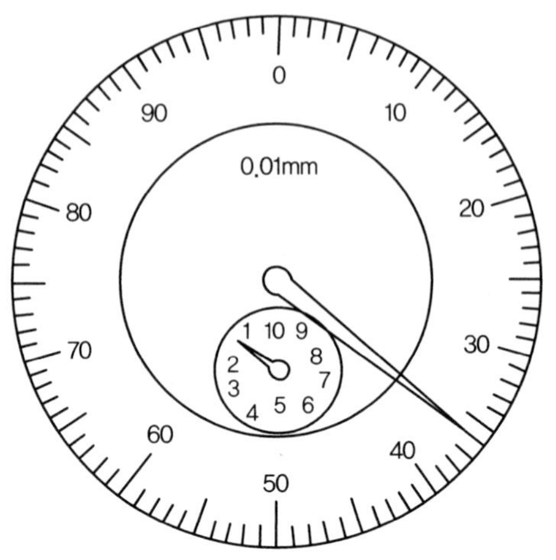


[그림2-39] 다이얼 게이지 눈금 읽는 방법

[2] 다이얼 게이지를 사용할 때 주의할 사항

① 다이얼 게이지 스핀들이 측정물과 접촉된 상태에서는 측정물을 빠른 속도로 움직이거나 회전시켜서는 안 된다.

② 측정물에 반드시 다이얼 게이지 스핀들을 직각으로 설치한다. 비스듬하게 설치하면 다이얼 게이지가 움직이거나 스핀들의 이동량이 달려져 정확한 측정값을 얻을 수 없다.

③ 다이얼 게이지 스핀들의 움직임에는 약간의 차이가 있으므로 측정할 때에는 반드시 처음에 0점을 조정할 때와 같은 방법으로 들어가도록 하여 오차를 줄여야 한다.

④ 사람의 눈의 위치와 다이얼 게이지 바늘을 이은 선이 눈금판과 직각이 되지 않으면 시차(視差)가 생기므로 이에 대해서도 주의하여야 한다.

주어진 기관(SOHC)을 기록표 작성할 수 있는 부분까지 분해하여 기록표의 요구사항[**크랭크축 축방향 유격**]을 측정 및 점검하고 본래 상태로 조립하시오.

<table>
<tr><td colspan="3">기관 번호 :</td><td>비번호<br>(등번호)</td><td></td><td>감독위원<br>확    인</td><td></td></tr>
<tr><td rowspan="2">측정항목</td><td colspan="2">① 점검(또는 측정)</td><td colspan="3">② 판정 및 정비(또는 조치)사항</td><td rowspan="2">득 점</td></tr>
<tr><td>측 정 값</td><td>규정(정비한계)값</td><td>판 정</td><td colspan="2">정비 및 조치할 사항</td></tr>
<tr><td>축방향 유격</td><td></td><td></td><td></td><td colspan="2"></td><td></td></tr>
</table>

**▶기록표 작성방법**

① 측정값 : 측정한 값을 단위와 함께 기록한다.(예 : 0.08mm)

② 규정(정비한계)값 : 측정용 기관의 제원에 맞는 규정 값을 단위와 함께 기록한다.(예 : 0.05~0.18mm)

③ 판정 : 측정한 값이 정비 한계 값 이내인 경우에는 “양호”, 벗어난 경우에는 “불량”으로 기록한다.

④ 정비 및 조치할 사항 : 양호로 판정한 경우에는 “사용가능”, 불량으로 판정한 경우에는 정비 및 조치할 사항을 기록한다.(예 : 스러스트 베어링 교환).

### 2.5.3 크랭크축 저널 마모량 측정 및 점검

#### 【1】 크랭크축 마모의 개요

크랭크축 메인 저널이나 크랭크 핀의 편마모나 테이퍼 마모가 심해지면 베어링과의 접촉이 불량해지므로 진원도, 테이퍼 마멸, 편 마멸 등을 점검하고 수정 한계 값 이상인 경우에는 수정을 하거나 크랭크축을 교환하여야 한다.

#### 【2】 크랭크축 저널 마모량 측정방법

① 크랭크축 저널을 깨끗한 헝겊으로 닦는다.

② 외측 마이크로미터로 그림 2-40과 같이 각 저널의 상・하와 좌・우 부분 2군데씩 모두 4군데를 측정하여 최소 측정값을 찾아낸다. 이때 각 저널의 최소 측정값을 기준으로 하여 수정한다.

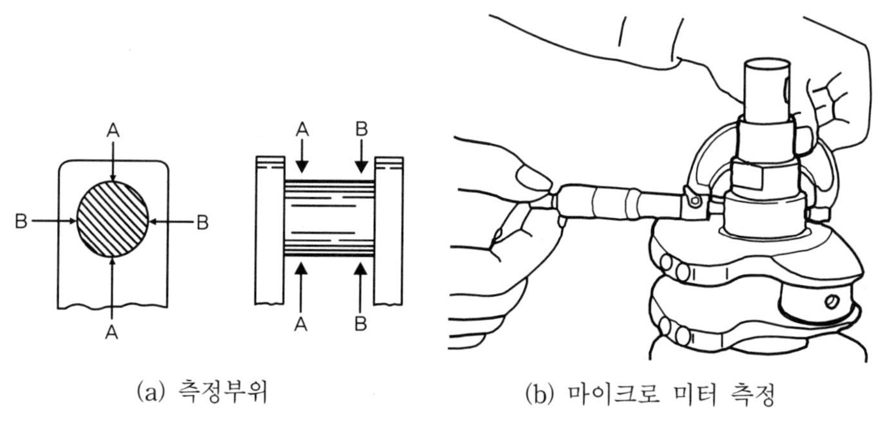


(a) 측정부위 (b) 마이크로 미터 측정

[그림2-40] 크랭크축 저널 측정방법

**참고_외측 마이크로미터 눈금 읽는 방법**

[1] 외측 마이크로미터의 구조

스핀들 나사에 연결된 딤블의 바깥둘레에는 50등분의 눈금이 새겨져 있어 스핀들을 1회전시키면 딤블도 1회전하므로 딤블의 눈금은 50개가 움직인다. 따라서 딤블의 눈금 1개만(1/50회전) 돌리면 $0.5\text{mm} \times \dfrac{1}{50} = 0.01\text{mm}$만큼 스핀들이 이동한다.

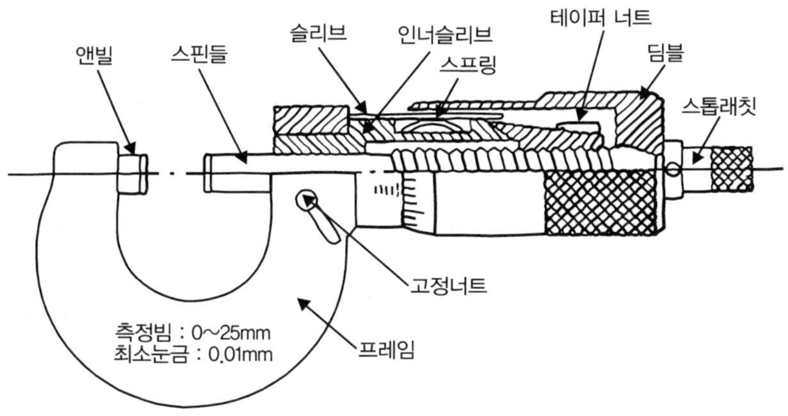


[그림2-41] 외측 마이크로미터의 구조

[2] 눈금 읽는 방법(mm식)

그림 2-42는 0~25mm용 외측 마이크로미터의 눈금 읽기를 나타낸 것이다.

① 슬리브의 0 기선상(基線上)의 1mm 단위의 눈금을 읽는다. 이 경우 5이다.

② 슬리브의 0 기선하(基線下)의 0.5mm 단위의 눈금을 읽는다. 이 경우 0.5이다.

③ 슬리브 0 기선상에 있는 딤블의 눈금을 읽는다. 이 경우 43이다. 따라서 실제 값은 0.43mm이다.

④ 측정값은 5mm + 0.5mm + 0.43mm = 5.93mm이다.

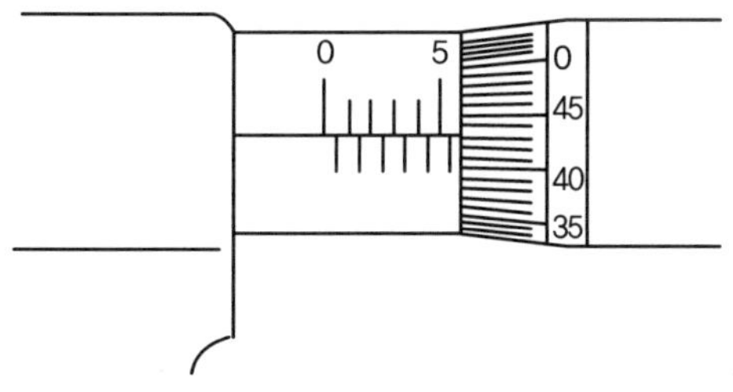


[그림2-42] 외측 마이크로미터 눈금 읽기

## 【3】 크랭크축 저널 언더 사이즈 정하기

크랭크축 저널 최대 마모량이 수정 한계 값 이상인 경우에는 연마 수정을 하여야 한다. 크랭크축 저널을 연마 수정하면 저널의 지름이 작아지므로 최소 측정 값으로부터 진원 절삭 값(0.2mm)을 빼낸다. 따라서 그 치수가 작아지므로 언더 사이즈(under size)라 부르며, 기관 베어링의 두께는 두꺼워지게 된다. 언더 사이즈 한계 값은 다음과 같다.

### 1) 언더 사이즈 한계 값

| 크랭크축 저널 바깥지름 | 언더 사이즈 한계 값 |
|---|---|
| 50mm이상 | 1.50mm |
| 50mm이하 | 1.00mm |

그리고 크랭크축 저널 수정방법은 다음과 같이 한다. 수정 값은 최소 측정값에서 진원 절삭 값 0.2mm를 뺀 값으로부터 언더 사이즈 치수에 알맞은 값을 찾아서 그 값으로 한다. 언더 사이즈 값은 다음과 같다.

### 2) 크랭크축 언더 사이즈 값

| KS 규격 | SAE 규격 |
|---|---|
| 0.25mm | 0.020inch |
| 0.50mm | |
| 0.75mm | 0.040inch |
| 1.00mm | |
| 1.25mm | 0.060inch |
| 1.50mm | |

주어진 기관(SOHC)을 기록표 작성할 수 있는 부분까지 분해하여 기록표의 요구 사항[**크랭크축 메인 저널 마모량**]을 측정 및 점검하고 본래 상태로 조립하시오.

| 기관번호 : | 비번호<br>(등번호) | | 감독위원<br>확　인 | |
|---|---|---|---|---|

| 측정항목 | ① 점검(또는 측정) | | ② 판정 및 정비(또는 조치)사항 | | 득　점 |
|---|---|---|---|---|---|
| | 측 정 값 | 규정(정비한계)값 | 판　정 | 정비 및 조치할 사항 | |
| 메인 저널<br>마모량 | | | | | |

▶**기록표 작성방법**

① 측정값 : 측정한 값을 단위와 함께 기록한다.(예 : 55.90mm)

② 규정(정비한계)값 : 측정용 기관의 제원에 맞는 규정 값을 단위와 함께 기록한다.(예 : 56.982~57.00mm)

③ 판정 : 측정한 값이 정비 한계 값 이내인 경우에는 “양호”, 벗어난 경우에는 “불량”으로 기록한다.

④ 정비 및 조치할 사항 : 양호로 판정한 경우에는 “사용가능”, 불량으로 판정한 경우에는 정비 및 조치할 사항을 기록한다.(예 : 메인 저널을 언더 사이즈에 맞게 수정)

### 2.5.4 크랭크축 오일간극 측정

크랭크축 저널과 베어링 사이에 형성되는 간극이며, 오일간극이 너무 크면 유압이 낮아지고, 실린더 벽에 뿌려지는 오일량이 과다하여 연소실에 유입되므로 기관오일 소비가 증대된다. 반대로 오일간극이 적으면 크랭크축 저널과 베어링 표면이 직접 접촉하여 마찰 및 마멸이 증가하고, 실린더 벽에 기관오일의 공급이 불량하게 된다. 크랭크축의 오일간극을 측정하는 방법에는 플라스틱 게이지를 이용하는 방법과 외측 마이크로미터와 실린더 보어 게이지에 의한 방법이 있다.

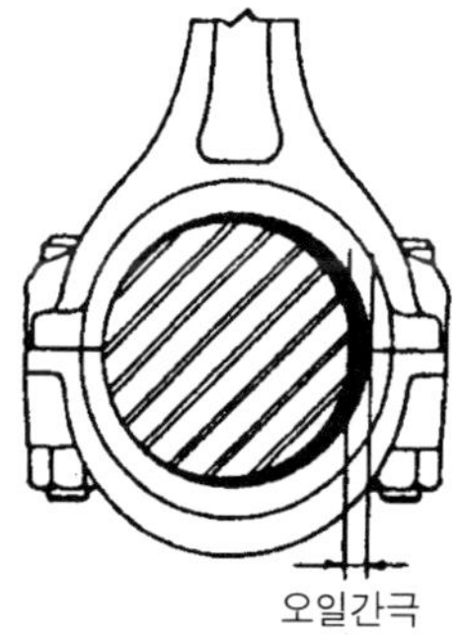


[그림2-43] 크랭크축 오일간극

#### 【1】 플라스틱 게이지 사용방법

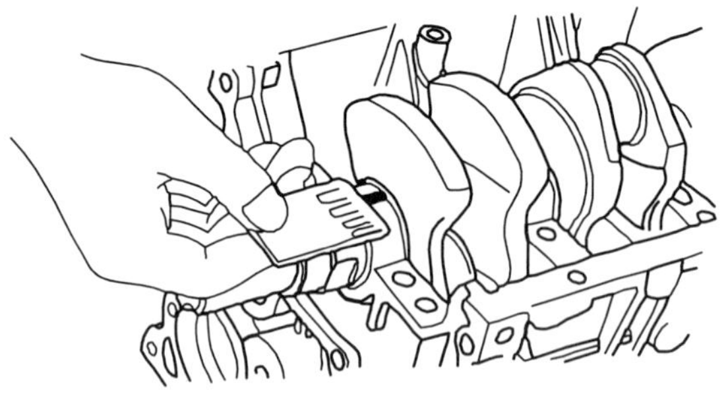

[그림2-44] 플라스틱 게이지에 의한 측정방법

① 기관 베어링과 크랭크축 메인 저널에 묻어 있는 오일 및 이물질을 닦아낸다.
② 기관 베어링 폭과 같은 길이로 플라스틱 게이지를 절단하여 크랭크축 저널과 평행하게 위치시킨다.

③ 크랭크축과 베어링 캡을 설치하고 규정 토크로 조인다. 이때 크랭크축을 회전시켜서는 안 된다.

④ 베어링 캡을 분리한 후 눈금이 있는 자(대개 플라스틱 게이지가 들어 있는 봉투에 눈금이 새겨져 있음)를 사용하여 폭이 가장 넓은 부분의 플라스틱 게이지 폭을 측정한다.

⑤ 오일간극이 정비 한계 값을 넘었으면 베어링을 교환하거나 크랭크축을 수정하여야 한다.

### 【2】 외측 마이크로미터와 실린더 보어 게이지에 의한 방법

① 외측 마이크로미터로 크랭크축 메인 저널의 바깥지름을 측정한다.

② 크랭크축 메인 베어링을 캡에 조립하여 실린더 블록에 설치한 후 실린더 보어 게이지나 내측 마이크로미터로 안지름을 측정한다.

③ 오일간극 = 베어링 안지름 - 메인 저널 바깥지름

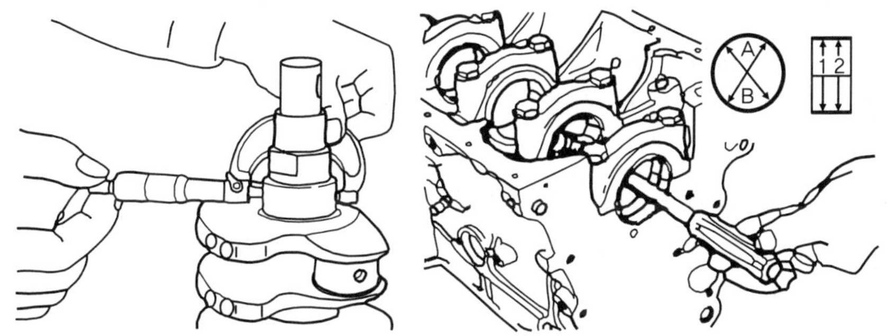


[그림2-45] 외측 마이크로미터와 실린더 보어 게이지에 의한 방법

▶차종별 크랭크축 베어링 캡 볼트 조임 토크

| 차 종 | 조임 토크 |
|---|---|
| 아반떼 | 5.5~6.0 |
| EF소나타1.8, 2.0 | 2.5kgf · 90°(소성 체결) |

▶차종별 크랭크축 오일간극

| 차 종 | 규정값 | 한계값 |
|---|---|---|
| 아반떼 | 0.02~0.04 | 0.01 |
| EF소나타1.8, 2.0 | 1, 2, 4, 5번 저널 : 0.018~0.036<br>3번 저널 : 0.024~0.042 | |

주어진 기관(SOHC)을 기록표 작성할 수 있는 부분까지 분해하여 기록표의 요구사항[**크랭크축 메인 저널 오일간극**]을 측정 및 점검하고 본래 상태로 조립하시오.

| 기관번호 : | 비번호<br>(등번호) | | 감독위원<br>확 인 | |
|---|---|---|---|---|

<table>
<tr><td rowspan="2">측정항목</td><td colspan="2">① 점검(또는 측정)</td><td colspan="2">② 판정 및 정비(또는 조치)사항</td><td rowspan="2">득 점</td></tr>
<tr><td>측 정 값</td><td>규정(정비한계)값</td><td>판 정</td><td>정비 및 조치할 사항</td></tr>
<tr><td>메인 저널</td><td></td><td></td><td></td><td></td><td></td></tr>
</table>

**▶기록표 작성방법**

① 측정값 : 측정한 값을 단위와 함께 기록한다.(예 : 0.03mm)

② 규정(정비한계)값 : 측정용 기관의 제원에 맞는 규정 값을 단위와 함께 기록한다.(예 : 0.02~0.04mm)

③ 판정 : 측정한 값이 정비 한계 값 이내인 경우에는 "양호", 벗어난 경우에는 "불량"으로 기록한다.

④ 정비 및 조치할 사항 : 양호로 판정한 경우에는 "사용가능", 불량으로 판정한 경우에는 정비 및 조치할 사항을 기록한다.(예 : 기관 베어링 교환 또는 크랭크축 저널을 언더 사이즈로 수정)

### 2.5.5 크랭크축 휨 측정 및 점검

① 크랭크축 제1번과 제5번 메인 저널을 V블록 위에 올려놓고 제3번 메인 저널에 다이얼 게이지 스핀들을 직각으로 설치한 후 다이어 게이지 눈금판의 바늘을 0점 조정한다.

② 크랭크축을 천천히 1회전시킨 후 다이얼 게이지의 최대 눈금과 최소 눈금을 읽는다.

③ 크랭크축 휨 값은 최대값과 최소값의 1/2 값이다. 크랭크축의 휨 값은 크랭크축 길이가 500mm 이상인 경우에는 0.05mm 이하, 500mm 이하인 경우에는 0.03mm 이하이다.

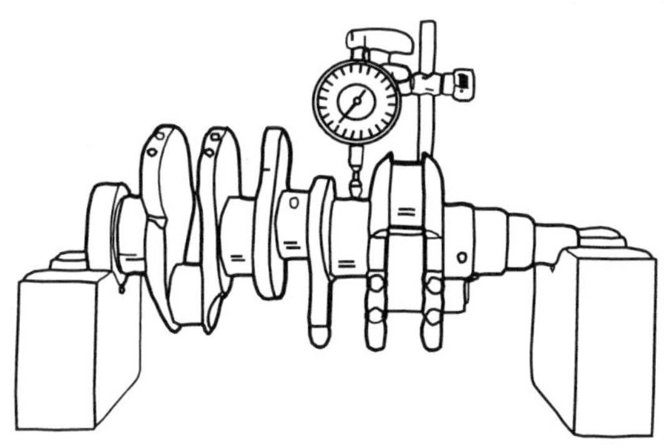

[그림2-46] 크랭크축 휨 측정

## 2.6 밸브기구 측정 및 점검

밸브기구는 캠축, 밸브 리프터(태핏), 푸시로드, 로커암 축 어셈블리, 밸브 등으로 구성되어 있으며 L헤드형 밸브기구, I헤드형 밸브기구, OHC형 밸브기구 등이 있으나, 현재 사용되고 있는 I헤드형과 OHC형이 사용되고 있다.

### 2.6.1 캠축 측정 및 점검

캠축은 기관의 밸브 수와 같은 수의 캠이 배열된 축으로 I헤드형 기관에서는 크랭크축과 평행하게 설치되어 있고, OHC 기관에서는 실린더헤드에 설치되어 있다. 캠축의 주요기능은 흡입 및 배기밸브 개폐이며, 오일펌프와 배전기 구동용 기어나 연료펌프 구동용 편심륜을 두기도 한다. 또 캠 표면 곡선은 매우 조금만 변화되어도 밸브 개폐시기나 밸브 양정이 변화하여 기관성능에 큰 영향을 미친다.

따라서 재질은 내마모성이 큰 특수주철이나, 저탄소강에 침탄시킨 것, 중탄소강에 화염 경화나 고주파 경화시킨 것을 사용한다.

#### 【1】 캠축의 휨 측정방법

① 정반 위의 V블록에 캠축을 올려놓는다.

② 다이얼 게이지 스핀들을 캠축의 중심저널에 그림 2-47과 같이 직각이 되게 설치한다.

③ 캠축을 천천히 1회전시킨 후 다이얼 게이지의 최대 눈금과 최소 눈금을 읽는다.

④ 캠축 휨 값은 최대값과 최소값의 1/2 값이다.
캠축 휨 한계 값은 0.02~0.03mm이다.

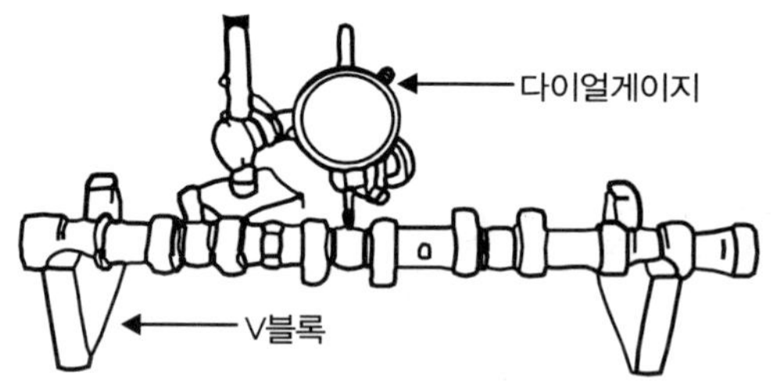


[그림2-47] 캠축 휨 측정

주어진 기관(DOHC)을 기록표 작성할 수 있는 부분까지 분해하여 기록표의 요구 사항[**캠축 휨 점검**]을 측정 및 점검하고 본래 상태로 조립하시오.

| 기관 번호 : | | | 비번호<br>(등번호) | | 감독위원<br>확 인 | |
|---|---|---|---|---|---|---|
| 측정항목 | ① 점검(또는 측정) | | ② 판정 및 정비(또는 조치)사항 | | 득 점 | |
| | 측 정 값 | 규정(정비한계)값 | 판 정 | 정비 및 조치할 사항 | | |
| 캠축 휨 점검 | | | 양호 불량 | | | |

▶**기록표 작성방법**

① 측정값 : 측정한 값을 단위와 함께 기록한다.(예 : 0.03mm)

② 규정(정비한계)값 : 측정용 기관의 제원에 맞는 규정 값을 단위와 함께 기록한다.(예 : 0.02~0.03mm)

③ 판정 : 측정한 값이 정비 한계 값 이내인 경우에는 "양호", 벗어난 경우에는 "불량"으로 기록한다.

④ 정비 및 조치할 사항 : 양호로 판정한 경우에는 "사용가능", 불량으로 판정한 경우에는 정비 및 조치할 사항을 기록한다.(예 : 캠축 교환)

## 【2】 캠축 양정 측정 및 점검

① 외측 마이크로미터로 그림 2-48과 같이 캠의 높이와 기초원의 바깥지름을 측정한다.

② 캠 양정 = 캠의 높이 - 기초원

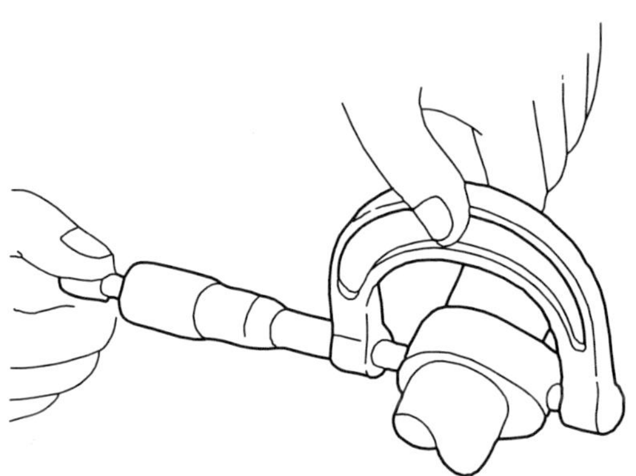

[그림2-48] 캠 양정 측정방법

▶차종별 캠의 높이(단위 : mm)

| 캠축 \ 차종 | 아반떼 | EF소나타 1.8, 2.0 |
|---|---|---|
| 흡입 캠축 | 42.248 | 35.493±0.1 |
| 배기 캠축 | 43.848 | 35.317±0.1 |
| 한계 값 | -0.5 | |

주어진 기관(SOHC)을 기록표 작성할 수 있는 부분까지 분해하여 기록표의 요구사항[**캠축 양정**]을 측정 및 점검하고 본래 상태로 조립하시오.

기관 번호 :

| 비번호<br>(등번호) | | 감독위원<br>확 인 | |
|---|---|---|---|

| 측정항목 | ① 점검(또는 측정) | | ② 판정 및 정비(또는 조치)사항 | | 득 점 |
|---|---|---|---|---|---|
| | 측 정 값 | 규정(정비한계)값 | 판 정 | 정비 및 조치할 사항 | |
| 캠 양정 | | | | | |

**▶기록표 작성방법**

① 측정값 : 측정한 값을 단위와 함께 기록한다.

② 규정(정비한계)값 : 측정용 기관의 제원에 맞는 규정 값을 단위와 함께 기록한다.

③ 판정 : 측정한 값이 정비 한계 값 이내인 경우에는 “양호”, 벗어난 경우에는 “불량”으로 기록한다.

④ 정비 및 조치할 사항 : 양호로 판정한 경우에는 “사용가능”, 불량으로 판정한 경우에는 정비 및 조치할 사항을 기록한다.(예 : 기관 베어링 교환 또는 크랭크축 저널을 언더 사이즈로 수정)

## 2.6.2 밸브 점검 및 측정

흡입밸브 및 배기 밸브는 연소실에 설치된 흡입 및 배기 구멍을 각각 개폐하며, 혼합가스(또는 공기)를 흡입하고, 연소가스를 내보내는 일을 한다. 압축과 폭발 행정에서는 밸브시트에 밀착되어 연소실 내의 가스가 누출되지 않도록 한다. 자동차용 기관의 흡입 및 배기용 밸브는 포핏 밸브(poppet valve)를 사용하며, 캠축 등으로 구성된 밸브기구에 의해 구동된다.

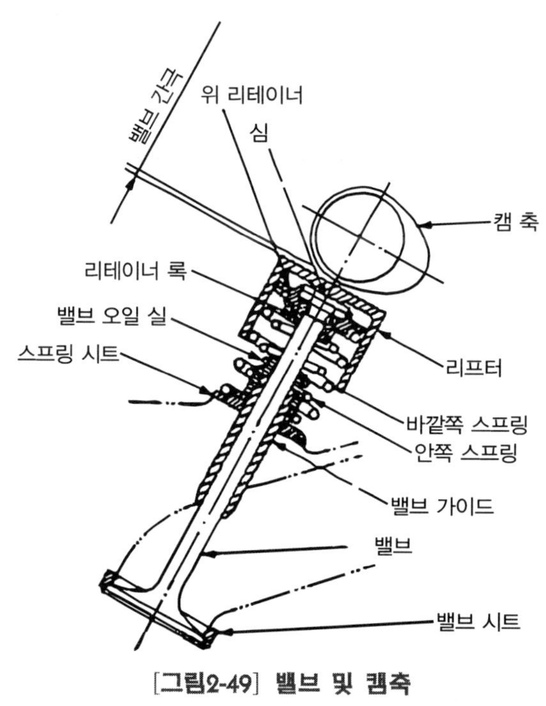


[그림2-49] 밸브 및 캠축

### 【1】 밸브(Valve) 떼어내기

① 밸브 스프링 압축기를 사용하여 다음의 순서로 밸브를 떼어낸다.

㉮ 실린더 헤드가 분해된 상태에서 밸브 스프링 압축기를 이용하여 밸브 스프링을 압축한다.

㉯ 밸브 스프링 리테이너 키를 빼낸다. 밸브 스프링 압축기를 분리한다.

㉰ 스프링 리테이너, 스프링 시트, 밸브 스프링을 분리하고, 밸브를 실린더 헤드에서 빼낸다.

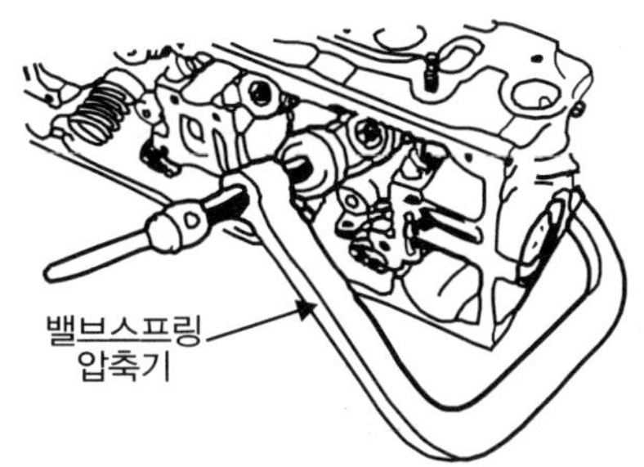


[그림2-50] 밸브 스프링 압축하기

② 원래의 위치로 조립할 수 있도록 분해할 때 순서대로 정리해 둔다.
③ 밸브 스프링 압축기를 이용하여 밸브 스프링을 압축한 다음 리테이너 키를 밸브 스템과 리테이너에 장착한다.

## 【2】 밸브 스프링 점검

### 1) 밸브 스프링 점검사항

① 자유길이 : 규정 높이의 3% 이상 감소하면 교환한다.
② 직각도 : 자유 길이 100mm당 3mm 이상 기울어진 경우에 교환한다.
③ 장력 : 규정 장력의 15% 이상 감소하면 교환한다.
④ 스프링 시트 부분의 코일은 전 둘레의 2/3 이상 접촉하여야 하며 또한 수평 상태이어야 한다.

### 2) 밸브 스프링 점검기구

밸브 스프링을 점검하고자 할 때에는 버니어캘리퍼스, 밸브 스프링 테스터 등을 준비하여야 한다.

(1) 밸브 스프링 자유길이 측정방법

① 밸브 스프링 테스터를 사용하여 측정할 때에는 측정하기 전에 스프링 테스터 위에 올려놓고 레버를 눌러 스프링을 몇 번 압축시킨 후 측정한다.
② 스프링 테스터 길이 눈금자의 눈금과 0점을 확인한다.
③ 레버를 눌러 스핀들이 스프링에 가볍게 닿도록 하고 자유 길이를 측정한다.
④ 버니어캘리퍼스를 사용할 때에는 그림 2-51과 같이 측정한다.

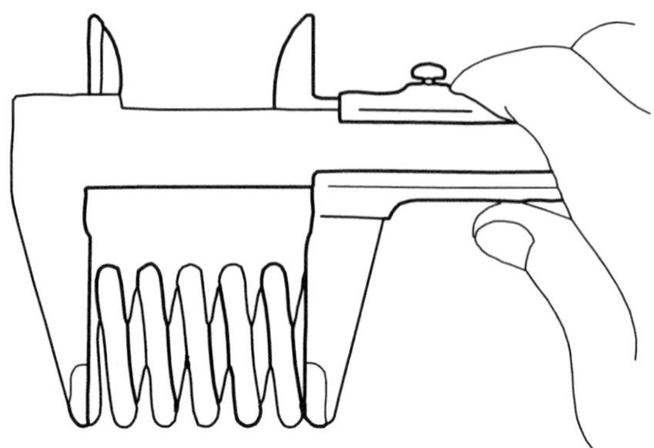

[그림2-51] 밸브 스프링 자유길이 측정

### 참고_버니어캘리퍼스 눈금 읽는 방법

버니어캘리퍼스는 곧은 자와 캘리퍼스를 일체로 조합한 것과 같은 것으로 공작물의 길이·바깥 지름·안지름 및 깊이 등을 측정할 수 있는 측정 기구이다.

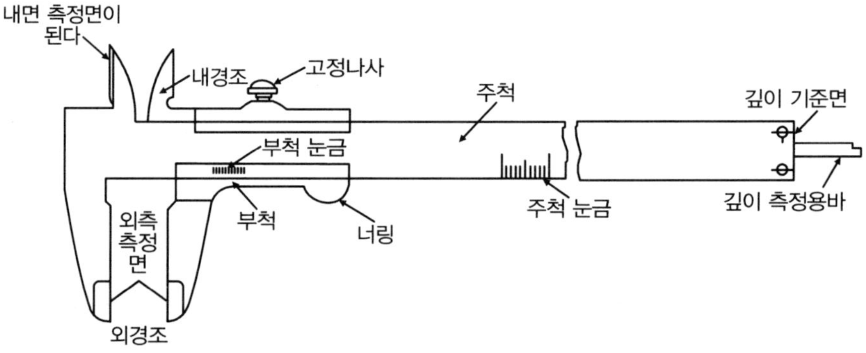


[그림2-52] 버니어캘리퍼스의 구조

밀리미터(mm)용 버니어캘리퍼스의 눈금 읽기는 다음과 같다. 그림 2-53은 부척(아들자)의 최소 눈금이 1/20mm(0.05mm)의 것을 확대한 것이며, 이것은 부척의 눈금은 주척(어미자)의 19눈금을 20등분한 것이다. 따라서 부척의 1눈금 차이는

$$1 - \frac{19}{20} = \frac{20}{20} - \frac{19}{20} = \frac{1}{20}$$

즉, 1/20mm가 최소 읽기의 길이가 된다.

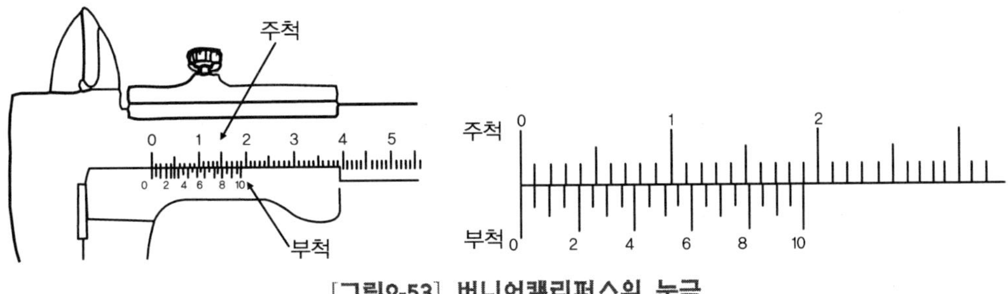


[그림2-53] 버니어캘리퍼스의 눈금

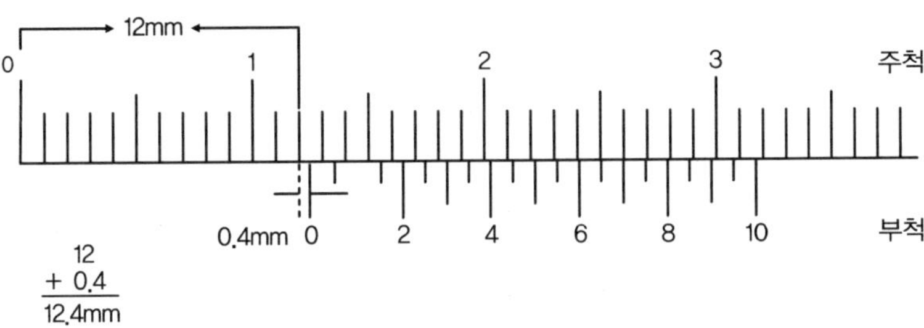


[그림2-54] 버니어캘리퍼스의 눈금 읽기

① 주척의 눈금은 일반적으로 사용하는 센티미터(cm)자와 같이 읽는다. 즉, 주척의 0에서 부척의 0까지의 눈금을 읽는다. 그림 2-54에서 주척의 눈금은 12mm이다.

② 주척의 눈금 12에서부터 부척의 눈금 0까지의 눈금을 읽는다. 이것을 읽기 위해서는 주척의 눈금과 부척의 눈금이 일치되는 곳(선)을 찾는다. 이 경우 4(부척 눈금의 4)이다. 따라서 부척의 눈금은 0.4mm이므로 부척의 눈금 12mm와 부척의 눈금 0.4mm를 더하면 12.4mm가 된다. 이 값이 측정값이다.

▶차종별 밸브 스프링 자유길이(단위 : mm)

| 차 종 | 규정값 | 한계값 |
|---|---|---|
| 아반떼 | 44 | |
| 소나타Ⅱ | 49.8 | 48.3 |

(2) 밸브 스프링 장력 점검방법

① 스프링 테스터 위에 스프링을 설치한 후 장력계의 눈금의 0점을 맞춘다.
② 레버를 그림 2-55와 같이 손으로 눌러 눈금자를 보면서 규정 값만큼 스프링을 누른다.
③ 장력계의 눈금을 읽는다.

$$\text{장력} = \frac{\text{표준 장력} - \text{측정 장력}}{\text{표준 장력}} \times 100$$

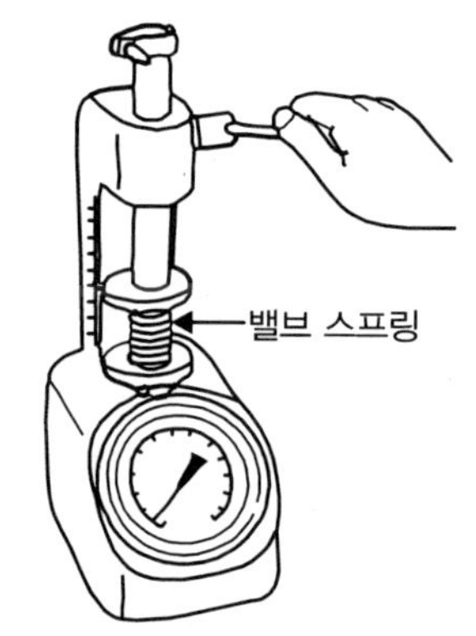


[그림2-55] 밸브 스프링 장력 테스터

▶차종별 밸브스프링 장력

| 차 종 | 규정값 |
|---|---|
| 아반떼 | 35mm/21.6kg<br>27.2mm/45.1(압축) |
| 소나타II | 40.4mm/32.9kg |

**참고_밸브 스프링 장력이 너무 크거나 작으면**

① 밸브 스프링 장력이 크면
㉮ 캠축의 캠 마멸이 촉진된다.
㉯ 밸브 및 시트의 마멸이 촉진된다.
㉰ 기관 출력이 손실된다.

② 밸브 스프링 장력이 작으면

㉮ 밸브 밀착 불량으로 블로바이가 발생하여 기관 출력이 저하한다.

㉯ 밸브가 열팽창으로 손상된다.

㉰ 밸브 스프링 서징 현상이 발생한다.

### (3) 밸브 스프링 직각도 점검

① 밸브 스프링의 직각도를 점검하고자 할 때에는 정반, 직각자, 필러 게이지 등을 준비한다.

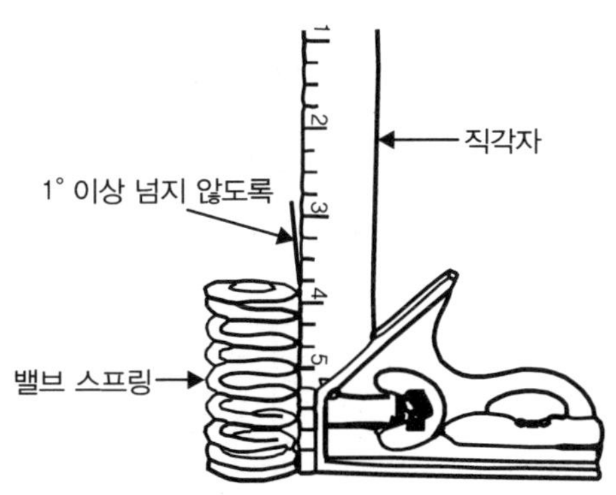


[그림2-56] **밸브 스프링 직각도 점검**

② 정반 위에 직각자를 세운다.

③ 스프링을 직각자에 밀착시키고 천천히 1회전시킨다.

④ 위 부분의 틈새가 가장 큰 부분을 필러 게이지로 점검한다.

**▶차종별 밸브 스프링 직각도**

| 차 종 | 규정값 | 한계값 | 차 종 | 규정값 | 한계값 |
|---|---|---|---|---|---|
| 엑셀, 소나타Ⅱ | 2° 이하 | 4° | 베르나 | 1.5° 이하 | 3° |
| 아반떼<br>엘란트라 | 1.5° 이하 | 4° | 티뷰론 | 1.5° 이하 | 3° |

## 【3】 HLA(Hydraulic Lash Adjuster) 점검

### 1) HLA의 작동

그림 2-57은 HLA의 작동 상태를 나타낸 것이며, 밸브가 닫혀있는 경우에는 그림 (a)와 같이 밸브 리프터가 캠의 기초 원(base circle)과 접촉하고 있기 때문에 밸브 간극이 0이 된다.

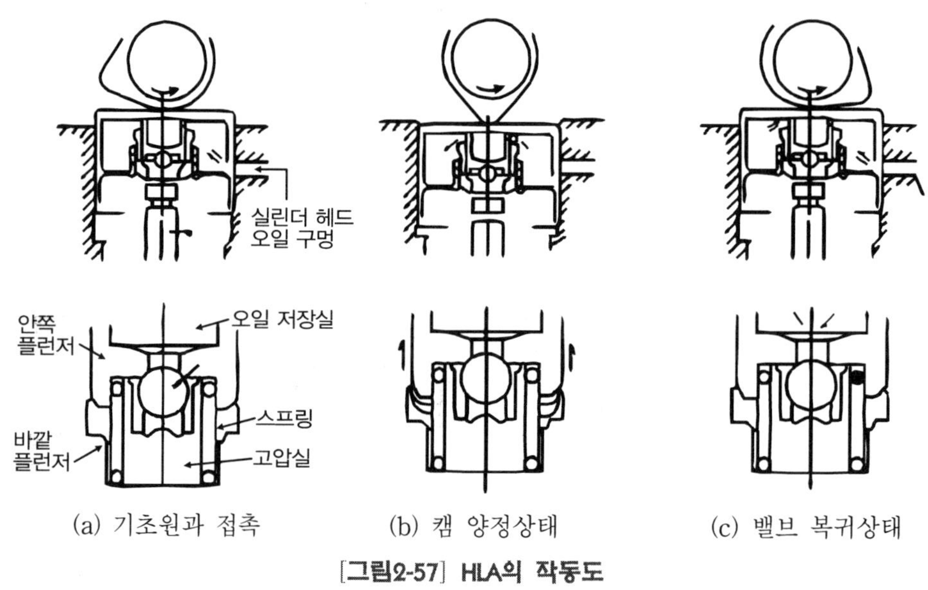


(a) 기초원과 접촉 (b) 캠 양정상태 (c) 밸브 복귀상태

[그림2-57] HLA의 작동도

그림 2-57 (b)와 같이 캠 노스와 리프터가 접촉하면 밸브가 열리기 시작하여 밸브 스프링의 장력과 밸브의 가속력은 HLA의 안쪽 플런저 면적과 고압실의 압력에 대응하고, 고압실 내의 압력이 높기 때문에 오일은 안쪽 플런저와 바깥쪽 플런저 사이의 미세한 간극으로 매우 작은 양이기는 하지만 누출된다. 누출된 만큼의 고압실은 수축된다.

그림 (c)와 같이 캠의 로브(lobe)가 완전히 통과하기 전에 밸브는 복귀한다. 이에 따라 밸브의 복귀 속도를 비정상적으로 빠르게 하여 복귀할 때 소음이 발생하는 것을 방지한다.

복귀할 때에는 밸브와 바깥쪽 플런저 사이에 발생하는 간극은 스프링에 의해 보정되며, 바깥쪽 플런저가 하강하여 고압실내의 압력이 낮아져 체크 볼을 통해 오일 펌프로부터 오일이 고압실에 공급되어 다음 작동에 대비한다.

### 2) 밸브에서 소음이 발생할 때 제거 방법

① 기관을 난기운전하기 전에 기관오일의 양을 점검한다.

② 기관을 난기운전한다.

③ 기관 난기운전 중에 밸브에서 소음이 나면 공기빼기 작업을 한다.

### 3) HLA의 공기빼기 작업

① 기관의 회전속도를 3,000rpm으로 10분 동안 유지시킨 후 공전 상태로 5분 이상 유지시켜 밸브 소음 발생 여부를 점검한다.

② 위 ①을 1회 또는 2회만 실시한다.

③ 공기빼기 작업 후 계속하여 밸브에서 소음이 발생하면 소음을 일으키는 HLA을 찾아 교환한다.

④ 단품 교환 후 밸브에서 소음이 발생하면 공기빼기 작업을 다시 실시한다.

⑤ 공기빼기 작업 및 단품 교환 작업 후 밸브 소음이 제거된 상태에서 2 ~3일 후 다시 발생하는 경우에는 HLA가 고장일 경우가 있으므로 고장 난 HLA만 찾아서 교환한다.

**참고**

HAL가 설치된 차량에서는 초기 시동을 할 때 밸브 소음이 잠시 발생되었다가 없어지는 것은 정상이다.

### 4) HLA를 다룰 때 주의할 사항

① HLA는 정밀한 부품이므로 먼지와 같은 이물질이 외부로부터 들어가지 않도록 주의한다.

② HLA를 분해하지 않는다.

③ HLA를 세척할 때에는 경유를 사용한다.

④ HLA의 바깥 표면에 홈이나 날카로운 모서리 등이 발생하지 않도록 주의한다.

⑤ HLA의 소음 발생 여부는 캠축이 설치된 상태에서 HLA를 눌러 보아 HLA가 눌려지면 이상 소음을 일으키는 원인이 될 수 있으므로 교환한다.

### 5) HLA의 고장 진단

<table>
<tr><td>① 기관을 시동할 때 잠깐 동안 소음 발생</td><td>정상 상태이다.</td><td>기관 정지 상태에서는 오일이 HLA에서 유출된 상태이므로 유압이 정상에 도달하면 소음이 없어진다.</td></tr>
<tr><td>② 48시간 이상 방치 후 기관을 시동할 때 계속 소음 발생</td><td>HLA 고압실에 공기가 유입되었다.</td><td rowspan="4">• 2000 ~ 3000rpm으로 기관을 운전할 때 소음은 15분 내에 소멸된다.<br>• 소멸되지 않으면 7번 항목을 참조한다.<br>(주의) HLA에 손상을 줄 수 있으므로 3000rpm 이상으로는 기관을 운전하지 말 것</td></tr>
<tr><td>③ 실린더 헤드 분해 조립 직후 기관을 시동할 때 계속 소음 발생</td><td>실린더 헤드 오일통로 내의 오일이 부족하다.</td></tr>
<tr><td>④ 과도한 기관 크랭킹 후 시동할 때 계속 소음 발생</td><td rowspan="2">HLA 고압실에 공기가 들어 있거나 HLA에 오일 부족</td></tr>
<tr><td>⑤ HLA 교환 후 기관을 시동할 때 계속 소음 발생</td></tr>
<tr><td rowspan="3">⑥ 고속 주행 직후 공전 상태에서 계속 소음 발생</td><td>오일량이 부적당하다.</td><td>오일을 보충하거나 뺀다.</td></tr>
<tr><td>오일에 과다한 공기가 들어 있다.</td><td>오일 공급계통을 점검한다.</td></tr>
<tr><td>오일의 열화 발생</td><td>오일을 교환한다.</td></tr>
<tr><td rowspan="2">⑦ 5분 이상 계속 소음 발생</td><td>유압이 낮다.</td><td>유압 및 기관 각 부분의 오일 공급계통을 점검한다.</td></tr>
<tr><td>HLA 결함</td><td>실린더 헤드 커버를 떼어낸 후 HLA을 점검하여 스펀지 현상이 있는 HAL는 교환한다.<br>(주의) HAL를 점검할 때 뜨거우니 조심한다.</td></tr>
</table>

## 2.7 오일 압력스위치 및 오일펌프 점검

### 2.7.1 오일압력 스위치 점검방법

① 회로시험기로 단자와 보디사이의 통전을 점검하여 통전되지 않으면 오일압력 스위치를 교환한다.

② 가는 막대로 눌렀을 때 단자와 보디사이가 통전되면 오일압력 스위치를 교환한다.

③ 오일구멍을 통해 0.5kgf/㎠의 압력을 가했을 때 통전이 되지 않으면 오일압력 스위치는 정상이다. 적절히 작동하지 않으면 공기의 누출을 점검한다. 공

기가 누출되면 다이어프램이 파손된 것이므로 오일압력 스위치를 교환한다.

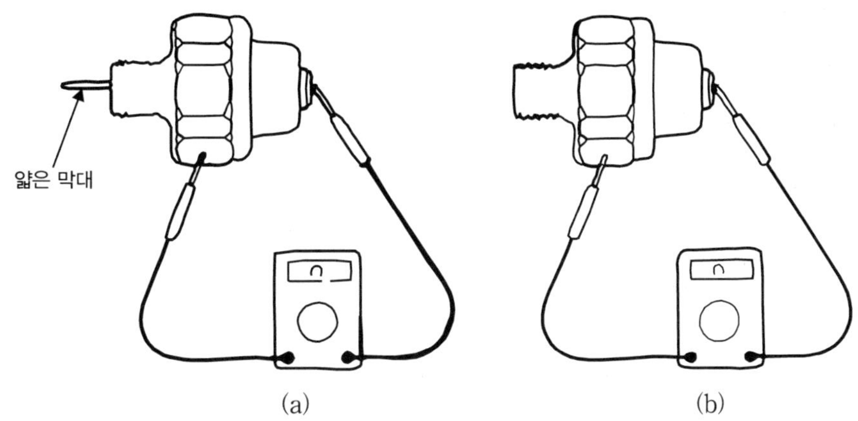


[그림2-58] 오일압력 스위치 점검

### 2.7.2 오일펌프 점검

#### 【1】 기어의 팁 간극 점검방법

**1) 규정 값**

① 구동기어 : 0.16~0.21mm
② 피동기어 : 0.13~0.18mm

**2) 한계 값**

① 구동기어 : 0.25mm
② 피동기어 : 0.25mm

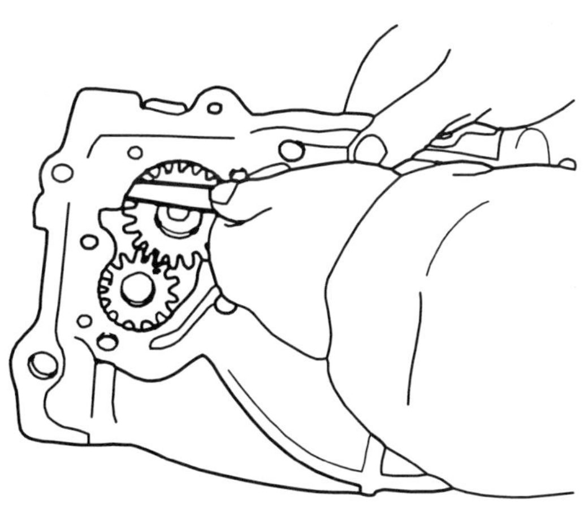

[그림2-59] 기어의 팁 간극 점검

## 【2】 사이드 간극 점검방법

### 1) 규정 값

① 구동기어 : 0.08~0.14mm

② 피동기어 : 0.06~0.12mm

### 2) 한계 값

① 구동기어 : 0.25mm

② 피동기어 : 0.25mm

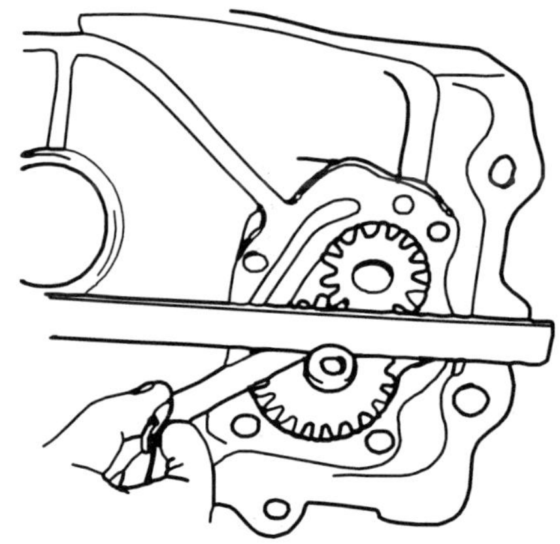

[그림2-60] 기어의 팁 간극 점검

주어진 기관(SOHC)을 기록표 작성할 수 있는 부분까지 분해하여 기록표의 요구사항[**오일펌프 사이드 간극**]을 측정 및 점검하고 본래 상태로 조립하시오.

<table>
<tr><td colspan="3">자동차 번호 :</td><td>비번호<br>(등번호)</td><td></td><td>감독위원<br>확 인</td><td></td></tr>
<tr><td rowspan="2">측정항목</td><td colspan="2">① 점검(또는 측정)</td><td colspan="3">② 판정 및 정비(또는 조치)사항</td><td rowspan="2">득 점</td></tr>
<tr><td>측 정 값</td><td>규정(정비한계)값</td><td>판 정</td><td colspan="2">정비 및 조치할 사항</td></tr>
<tr><td>사이드 간극</td><td></td><td></td><td>양호 불량</td><td colspan="2"></td><td></td></tr>
</table>

▶기록표 작성방법

① 측정값 : 수검자가 측정한 값을 단위와 함께 기록한다.(예 : 0.08mm)

② 규정(정비한계)값 : 측정용 차량의 제원에 맞는 규정 값을 단위와 함께 기록한다.(예 : 보디 간극 0.1~0.2mm, 바깥기어 끝과 크레센트 사이 0.02~0.04mm, 안쪽기어 끝과 크레센트 사이 0.21~0.32mm, 사이드 간극 0.04~0.1mm)

③ 판정 : 측정한 값이 정비 한계 값 이내인 경우에는 “양호”, 벗어난 경우에는 “불량”으로 기록한다.

④ 정비 및 조치할 사항 : 양호로 판정한 경우에는 “사용가능”, 불량으로 판정한 경우에는 정비 및 조치할 사항을 기록한다.(예 : 오일펌프 교환)

MEMO

# 제 3 장
# 가솔린 기관 시동 및 점화시기 점검

## 3.1 가솔린 기관 시동작업

### 3.1.1 SOHC 기관의 경우

**【1】 배전기 설치 및 시동 배선작업**

① 크랭크축 풀리를 회전시켜 크랭크축 풀리와 앞 케이스 커버의 마크를 일치시킨다. 크랭크축 풀리에는 [-]로 된 홈이 있으며, 앞 케이스 커버에는 점화시기가 표시되어 있다. 이때 크랭크축 풀리의 [-] 홈을 앞 케이스 커버의 "T"에 맞춘다.

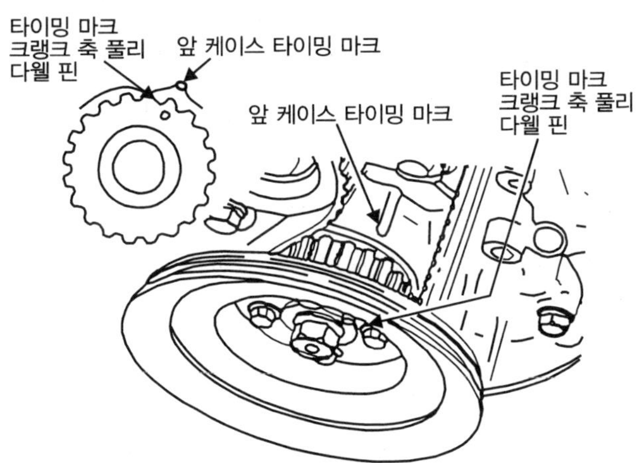


[그림3-1] 크랭크축과 캠축 타이밍 마크 맞추기

 **참고**

크랭크축 스프로킷의 타이밍 마크를 맞추는 것은 점화순서가 1-3-4-2인 경우 No.1 피스톤의 상사점으로 맞추기 위함이며, 캠축 스프로킷의 타이밍 마크를 맞추는 것은 No.1 실린더의 흡・배기 밸브가 모두 닫힌 압축상태로 하기 위함이다.

② 배전기 구동기어의 타이밍 마크를 일치시킨 후 배전기를 설치한다.

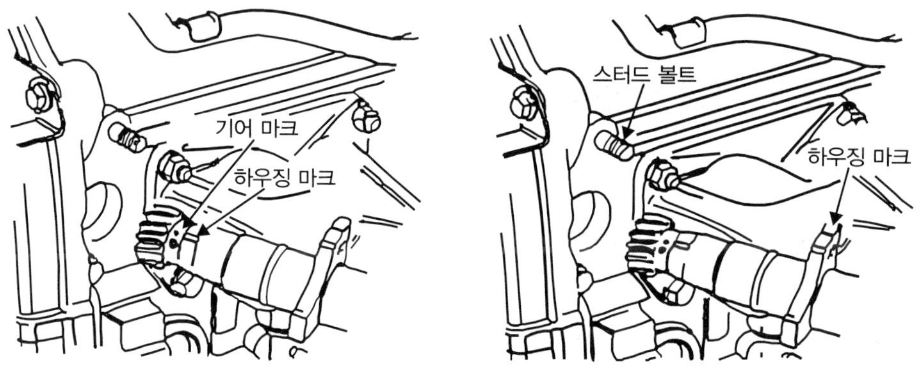


[그림3-2] 배전기 설치하기

③ 배전기에서 로터, 패킹 고무, 디스크 커버 순서로 분리한 후 배전기 하우징을 좌우로 회전시켜 크랭크 각 센서용 홈과 No.1 실린더 상사점 센서용 홈을 발광 다이오드와 포토 다이오드를 일치시키고 배전기를 고정한다.

④ 배전기에 디스크 커버 및 패킹을 원래의 위치에 조립하면 로터의 회전방향이 결정된다. 로터를 조립하였을 때 로터의 회전방향이 점화순서가 1-3-4-2인 경우 No.1 실린더의 첫번째 폭발을 의미한다. 로터가 가리키는 배전기 캡의 위치를 확인 한 후 캡을 조립한다.

⑤ 점화순서에 따라 고압케이블을 점화플러그에 연결한 후 점화코일 중심단자와 배전기 중심단자에 고압 케이블을 연결한다.

### 【2】 SOHC 기관 시동하기

① 크랭크 각 센서와 No.1 실린더 상사점 센서와 연결되는 커넥터를 연결한다.

② 파워 트랜지스터, 점화코일, 인젝터, 연료펌프, 컨트롤 릴레이, 컴퓨터 등의 연결상태를 점검한다.

③ 각종 릴레이와 퓨즈의 상태를 점검한다.

④ 점화스위치(key) 커넥터를 연결한다.

⑤ 축전지를 연결하고 점화스위치를 시동위치(st)로 하여 기관을 시동한다.

## 3.1.2 DOHC 기관의 시동작업

### 【1】 기관 시동 준비작업

① 축전지의 [+]와 [-]단자의 케이블을 분리한다.

② 점화코일에서 고압 케이블을 분리하고 크랭크 각 센서와 No.1 실린더 상사점 센서 및 점화코일 연결 커넥터를 분리한다.

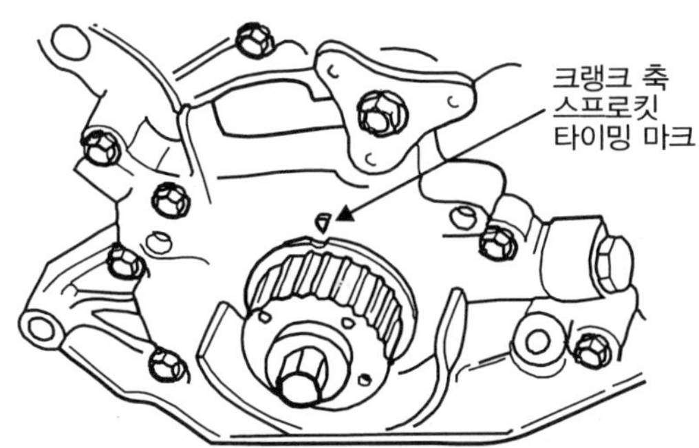


[그림3-3] 크랭크축 타이밍 마크

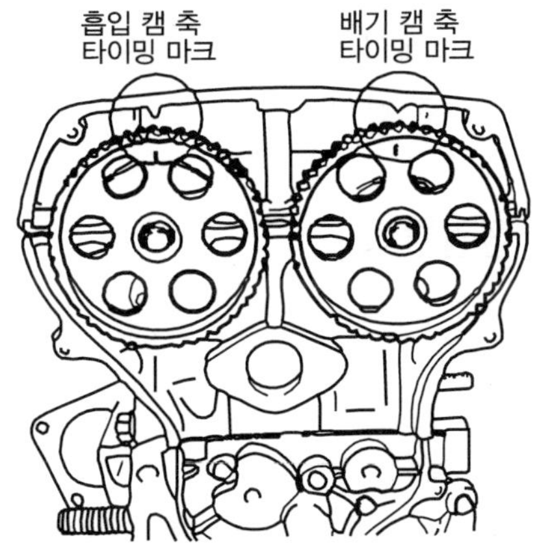


[그림3-4] 캠축 타이밍 마크

③ 크랭크축 풀리를 회전시켜 크랭크축 스프로킷의 타이밍 마크를 일치시킨다.

이때 아래 커버가 설치된 경우에는 “T” 위치에, 아래 커버가 분리된 경우에는 앞 케이스의 노치 부분과 크랭크축 스프로킷 타이밍 마크를 일치시킨다. 그리고 흡입 및 배기 캠축 스프로킷 타이밍 마크도 일치시키도록 한다.

**【2】 DOHC 기관 시동작업**

① 크랭크 각 센서와 No.1 실린더 상사점 센서와 연결되는 커넥터를 연결한다.
② 파워 트랜지스터, 점화코일, 인젝터, 연료펌프, 컨트롤 릴레이, 컴퓨터 등의 연결상태를 점검한다.
③ 각종 릴레이와 퓨즈의 상태를 점검한다.
④ 점화스위치(key) 커넥터를 연결한다.
⑤ 축전지를 연결하고 점화스위치를 시동위치(st)로 하여 기관을 시동한다.

## 3.2 점화시기 점검

### 3.2.1 점화시기 점검 전 준비사항

① 기관 냉각수 온도를 80~90℃로 난기운전한다.
② 각종 등화장치 및 전장부품은 모두 OFF 시킨다.
③ 변속레버 중립 및 주차 브레이크 레버를 당겨 제동을 한다.
④ 조향 핸들을 직진 방향으로 한다.

### 3.2.2 초기 점화시기 점검방법

**【1】 타이밍 라이트 배선방법**

**1) 3선형 타이밍 라이트의 배선**

① 적색 클립은 축전지 [+]단자에 흑색 클립은 [-]단자에 설치한다.
② 고압픽업 클립을 제1번 실린더 고압케이블에 설치한다. 픽업 클립에 “➡”표시가 있는 경우에는 “➡” 표시가 점화 플러그 쪽으로 향하도록 설치한다.

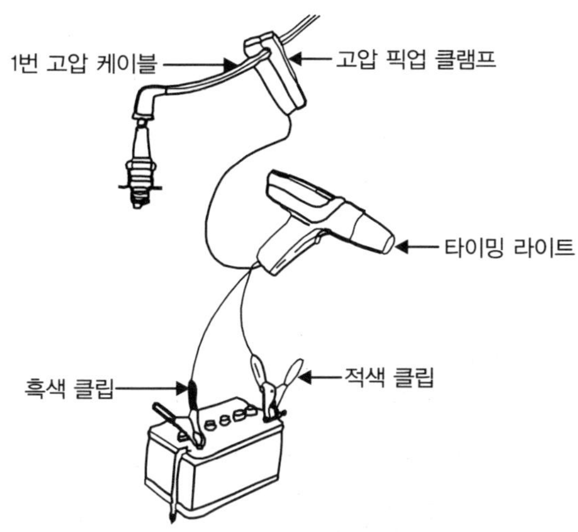


[그림3-5] 3선형 타이밍 라이트 배선방법

### 2) 4선형 타이밍 라이트의 배선

① 적색 클립은 축전지 [+]단자에 흑색 클립은 [-]단자에 설치한다.

② 고압픽업 클립을 제1번 실린더 고압케이블에 설치한다.

③ 녹색(또는 청색이나 황색) 클립은 점화코일 [-]단자에 연결한다.

## 【2】 전자제어 기관의 경우

① 노이즈 필터 커넥터 뒤쪽에서 페이퍼 클립(paper clip)을 끼운 후 리드 와이어를 사용하여 타코미터(tacho meter : 회전속도계)를 연결한다. 이때 커넥터의 접속이 분리되어서는 안 된다.

② 공전속도를 점검한다.

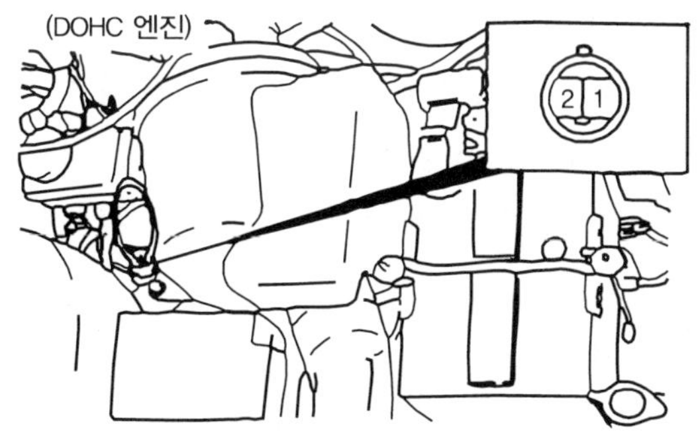


[그림3-6] 점화시기 조정용 단자 접지하기

③ 기관의 가동을 정지시키고 리드 와이어를 점화시기 조정용 커넥터(EST CHECK)에 연결하고 다른 한쪽은 접지시킨다.

④ 기관을 시동한 후 공전상태에서 타이밍 라이트 스위치를 ON으로 하고 크랭크축 풀리와 타이밍벨트 커버의 타이밍 마크에 비추어 발광(發光)에 의한 타이밍 마크를 확인한다.

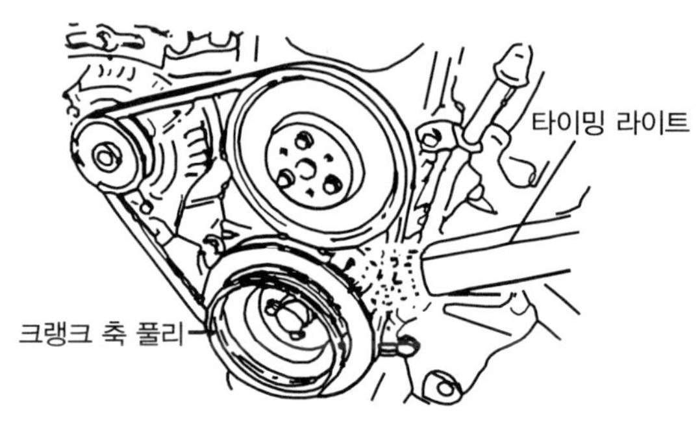


[그림3-7] 점화시기 점검

▶ 차종별 점화시기 규정 값 및 공전속도

| 차 종 | 초기점화시기 | 공전속도 | 차 종 | 초기점화시기 | 공전속도 |
|---|---|---|---|---|---|
| 소나타II S | 상사점전 5±1° | 750±50rpm | 아반떼 1.5 D | 상사점전 9±5° | 800±100rpm |
| 소나타II D | 상사점전 5±2° | 750±100rpm | 아반떼 1.8 D | 상사점전 10±5° | 800±100rpm |

### 3.2.3 점화시기 조정방법

① SOHC 기관은 배전기 몸체를 오른쪽으로 돌리면 점화시기가 늦어지고 왼쪽으로 돌리면 빨라진다.
DOHC 기관은 크랭크 각 센서를 오른쪽으로 돌리면 점화시기가 빨라지고, 왼쪽으로 돌리면 늦어진다. 조정 후에는 고정너트를 완전히 조인다.

② 기관의 가동을 정지시킨 후 점화시기 조정용 커넥터에 연결하였던 리드 와이어를 분리한다.

③ 기관을 다시 시동 한 후 공전 상태에서 실제 점화시기가 정확한지 점검한다. 그러나 전자제어 기관은 실제 점화시기는 컴퓨터(ECU)의 제어모드에 따라 변화할 수 있으므로 이때는 기본 점화시기를 재점검하여 변동이 없을

때에는 점화시기가 정상적인 것으로 판단한다.

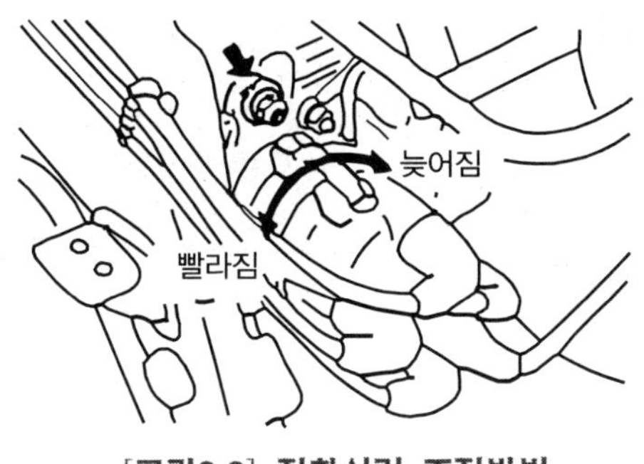


[그림3-8] 점화시기 조정방법

## 3.3 가솔린 기관의 압축압력 시험

### 3.3.1 압축압력 시험 준비사항

① 축전지와 기동장치를 점검한다.
② 기관을 시동하여 난기운전시킨 다음 정지시킨다.
③ 연료공급과 점화회로를 차단한다.
④ 점화 플러그를 모두 빼낸다.
⑤ 공기 청정기 엘리먼트 제거 후 스로틀 밸브를 완전히 연다.

### 3.3.2 압축압력 측정방법

① 압축압력 게이지를 점화 플러그 구멍에 설치하고 힘껏 누른다.
② 기관을 압축압력이 최대로 올라갈 때까지 크랭킹한다.
③ 최초 압축압력과 마지막 압축압력을 판독하여 기록한다.

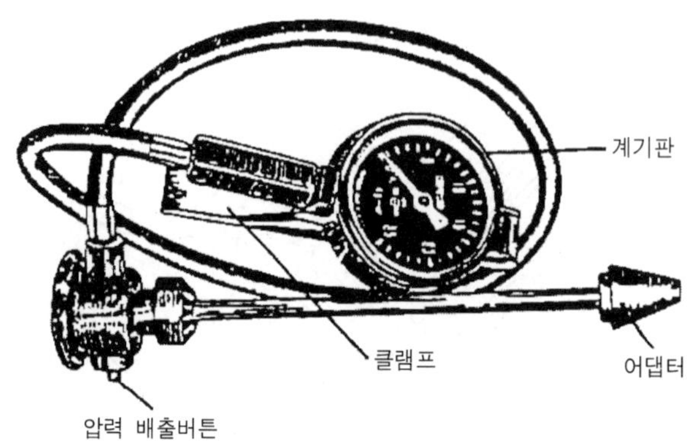


[그림3-9] 압축압력 게이지의 구조

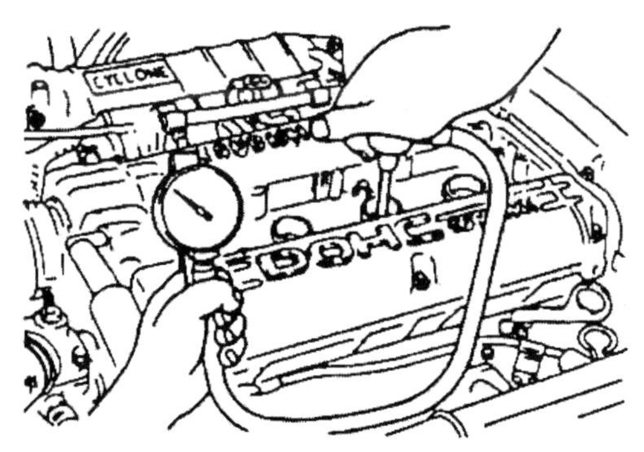

[그림3-10] 압축압력 점검방법

## 3.3.3 압축압력 판정

### 【1】 양호한 압축압력

규정 압축압력의 ±10%(90∼110%) 이내인 경우

### 【2】 압축압력이 낮거나 높은 경우

#### 1) 규정 압축압력의 90% 미만인 원인

㉮ 피스톤 링 및 실린더 벽의 마모가 클 때
㉯ 밸브가 불량할 때
㉰ 헤드 개스킷에서 누출될 때

### 2) 규정 압축압력의 110% 이상인 원인

압축압력이 규정 값보다 10% 이상 높은 원인은 연소실에 카본이 축적된 경우이므로 실린더 헤드를 분해 후 연소실 내의 카본을 제거하여야 한다.

### 3) 실린더를 보링하여야 하는 경우

각 실린더 사이의 압축압력 차이가 10%를 초과하거나 규정 압축압력의 70% 미만일 경우에는 실린더를 보링한다.

## 3.3.4 압축압력의 진단 결과

### 【1】 실린더 벽 및 피스톤 링의 마모가 큰 경우

① 첫 압축행정에서 압력이 낮고, 반복되는 압축행정에서 압력이 상승하지만 규정 값에는 도달하지 못한다.

② 기관오일을 5cc 정도 실린더에 넣고 약 1분 뒤에 다시 측정하였을 때 압축압력이 뚜렷하게 상승한다.

### 【2】 밸브가 불량한 경우

① 첫 압축행정에서 압축압력이 낮으며 반복되는 압축행정에서도 압축이 현저하게 상승하지 않는다.

② 기관오일을 넣고 앞의 경우와 같이 측정하여도 압축압력은 상승하지 않는다.

### 【3】 실린더 헤드 개스킷의 누설이 있을 경우

서로 인접한 실린더의 압축압력이 거의 비슷하게 낮으며, 기관오일을 넣고 시험하여도 압축압력이 상승하지 않는다.

# 3.4 가솔린 기관의 흡기다기관 진공도 측정

## 3.4.1 흡기다기관 진공도 측정의 개요

가동 중인 기관의 흡기다기관의 진공도는 기관의 상태에 따라서 변화한다. 따라서 이 진공도를 측정해보면 기관 내부의 상태를 추정할 수 있다. 이 진공도 측정은 기관의 분해 수리 여부를 결정하거나 기관의 튠업에서 중요한 안내 역할을 한다. 진공계 눈금을 분석하여

① 점화시기의 틀림

② 밸브작동 불량

③ 배기장치의 막힘

④ 실린더 압축압력 누출

등을 점검할 수 있다. 진공계 눈금은 센티미터 수은주(cmHg) 또는 밀리미터 수은주(mmHg)로 표시되어 있으며 대기압력(약 1kgf/㎠)을 0으로 하여 65cmHg까지 표시되어 있다. 실제 기관에서 진공계의 결과 분석은 그대로만 해석해서는 안 된다. 그 이유는 눈금이 하나의 결함에만 원인인 경우는 드물고 대개 2~3가지 결함이 복합되어 표시되기 때문이다. 따라서 진공계 눈금 표시만으로 결론을 내리지 않도록 하여야 한다.

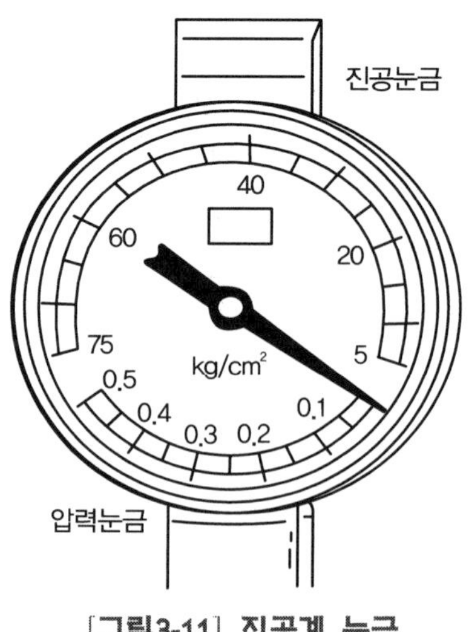


[그림3-11] 진공계 눈금

## 3.4.2 흡기다기관 진공도 판정

### 【1】 기관이 정상일 경우

공전상태에서 진공계 바늘이 45~50cmHg 사이에 정지되어 있거나 조용하게 움직인다. 4실린더 기관에서는 저속에서는 흡기다기관 내의 흡기 맥동(脈動)이 발생하여 바늘이 약간 흔들리나 6실린더 이상에서는 이 맥동이 거의 없다.

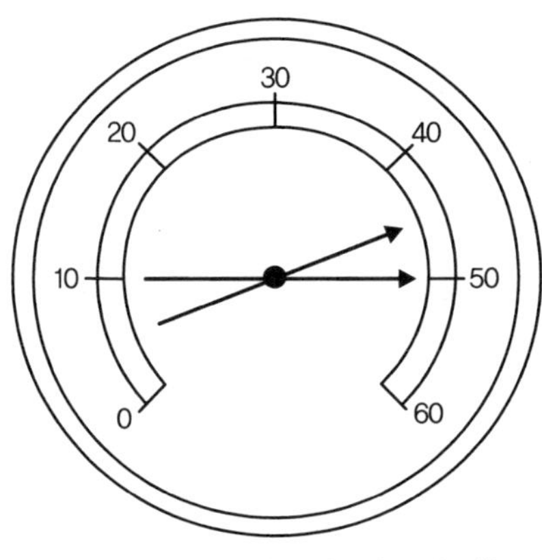


[그림3-12] 기관이 정상일 때

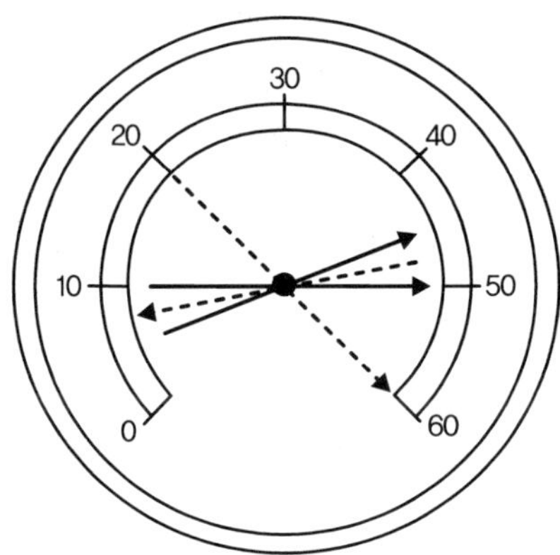


[그림3-13] 정상상태에서 스로틀 밸브를 급격히 여닫았을 때

## 【2】 실린더 벽이나 피스톤 링이 마모되었을 때

진공계 때에는 바늘이 정지되어 있기는 하지만 30~40cmHg를 나타낸다. 스로틀 밸브를 급격히 여닫으면 바늘이 0까지 내려갔다가 55cmHg 정도까지 상승한 다음 다시 30~40cmHg에 머문다.

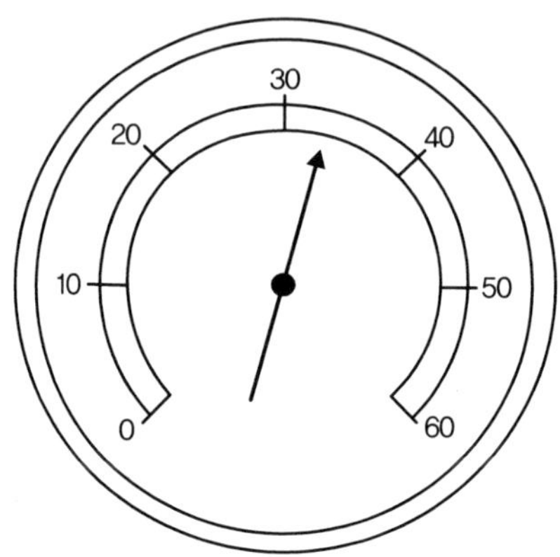


[그림3-14] 실린더 벽이나 피스톤 링이 마모되었을 때

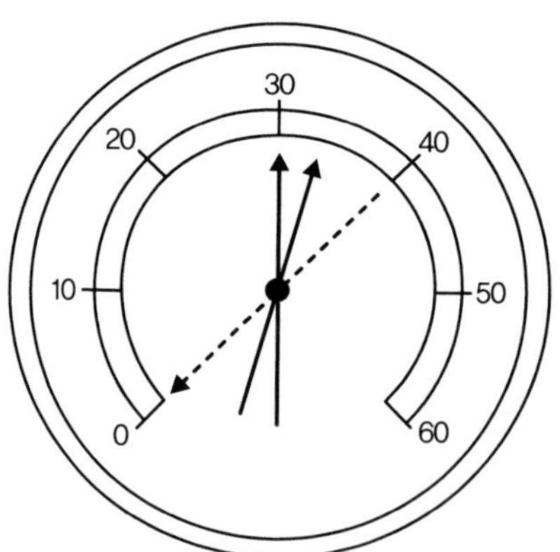


[그림3-15] 실린더 벽이나 피스톤 링이 마모된 기관의 스로틀 밸브를 급격히 여닫았을 때

### 【3】 밸브가 손상되었을 때

정상 눈금보다 5~10cmHg 정도 낮아지며 바늘이 규칙적으로 움직인다.

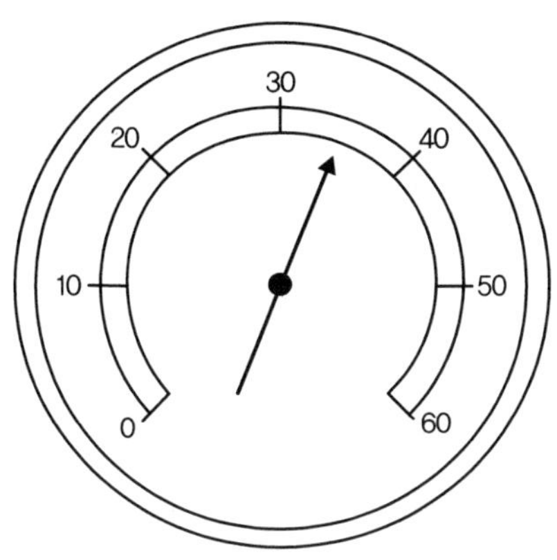


[그림3-16] 밸브가 손상되었을 때

### 【4】 밸브개폐 시기가 틀릴 때

진공계 바늘이 20~40cmHg 사이에 정지되어 있다.

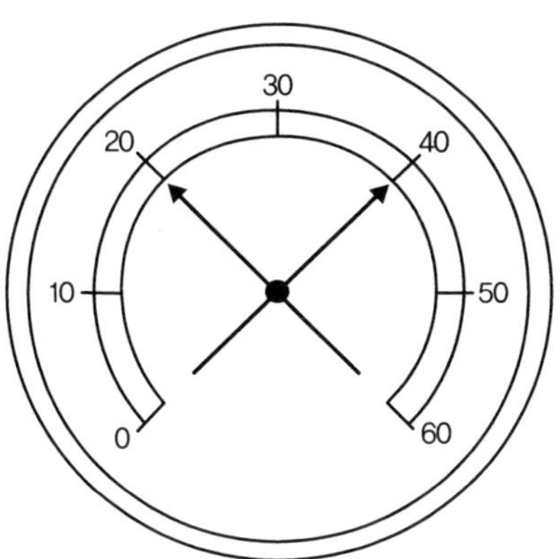


[그림3-17] 밸브개폐 시기가 틀릴 때

**【5】 밸브 면과 시트와의 밀착이 불량할 때**

정상 눈금보다 5~8cmHg 정도 낮아진다.

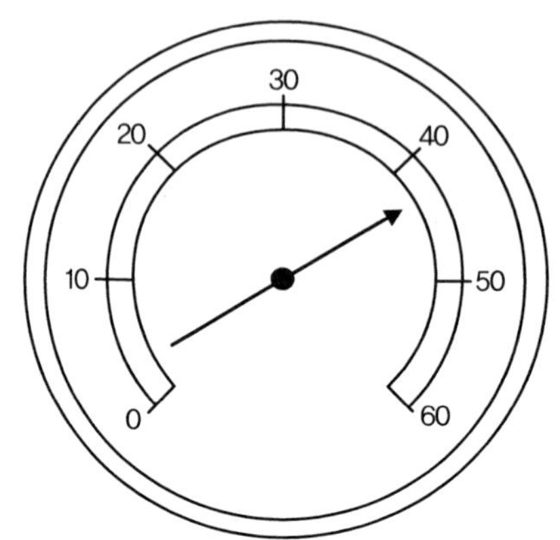


[그림3-18] 밸브 면과 시트의 밀착이 불량할 때

**【6】 밸브 가이드가 마멸되었을 때**

진공계의 바늘이 35~50cmHg 사이를 빨리 움직인다.

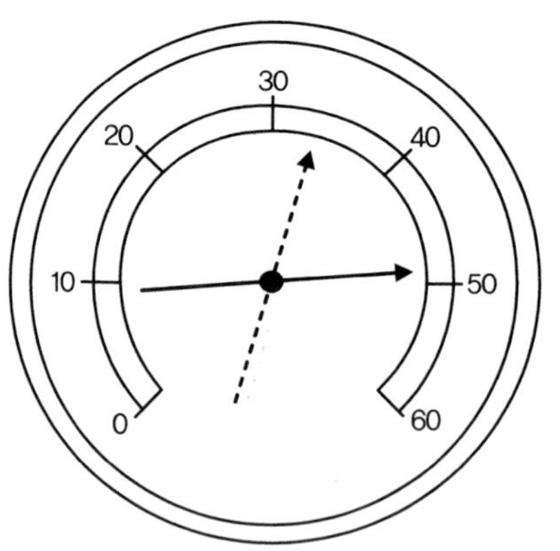


[그림3-19] 밸브 가이드가 마멸되었을 때

### 【7】 밸브 스템이 고착되어 완전히 닫히지 않을 때

진공계 바늘이 정상보다 10cmHg 정도 낮은 35~40cmHg에서 흔들린다.

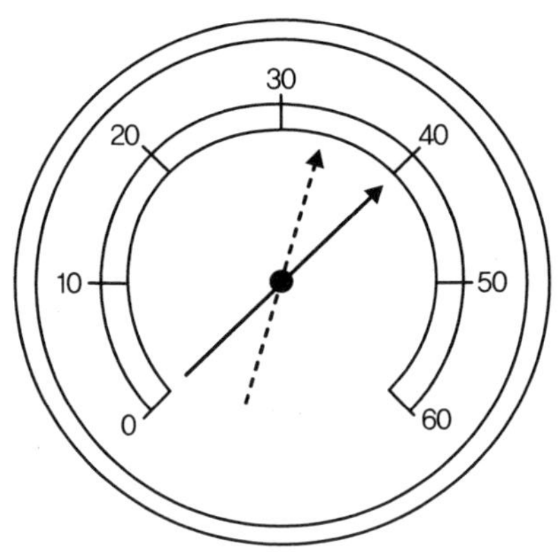


[그림3-20] 밸브가 완전히 닫히지 않을 때

### 【8】 밸브 스프링이 약할 때

진공계 바늘이 25~55cmHg 사이에서 흔들리며, 이 흔들림은 기관의 회전속도가 빨라짐에 따라 격렬해진다.

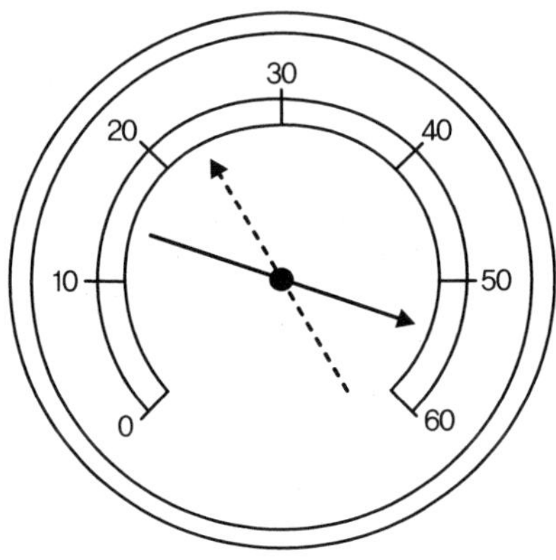


[그림3-21] 밸브 스프링이 약할 때

### 【9】 흡입 공기가 누출될 때

진공계 바늘이 8~15cmHg 사이에 머문다. 스로틀 밸브를 급격히 열어 기관 회전속도를 높이면 바늘이 더욱더 내려가고, 심한 경우에는 더 낮은 위치에서 흔들리기도 한다.

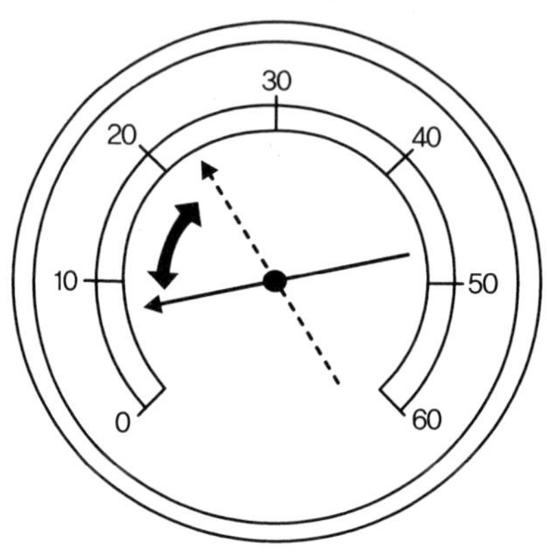


[그림3-22] 흡입 공기가 누출될 때

### 【10】 실린더 헤드 부분에서 누출이 있을 때

헤드 개스킷이 파손되어 인접한 2개의 실린더 사이가 통해져 있을 때에는 바늘이 13~45cmHg의 낮은 위치와 높은 위치 사이를 규칙적으로 강·약 있는 흔들림을 한다.

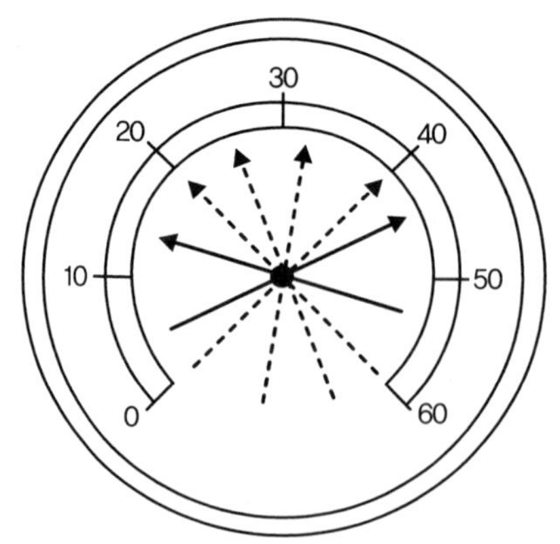


[그림3-23] 실린더 헤드 부분에서 누출이 있을 때

## 【11】 점화 플러그 전극의 간극이 틀릴 때

점화 플러그 전극의 간극이 틀릴 때에는 바늘이 조금 높은 공전상태에서서는 흔들리지 않으나 낮은 공전속도에서서는 매우 작은 범위 내에서 흔들린다. 점화 플러그 기능의 양부는 공전상태에서 스크루드라이버로 각각의 점화 플러그를 단락시켜보면 확실하게 알 수 있다. 점화 플러그에 이상이 없으면 단락시켰을 때 바늘이 내려가고 원상태로 하면 급히 돌아간다.

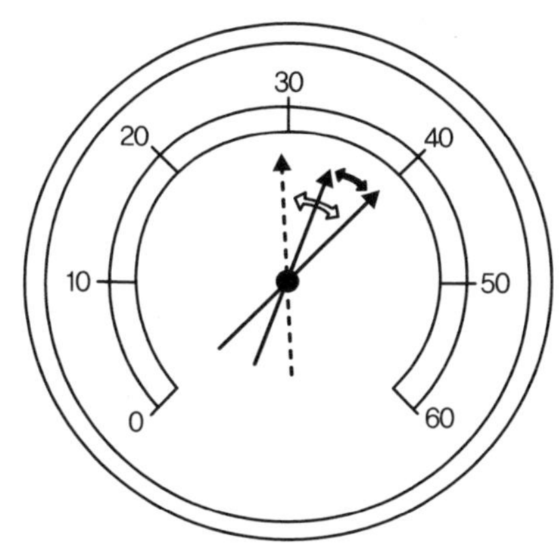


[그림3-24] 점화 플러그 전극의 간극이 틀릴 때

## 【12】 점화시기가 늦을 때

진공계 바늘이 정상일 때보다 5~8cmHg 낮으며, 그다지 흔들리지는 않는다.

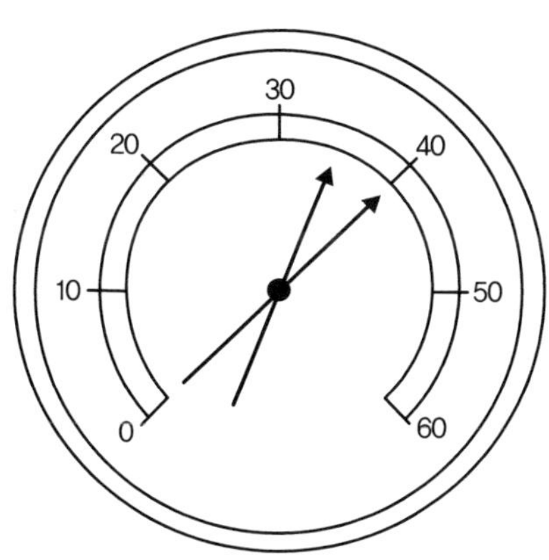


[그림3-25] 점화시기가 늦을 때

## 【13】 배기 장치 내의 막힘이 있을 때

진공계 바늘이 기관 시동 직후에는 정상을 표시하나 잠시 후에는 0까지 내려가고, 다시 점차 조용히 회복되어 정상으로 올라간다.

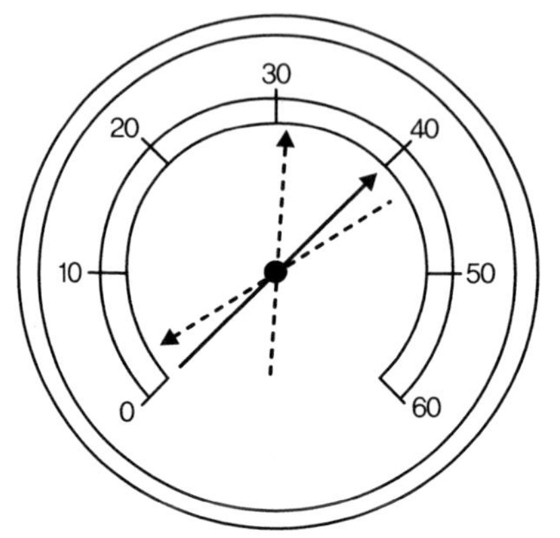


[그림3-26] 배기 장치 내에 막힘이 있을 때

# 제 4 장 냉각장치 점검 및 정비

## 4.1 냉각장치의 구성부품

### 4.1.1 물 재킷(water jacket)

물 재킷은 실린더 헤드 및 블록에 설치된 냉각수가 순환하는 통로이다.

### 4.1.2 물 펌프(water pump)

물 펌프는 팬 벨트를 통하여 크랭크축에 의해 구동되며 실린더 헤드 및 블록의 물재킷으로 냉각수를 순환시키는 원심력 펌프이다.

### 4.1.3 팬벨트(drive belt or fan belt)

팬벨트는 크랭크축의 동력을 이용하여 발전기, 물 펌프, 동력 조향 장치의 오일 펌프 및 에어컨 압축기 등을 구동시키는 것이며, 이음새가 없는 섬유질과 고무를 이용하여 성형한 것이다.

### 4.1.4 냉각 팬(cooling fan)

냉각 팬은 기관과 라디에이터 사이에 설치되어 있으며 라디에이터 통풍을 보조한다. 종류에는 수온 센서에 의해 전동기를 회전시키는 전동 팬과 고속 주행에서 냉각 팬이 필요 이상으로 회전하는 것을 제한하는 유체 커플링 방식 등이 있다.

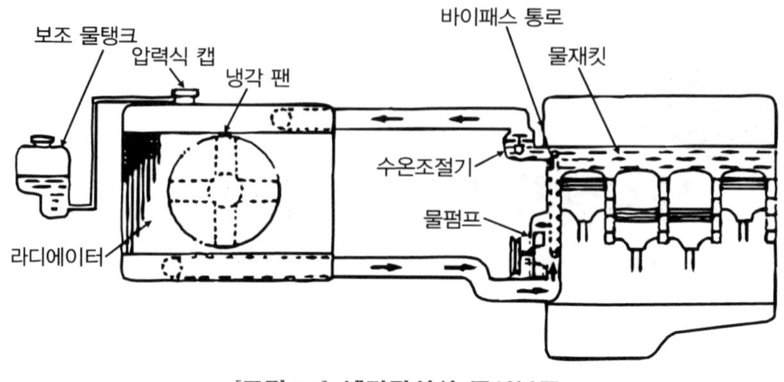


[그림4-1] 냉각장치의 구성부품

### 4.1.5 라디에이터(radiator)

라디에이터는 기관에서 흡수한 냉각수의 열을 냉각시키는 기구이다. 작동은 냉각수가 라디에이터의 위 탱크로 들어오면 튜브(tube)를 통하여 아래 탱크로 흐르는 동안 주행 속도와 냉각 팬에 의해 유입되는 공기와의 열 교환이 냉각 핀에서 이루어져 냉각이 된다.

### 4.1.6 수온 조절기(thermostat)

수온 조절기는 실린더 헤드 냉각수 통로에 설치되어 냉각수의 온도를 알맞게 조절하는 기구이다.

## 4.2 팬벨트 장력점검 및 조정방법

### 4.2.1 팬벨트 장력점검 방법

① 물 펌프 풀리와 발전기 풀리 사이를 10kgf의 힘으로 누르고 벨트의 처짐(유격)을 점검한다.

② 벨트 처짐이 규정 값을 벗어나면 조정한다.

▶차종별 구동벨트 유격(단위 : mm)

| 차 종 | 발전기 | 에어컨 | 동력조향장치 오일펌프 |
|---|---|---|---|
| 쏘나타Ⅱ<br>아반떼 | 9~10.4 | 8 | 6~9 |

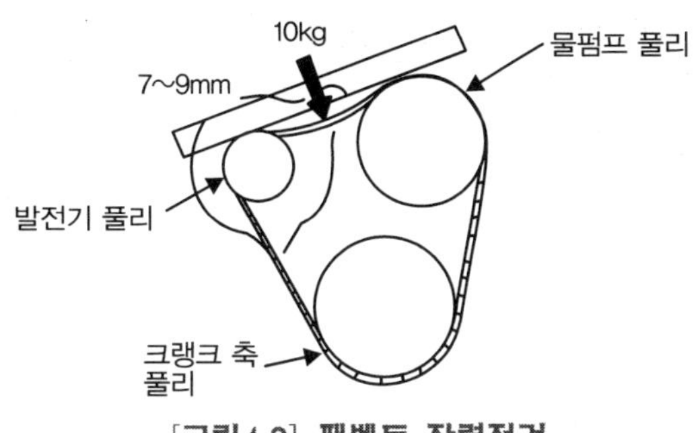


[그림4-2] 팬벨트 장력점검

### 4.2.2 장력 게이지를 사용하는 경우

① 게이지의 훅(hook)과 스핀들 사이에 구동 벨트를 끼워 넣고 장력 게이지 핸들을 누른다.

② 핸들을 놓고 게이지 지침을 읽는다.

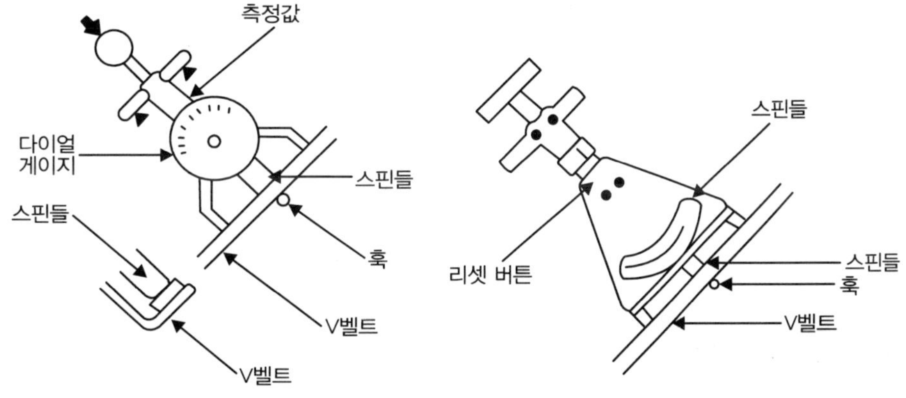


[그림4-3] 장력 게이지 사용방법

▶차종별 구동벨트 장력(단위 : kgf)

| 차 종 | 발전기 | 에어컨 |
|---|---|---|
| 아반떼, 소나타II | 35~50 | 25~50 |

[그림4-4] 구동벨트 설치상태

## 4.2.3 팬벨트 장력 조정방법

### 【1】 발전기 구동벨트 장력 조정방법

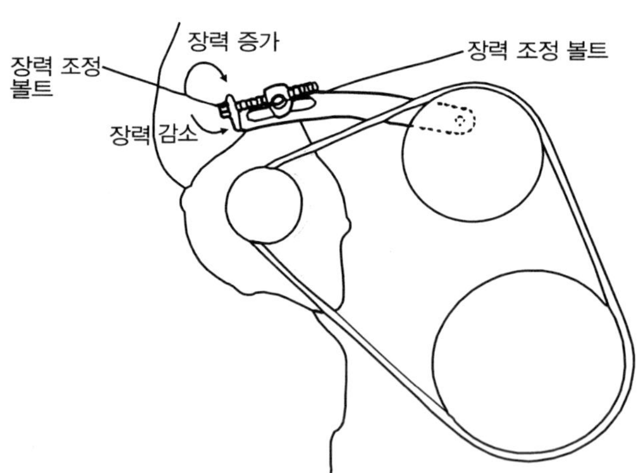


[그림4-5] 발전기 구동벨트 장력 조정방법

① 발전기 브래킷의 고정너트와 장력조정 너트를 푼다.
② 장력조정 볼트를 이용하여 벨트장력을 규정 값으로 조정한다.
③ 장력조정 너트를 조인다.
④ 발전기 브래킷의 고정너트를 조인다.

### 【2】 에어컨 구동벨트 장력 조정방법

① 장력 풀리 고정너트 “A”를 푼다.
② 조정볼트 “B”를 이용하여 벨트 유격을 조정한다.
③ 고정볼트 “A”를 조인다.

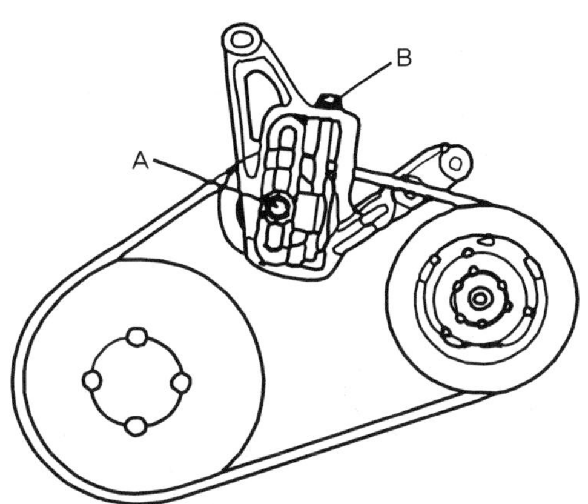


[그림4-6] 에어컨 구동벨트 장력 조정방법

## 4.3 라디에이터 냉각수 누출 점검방법

① 냉각수 온도가 38℃ 미만으로 냉각된 후 라디에이터 캡을 연다.
② 냉각수가 필러 넥(feeler neck)까지 들어 있는지를 점검한다.
③ 라디에이터 캡 테스터를 라디에이터 필러 넥에 설치하고 규정의 압력을 가한다. 이 상태에서 2분 동안 그 상태를 유지하면서 라디에이터 호스, 연결부분에서의 누출 여부를 점검한다.

▶차종별 라디에이터 압력(단위 : kg/㎠)

| 차 종 | 규정값 |
|---|---|
| 소나타Ⅱ<br>아반떼 | 1.53 |

**참고_라디에이터의 냉각수 누출 점검을 할 때 주의할 사항**

① 라디에이터의 냉각수는 매우 뜨거우므로 계통이 뜨거울 때 라디에이터 캡을 열면 뜨거운 물이 분출되어 상해를 입을 위험성이 있으니 주의한다.
② 점검한 부분의 물기를 완전히 닦아낸다.
③ 테스터를 탈·부착할 때 또 시험을 진행할 때 라디에이터의 필러 넥이 변형되지 않도록 주의한다.
④ 테스터를 분리할 때 냉각수가 뿌려지지 않도록 주의한다.
⑤ 누출이 있는 부위는 교환한다.

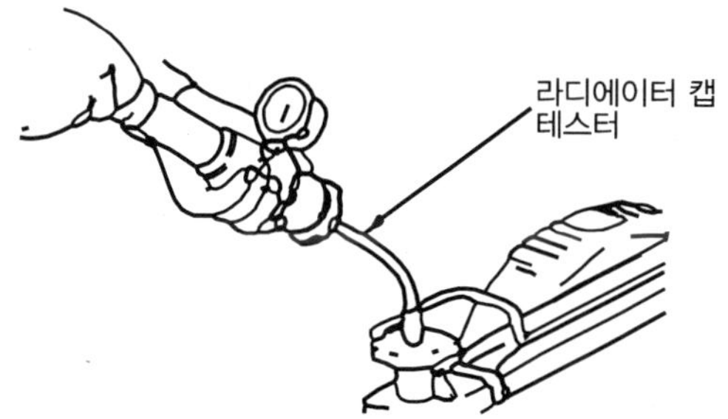


[그림4-7] 라디에이터 냉각수 누출 점검

## 4.4 라디에이터 캡 압력 점검방법

① 캡 실(cap seal) 내에 녹이나 이물질이 있으면 부정확한 압력을 나타내므로 시험 전에 깨끗이 닦아낸다.
② 어댑터를 사용하여 테스터를 캡에 설치한다.
③ 게이지의 바늘이 움직임을 멈출 때까지 압력을 증가시킨다. 이때 바늘이 10초 동안 일정하게 유지하여야 한다.
④ 측정 압력이 한계 값 이상이면 라디에이터 캡을 교환한다.

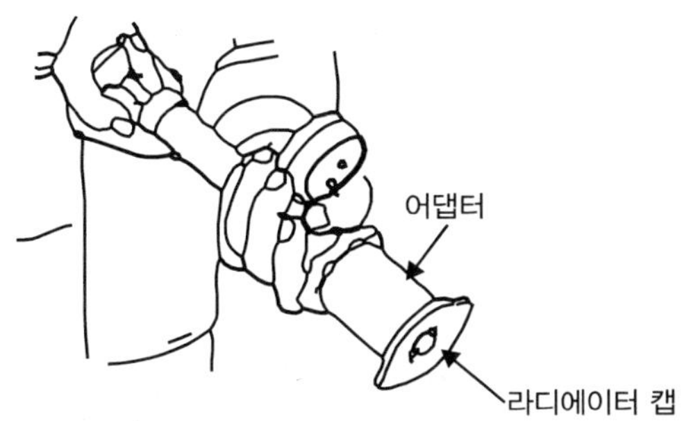


[그림4-8] 라디에이터 캡 압력점검

▶차종별 라디에이터 캡 압력(단위 : kg/㎠)

| 차 종 | 규정값 | 한계값 |
|---|---|---|
| 아반떼, 소나타Ⅱ | 0.83~1.1 | 0.66 |

## 4.5 냉각 팬 모터 및 서모센서 점검방법

### 4.5.1 냉각 팬 모터(cooling fan motor) 점검방법

냉각 팬 모터에 그림 4-9와 같이 축전지 전압을 단자와 접속하였을 때 냉각 팬의 회전상태를 점검한다. 모터가 회전할 때 비정상적인 소음이 없어야 한다.

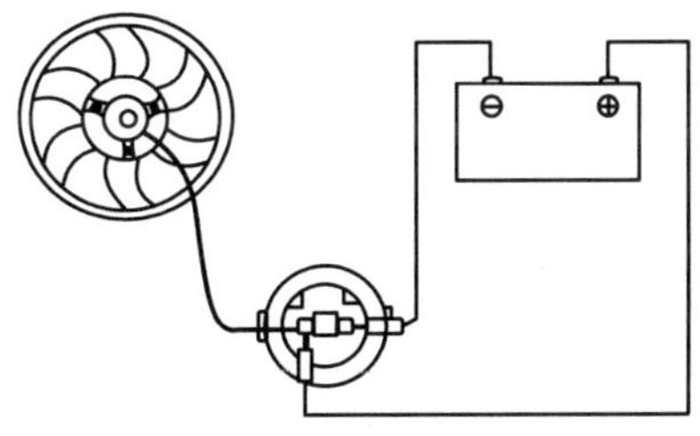

[그림4-9] 냉각 팬 모터 점검방법

### 4.5.2 서모 센서(thermo sensor) 점검방법

#### 【1】 서모 센서(A)

서모 센서를 뜨거운 물에 담근 후 통전성을 점검한다.

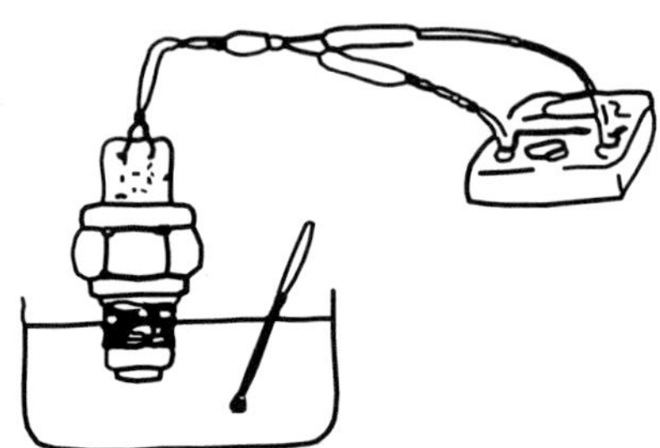

[그림4-10] 서모 센서 A 점검방법

| 작동 상태 | 작동 온도 |
|---|---|
| ON → OFF | 83℃ 이상 |
| OFF → ON | 90±3℃ 이상 |

#### 【2】 서모 센서(B)

| 작동 상태 | 작동 온도 |
|---|---|
| OFF → ON | 93℃ 이상 |
| ON → OFF | 100±3℃ 이상 |

## 4.6 수온 조절기 점검방법

수온 조절기를 떼어낸 후 그림 4-11과 같이 수온 조절기를 물에 담근 후 가열하여 밸브가 열리기 시작할 때의 온도와 밸브가 완전히 열렸을 때의 온도를 측정한다.

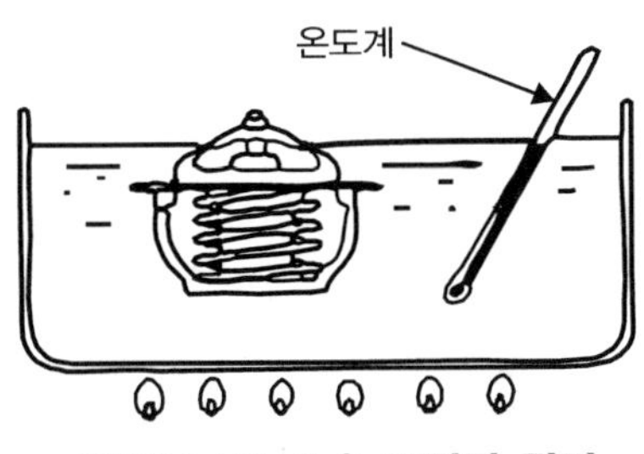


[그림4-11] 수온 조절기 점검

▶차종별 수온 조절기 열림 온도(단위 : ℃)

| 차 종 | 열 림<br>시작 온도 | 완 전<br>열림 온도 |
|---|---|---|
| 소나타II | 88 | 100 |
| 아반떼 | 82±1.5 | 95 |

## 4.7 온도계 유닛 및 수온센서 점검방법

### 4.7.1 온도계 유닛 점검방법

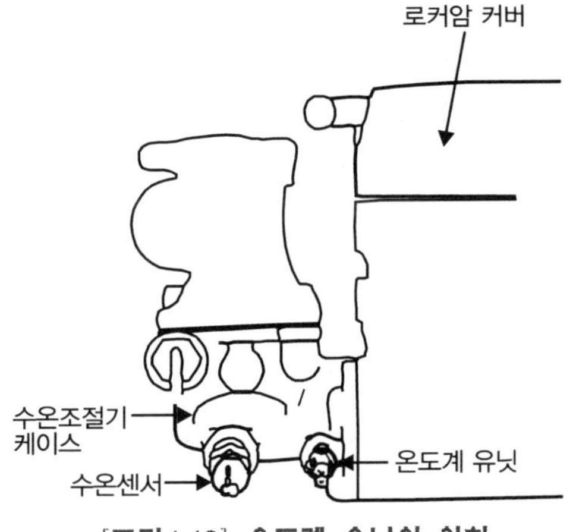


[그림4-12] 온도계 유닛의 위치

온도계 유닛을 빼낸 후 물에 담근 후 온도를 높이면서 그림 4-13과 같이 저항 값을 측정한다.

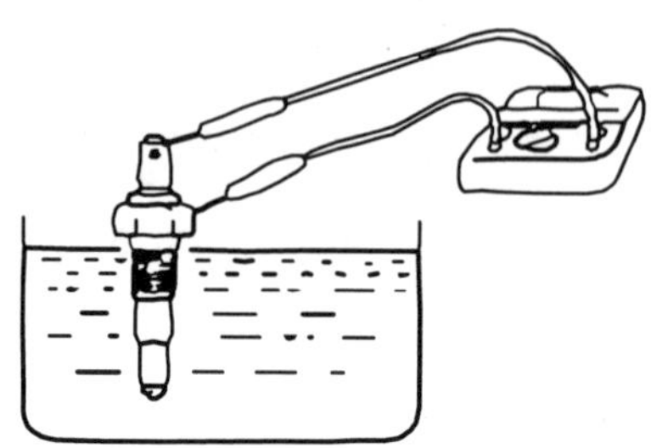

[그림4-13] 온도계 유닛 저항 점검

| 표준 저항값 | 90.5~117.5Ω(70℃에서) |
|---|---|
| | 21.3~26.3Ω(115℃에서) |

## 4.7.2 수온센서 점검방법

수온센서를 물에 담근 후 온도를 높이면서 그림 4-14와 같이 저항 값을 점검한다.

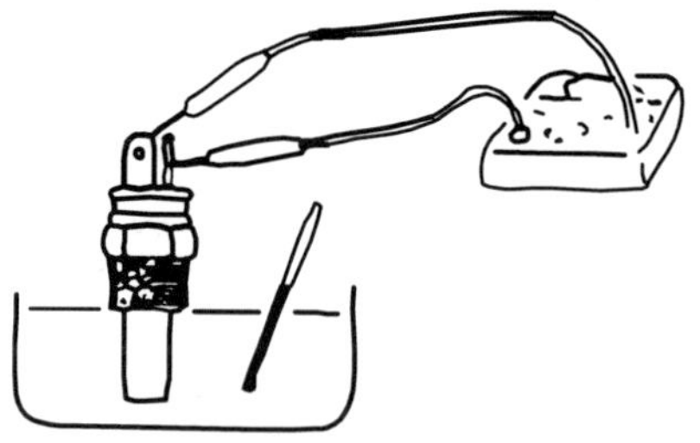

[그림4-14] 수온 센서 점검

| 표준 저항 값 | 20℃ | 2.21~2.69KΩ |
|---|---|---|
| | 80℃ | 0.264~0.328KΩ |

제 5 장

# 전자제어 기관 자기진단 방법

## 5.1 하이 스캔 프로 사용방법

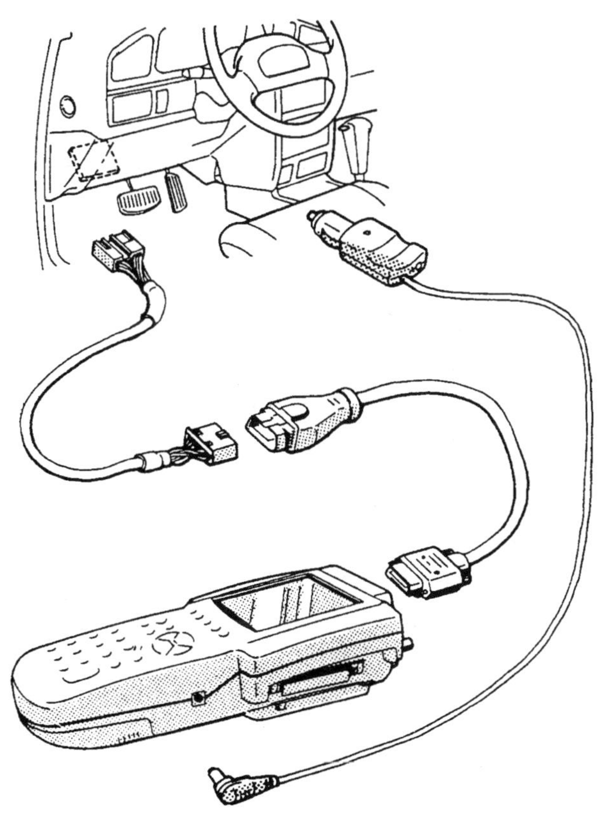

[그림5-1] 하이 스캔 프로 연결방법

### 5.1.1 차종 및 시스템 선택

#### 【1】 모드 운영 흐름도

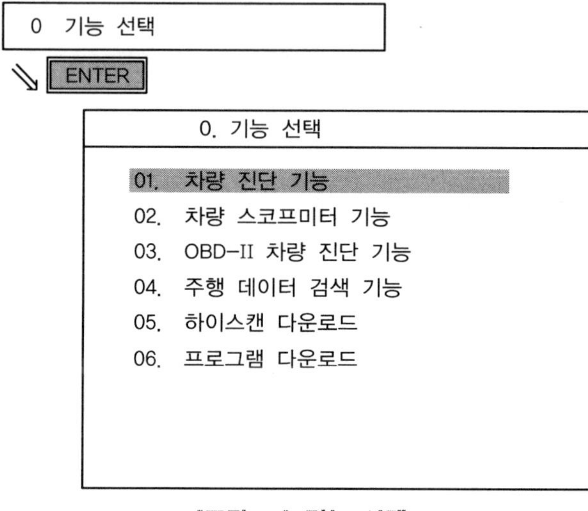


[그림5-2] 기능 선택

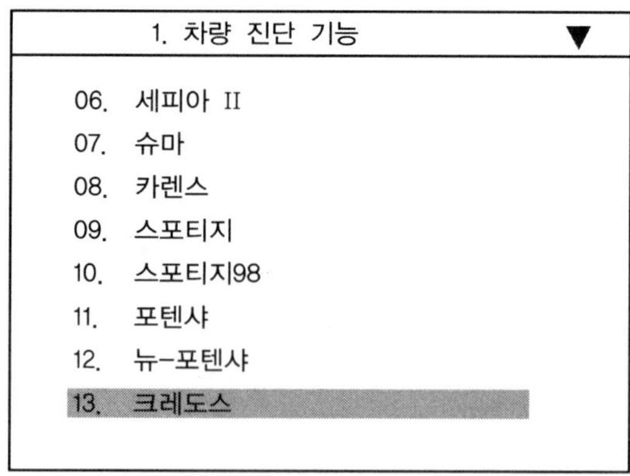


[그림5-3] 차종 선택

⇘ 01 + ENTER (시스템 선택 1)

| 1. 차량 진단 기능 |
|---|
| 차종 : 크레도스 |
| 01. 엔진 제어 |
| 02. 자동 변속기(ECAT) |
| 03. 에어백(AIRBAG) |

[그림5-4] **시스템 선택(1)**

⇘ 01 + ENTER (시스템 선택 2)

| 1. 차량 진단 기능 |
|---|
| 차종 : 크레도스 |
| 시스템 : 엔진 제어 |
| 01. 엔진 1.8 DOHC 보쉬 |
| 02. 엔진 2.0 SOHC 보쉬 |
| 03. 엔진 2.0 DOHC 보쉬 |
| 04. 엔진 1.8 LPG |
| 05. 엔진 2.0 LPG |

[그림5-5] **시스템 선택(2)**

↘ 01 + ENTER (진단 항목 선택)

| 1. 차량 진단 기능 |
|---|
| 차종 : 크레도스<br>시스템 : 엔진 제어<br>엔진 1.8 DOHC 보쉬<br>01. 고장코드<br>02. 서비스데이터<br>03. 듀얼 디스플레이<br>04. 데이터 기록<br>05. 액츄에이터 검사<br>06. 서비스데이터 & 시뮬레이션<br>07. ECU ID |

[그림5-6] 진단항목 선택

### 【2】 차종 및 시스템 선택

차량에 하이 스캔 프로를 연결한 후 하이 스캔 프로를 켠 다음 아래 순서로 작업한다.

"1. 차량 진단 기능" 화면에서 진단하고자 하는 시스템을 선택한다. 차종과 시스템은 정확히 선택되어야 하며, 방법은 다음과 같다.

① 화살표 상하 키(▲/▼)를 이용하여 커서를 원하는 항목에 놓고 "ENTER" 키를 누르거나

② 지정된 숫자 키를 누르고 "ENTER" 키를 누르면 된다.

## 5.1.2 고장코드 점검

### 【1】 모드운영 흐름도

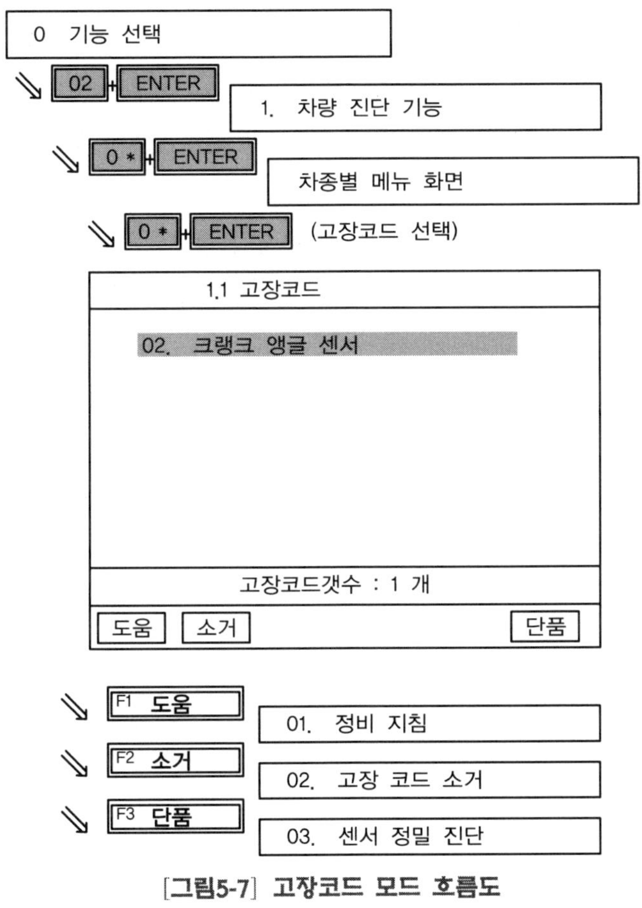


[그림5-7] 고장코드 모드 흐름도

### 【2】 고장코드 모드운영

이 단계에서는 선택된 컴퓨터(ECM or ECU)의 고장코드(DTC)가 화면에 보여진다. 화면에 표시되는 고장코드는 통신을 계속 수행하여 바뀌게 되므로 진단 중에 발생하는 고장코드는 최초 자기진단을 하여 발생하는 고장코드에 추가되어 나타날 수 있다. 이런 경우에는 커서가 화면 상단으로 자동적으로 이동하며 ▲/▼키를 사용하여 화면을 위 · 아래로 이동할 수 있다.

**도움** 고장항목에 대한 해당 정비지침이 있을 경우에는 화면 아래쪽에 있는 "F1+HELP" 키를 눌러 정비지침을 볼 수 있다. 만약 해당 항목에 대한 정비지침이 없는 경우에는 "해당 기능이 지원되지 않는 항목입니다."라는 에러 메시지가 나타난다.

**소거** 선택된 컴퓨터에 현재 저장되어 있는 고장코드를 지우는 기능을 한다. 만약 이 키를 이용하여 고장코드를 지우려고 하는 경우에는 정말 지우려고 하는지에 대한 확인 메시지가 나타나는데 이때 지우려면 "YES" 키를, 취소하려면 "NO" 키를 누르면 된다.

**단품** 고장이 발생한 센서를 정밀하게 진단할 수 있다. 프로그램에 저장된 해당 센서에 대한 정비지침과 기준 파형을 참고하여 보다 정밀하고 정확한 고장을 진단할 수 있다.

### 5.1.3 서비스 데이터

#### 【1】 모드 운영 흐름도

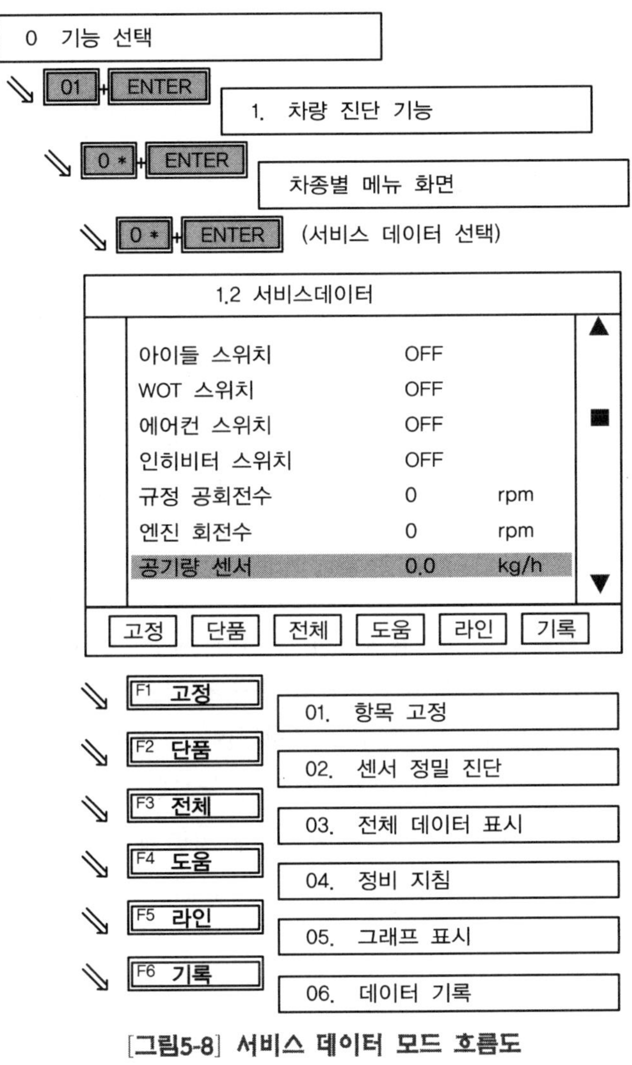


[그림5-8] 서비스 데이터 모드 흐름도

## 【2】 서비스 데이터 모드 운영

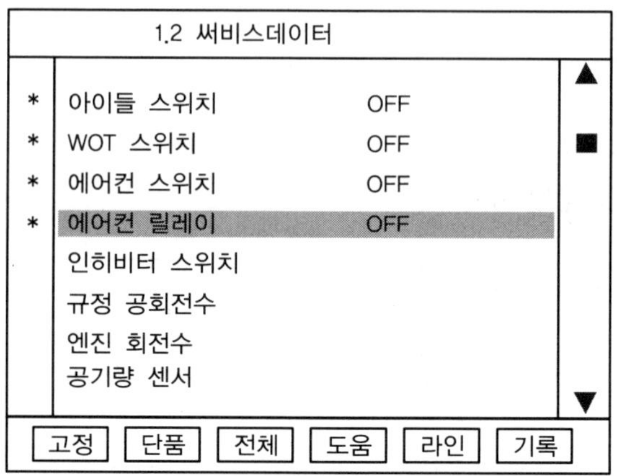


[그림5-9] 서비스 데이터 항목고정 화면

컴퓨터와 통신을 통하여 컴퓨터의 센서 및 제어 값과 시스템의 각종 스위치 상태를 볼 수 있다. 또 ▲/▼ 키를 이용하여 화면에 표시되는 위·아래 항목을 볼 수 있으며, 보다 자세한 데이터를 원할 경우 다음과 같은 기능 키가 지원된다.

[고정] 이때 선택된 항목은 고정되어 커서가 화면 아래쪽으로 내려가더라도 항상 그 위치에 있기 때문에 다른 특정 항목과 서로 비교하는데 유용하다. 고정된 항목은 화면 왼쪽에 "*" 표시로 표시되며, 고정된 항목에 한하여 서비스 데이터를 볼 수 있다. "F1+고정" 키를 한번 더 누르면 고정항목이 해제된다.

[단품] 키는 고장이 발생한 센서를 정밀하게 진단해 준다. 즉, 하이 스캔 프로에서 제공하는 센서에 대한 정비지침과 기준 파형 등을 참고하여 보다 정확하고 신속한 고장진단을 할 수 있다.

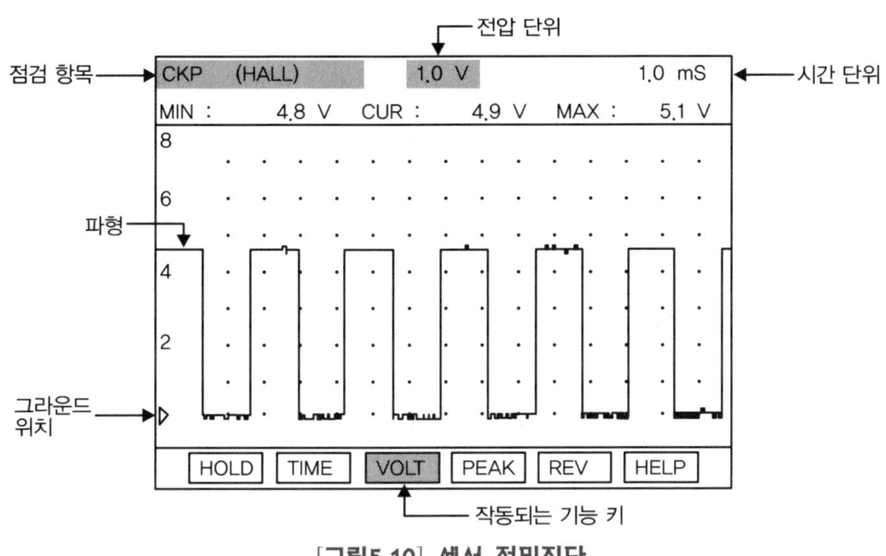


[그림5-10] **센서 정밀진단**

고장이 의심되는 센서에 오실로스코프 케이블을 연결하여 그림 5-11처럼 정밀 파형 진단을 할 수 있다. 센서 정밀모드에서 추가로 "F1+HELP" 키를 누르면 센서에 대한 정비지침과 기준 파형 등을 볼 수 있다.

| 1.2 써비스데이터 | | | |
|---|---|---|---|
| O2S | 463 mV | A/C SWITCH | ON |
| MAF SENSOR | 898 mV | ENG. SPD(C) | 800rpm |
| IAT SENSOR | 65.3 ℃ | ENG. LOAD | 1.3 mS |
| TP SENSOR | 5 ° | INJECTION | 4.1 mS |
| ISC DUTY | 40 % | IGN. TIMING | BTDC 4 ° |
| BATT. VOLT. | 13.7 V | PURGE DUTY | 0% |
| CRANK SIG. | ON | A/C PRE.SW | ON |
| ECT SENSOR | 91.5 ℃ | A/MASS(F) | 9.2 kg/h |
| ENG. SPD(F) | 820 rpm | A/MASS(C) | 8.0 kg/h |
| VSS | 0 km/h | WOT | ON |
| IDLE STATU | ON | CLOSE LOOP | ON |

[그림5-11] **전체 데이터 표시 화면**

[전체] 키는 그림 5-11에 나타낸 것과 같이 한 화면에 최대 22개 항목을 한꺼번에 표시할 때 사용한다. 이 모드에서는 센서 명칭을 약자로 표시하며, 데이터 항목이 22개 이상일 경우에는 ▲/▼키를 이용하여 다음 데이터를 볼 수 있다.

도움 키는 선택된 항목의 데이터 자료가 있는 경우에는 해당 항목의 규정 값을 볼 수 있으며, 데이터 자료가 없는 경우에는 "해당 기능이 지원되지 않는 항목입니다."라는 에러 메시지가 나타난다.

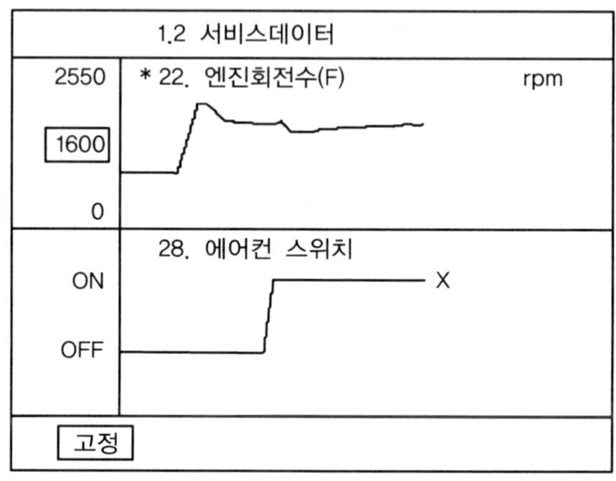


[그림5-12] 그래프 표시 화면

라인 키는 "F1+고정" 키를 사용하여 1개 이상의 항목을 선택하여 지정된 항목의 데이터를 그림 5-12와 같이 라인 그래프 형태로 볼 수 있도록 해준다. 그래프 상태에서도 "F1+고정" 키를 사용하여 지속적으로 보고자 하는 항목을 고정시킬 수 있다. 고정된 항목은 항목 왼쪽에 "*" 표시가 나타나며, 나머지 항목은 ▲/▼키를 사용하여 바꿀 수 있다. 고정된 항목은 계속 그 위치에 있으며, 다른 선택된 항목이 스크롤(scroll) 된다.

# 5.2 Hi-DS 사용방법

## 5.2.1 Hi-DS 구동방법

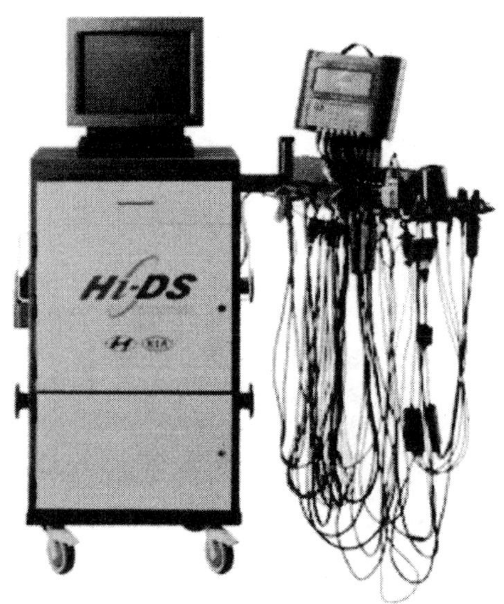

[그림5-13] Hi-DS 테스터 본체

① 파워 서플라이의 전원을 ON시킨다. DC전원 케이블(+), (-)를 파워 서플라이에 연결한 후(항상 연결) 파워 서플라이의 전원 스위치를 ON시킨다.

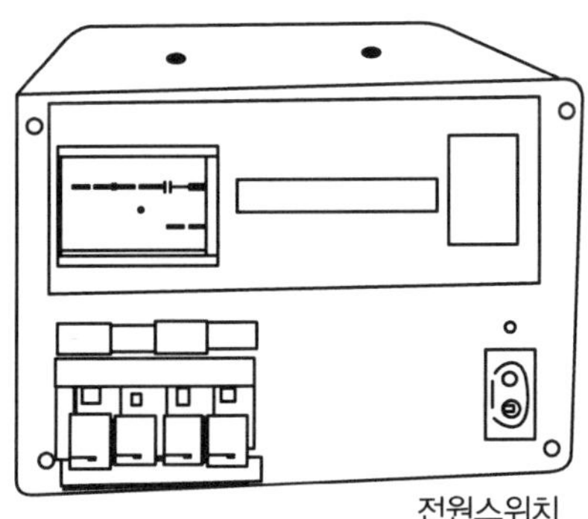


[그림5-14] 파워 서플라이 전원 스위치 위치

② IB(계측 모듈)스위치를 ON시킨다.

㉮ 축전지 케이블을 계측 모듈(IB)에 연결하고 다른 한쪽은 차량의 축전지(+), (-) 단자에 연결한다.

㉯ DC 전원 케이블을 계측 모듈에 연결한다.

㉰ 계측 모듈의 스위치를 누른다.

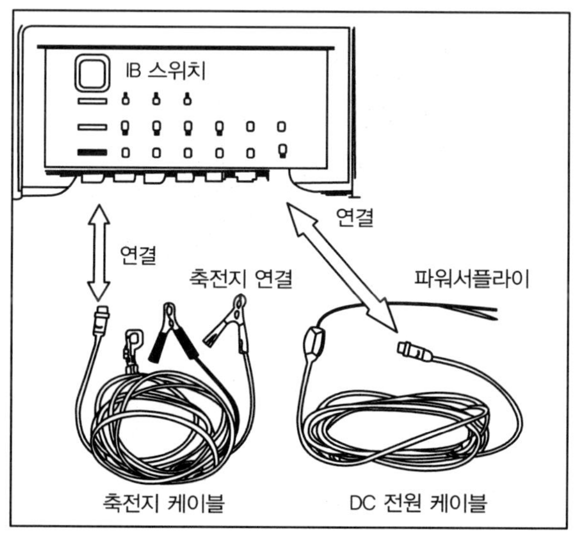


**[그림5-15] IB 스위치와 케이블 연결위치**

③ 모니터와 프린터의 전원을 ON시킨다.

④ PC 전원 스위치를 ON시킨다. 이 때 전원 스위치를 ON시키면 PC는 부팅을 시작한다.

⑤ 바탕화면에서 프로그램을 실행한다. 부팅이 완료된 상태에서 모니터 바탕화면의 Hi-DS 실행 아이콘을 더블 클릭한다.

⑥ 원하는 항목을 클릭하여 진단을 시작한다. 차종의 선택버튼을 클릭하여 차종을 선택한 다음 원하는 항목에서 진단을 시작한다. 차종을 선택하지 않은 상태에서 임의의 항목을 선택하게 되면 차종의 선택 화면이 나타난다.

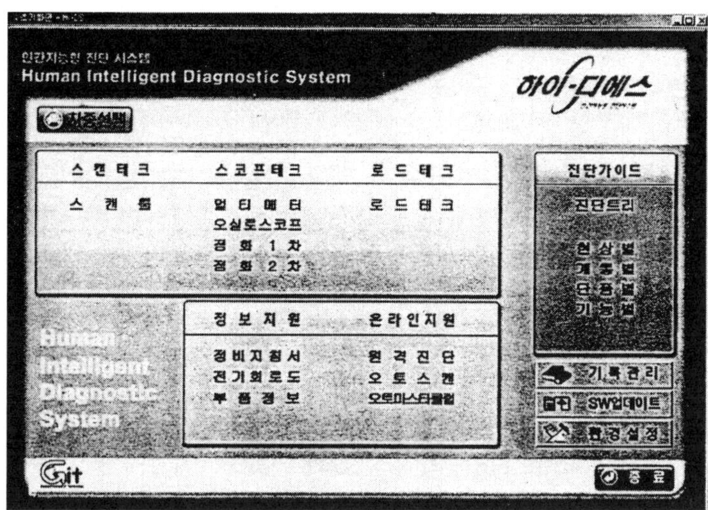


[그림5-16] **진단 프로그램화면(초기화면)**

⑦ 원하는 모듈을 수행하기 위해서 제일 먼저 차종을 선택하여야 한다. 초기 화면의 좌측 상단의 [차종선택] 아이콘을 클릭한다.

⑧ 차종 선택 - 차량 번호 입력 및 검색

㉮ 처음 입고되는 고객(새로 입력하여야 하는 경우)은 차대번호 창에서 일반 차량을 선택한 후 고객 정보를 입력하고 차종을 선택한다.

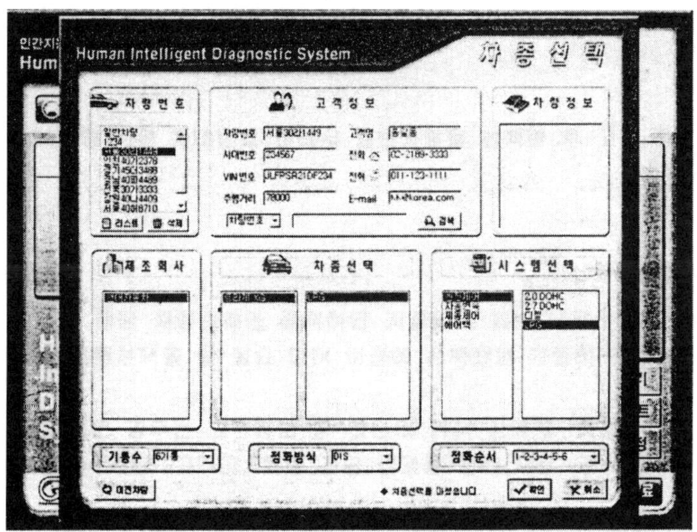


[그림5-17] **차종선택 창**

㉯ 이미 입력된 고객의 경우 차량번호 창에서 해당 차량번호만 클릭하면 저장되어 있는 내용이 자동 설정된다. "이전차량" 아이콘을 클릭하면 제조회사, 차종선택을 할 필요 없이 이전에 선택했던 차종이 자동으로 선택된다,

㉰ 이미 입력된 차량 중 차량번호로 찾기 어려운 경우는 고객정보 창 하단의 검색 창에서 "차량번호, 차대번호, 고객 이름, 전화번호, VIN번호"로 검색할 수 있다. 그리고 차량 진단 결과를 관리(저장, 검색)하기 위하여 차량의 번호는 반드시 입력하여야 한다.

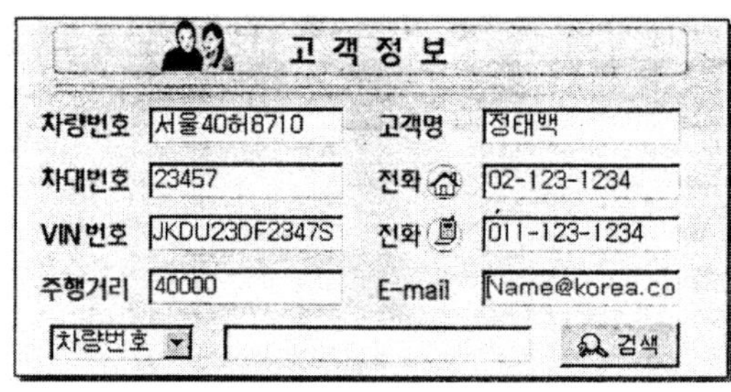


**[그림5-18] 고객 정보 창**

⑨ 고객 정보 및 차종입력

차량번호를 입력할 때 글자를 연속적으로 입력한다.(예 ; 서울30가8945) Hi-DS 내에 저장된 차량번호가 있는 경우에는 차량의 제원이 자동 설정된다.

## 5.2.2 자기진단 방법

① Hi-DS 메인 화면 Scan-Tech의 스캔 툴을 선택하면 그림 5-16의 초기화면에서 그림 5-19로 화면이 변경되며, 선택한 차량에 대한 통신을 요청하게 된다.

② 그림 5-20의 통신 중인 화면에서 차량 시스템의 통신 속도에 따라 열림(Open)의 시간에 차이가 있다.

[그림5-19] 스캔툴 통신화면

③ 통신이 완료(Open)된 후 시스템 선택 아이콘 을 클릭하면 사용자가 원하는 시스템 즉, 기관제어, 자동변속기, 자동제어, 에어백 등 해당 차종이 가지고 있는 사항에 따라 원하는 항목으로 통신을 open할 수 있다.

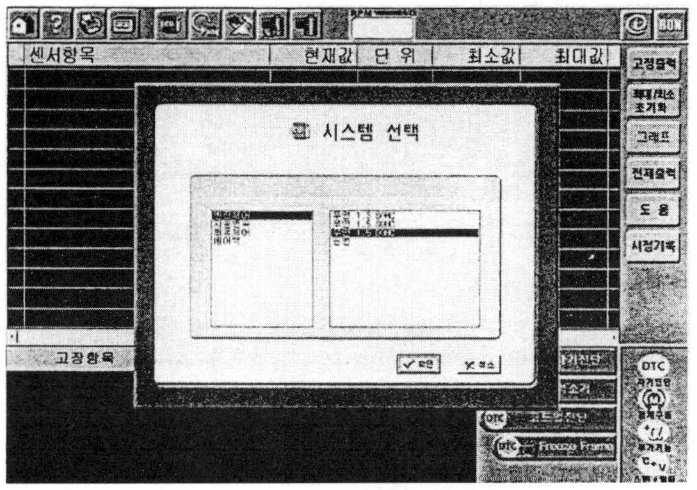

[그림5-20] 통신 열림

④ 선택한 시스템의 통신이 완료되지 않으면 그림 5-21과 같이 통신 불량 메시지가 표출된다.

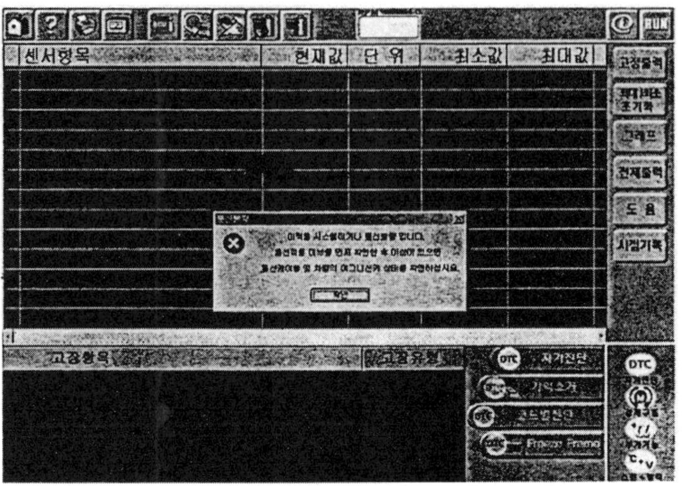


[그림5-21] 통신 불량

⑤ 정상적으로 통신이 완료되면 그림 5-22와 같이 화면이 바뀐다.

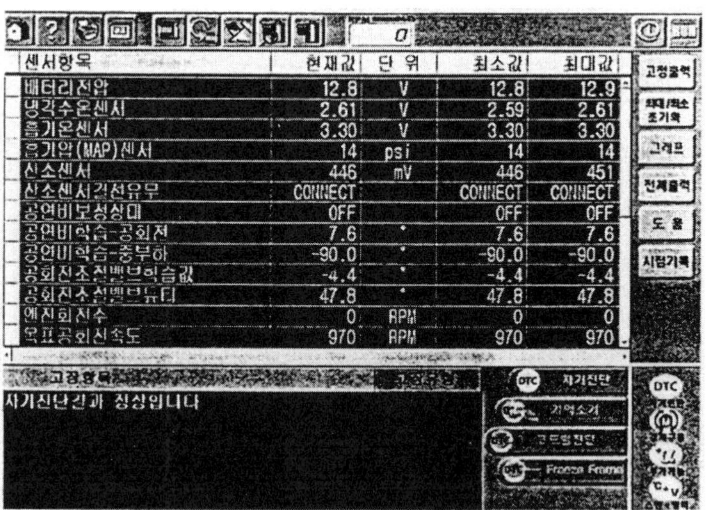


[그림5-22] 통신 완료

⑥ 스캔 툴의 주요기능은 다음과 같다.

- 센서 데이터의 출력
- 고장코드(자기진단) 표출
- 강제구동(액추에이터 검사)

- 부기기능
- 기억소거
- 코드별 가이드
- 코드별 진단
- Freeze Frame

1) 시스템 선택

스캔 툴 화면에서 시스템 선택 아이콘 을 클릭하면 선택한 차량의 시스템인 기관제어 이외에 다른 시스템 즉, 자동변속기 제어, 제동 제어, 에어백, 현가장치, 오토에어컨 등 해당 차량의 컴퓨터에서 제공되는 시스템의 항목이 표시된다. 그림에서 해당 시스템을 선택하고 확인 아이콘 을 클릭하면 사용자가 설정한 제어시스템으로 이동하여 스캔 툴 데이터를 표시한다.

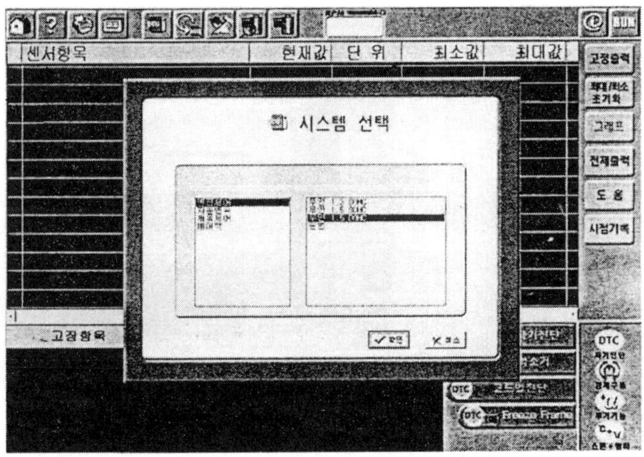


[그림5-23] 시스템 선택

2) 통신 재시작

스캔 툴 화면에서 통신 재시작 아이콘 을 클릭하면 그림 5-24와 같은 화면이 나타나는데 주로 스캔 툴을 사용하는 중 통신이 중간에 끊어질 경우 화면을 현재 상태로 유지한 상태에서 통신을 다시 열기(open)기 위해 사용한다.

[그림5-24] 통신 재시작

3) 환경 설정

스캔 툴 화면에서 환경설정 아이콘 을 클릭하면 스캔 툴 상의 환경을 설정하는 모드로 바뀐다. 이에 따른 스캔 툴 상의 내용으로는 자기진단 요구 시간이 있다.

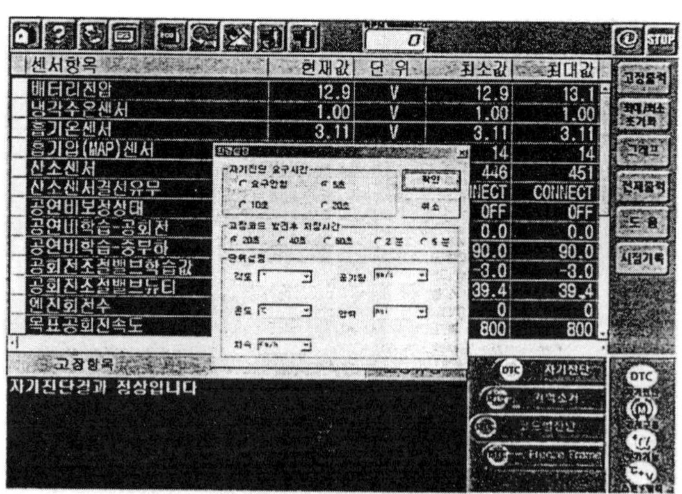


[그림5-25] 환경 설정

자기진단 요구 시간은 Hi-DS가 차량과 통신할 때 몇 초마다 차량의 이상 유무를 자기 진단할 것인지 사용자가 설정하는 것이다.

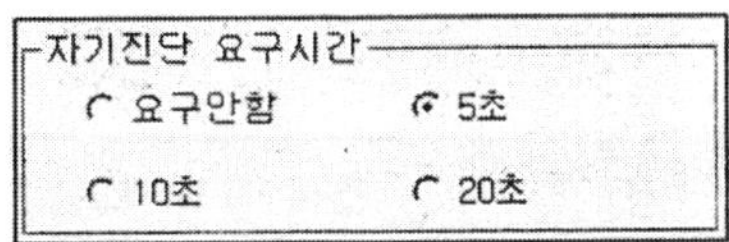


[그림5-26] 자기진단 요구시간 설정

또 고장코드 발견 후 저장시간을 설정할 수 있으며, 데이터 기록창의 임의/특정 고장코드 아이콘 즉. 임의고장코드 특정고장코드 2가지 아이콘을 선택했을 경우에만 해당된다.

[그림5-27] 고장진단 발견 후 저장시간 설정

그림 5-28에서 A선이 고장 시점이고 B선이 고장 코드 점등 후 정지된 시점이다.

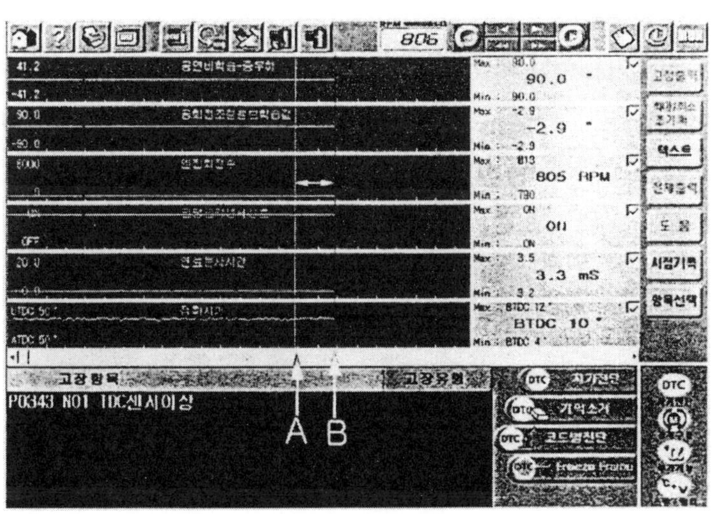


[그림5-28] 고장 코드 발견 후 저장

그러므로 A점에서 B점까지의 시간이 고장 코드가 점등된 후 저장된 시간이다.

[그림5-29] 고장코드 점등 후 저장된 시간

마지막으로 스캔 툴에서 표시되는 단위도 사용자가 원하는 형식으로 변경할 수 있다.

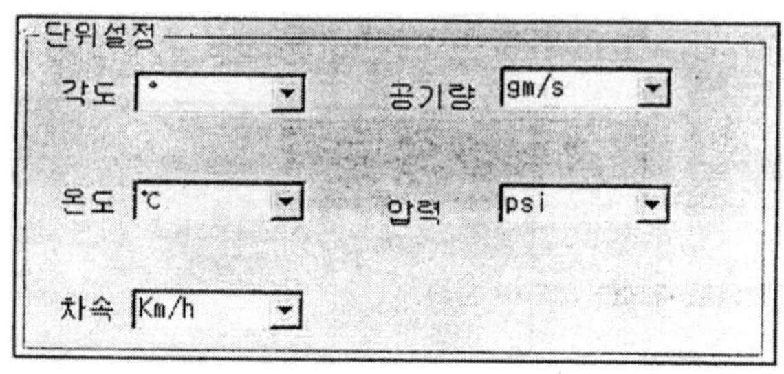


[그림5-30] **단위 변경**

위와 같이 스캔 툴 사용 환경을 설정한 후 을 선택하면 지금까지 사용자가 설정한 내용이 스캔 툴 상에 적용된다.

기관의 전자제어 시스템을 점검하여 고장이 발생된 부분을 기록표에 기록하시오.

<table>
<tr><td colspan="3">전자제어 시스템 점검<br>자동차 번호 :</td><td>비번호<br>(등번호)</td><td></td><td>감독위원<br>확 인</td><td></td></tr>
<tr><td rowspan="2">점검항목</td><td colspan="2">① 점검(또는 측정)</td><td colspan="2">② 규정 값 및 정비(또는 조치)사항</td><td colspan="2" rowspan="2">득 점</td></tr>
<tr><td>고장부위</td><td>측정값</td><td>규정(정비한계)값</td><td>고장내용 및 조치사항</td></tr>
<tr><td rowspan="2">기관 전자제어<br>시스템</td><td></td><td></td><td></td><td></td><td colspan="2" rowspan="2"></td></tr>
<tr><td></td><td></td><td></td><td></td></tr>
</table>

**▶기록표 작성방법**

① 고장부위 : 수검자가 점검한 기관에서 고장이 발생한 센서의 명칭을 기록한다.(예 : MAP센서)

② 측정값 : 수검자가 측정한 값을 단위와 함께 기록한다.(예 : 점화스위치 ON상태에서 3.5V)

③ 규정(정비한계)값 : 측정용 차량의 제원에 맞는 규정 값을 단위와 함께 기록한다.(예 : 점화스위치 ON 상태에서 4.5~5.0V, 공전상태에서 1.0~1.5V)

④ 고장내용 및 조치사항 : 고장내용 및 조치사항을 기록한다.(예 : MAP센서 출력 부족이므로 교환)

# MEMO

# 제 6 장 각종 센서 파형 점검방법

## 6.1 에어플로 센서(AFS) 파형 점검 및 분석

### 6.1.1 에어플로 센서 파형 설명

**【1】 칼만 와류형 센서의 에어플로 센서의 파형 설명**

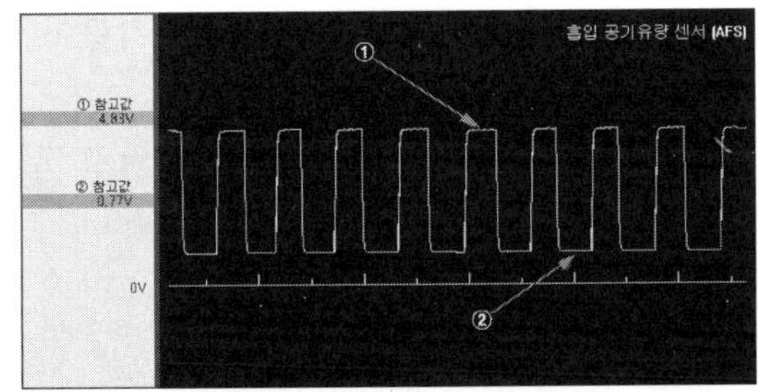


[그림6-1] 칼만 와류형 센서의 에어플로 센서의 파형

① 흡입되는 공기량에 따라 주파수가 높아지는 즉, 입력되는 디지털 신호가 많아지는 방식이다.
② 가·감속을 하면서 주파수가 높게 나오는지, 신호의 빠짐은 없는지, "0"과 "1" 레벨을 넘는 잡음(noise)은 없는지를 점검한다.
③ 출력 주파수가 급격하게 변하면 센서 및 커넥터의 풀림을 점검한다.
④ 출력 주파수가 비정상적으로 높거나 낮으면 공기 청정기를 점검한다.

## 【2】 핫 필름 방식 센서의 파형 설명

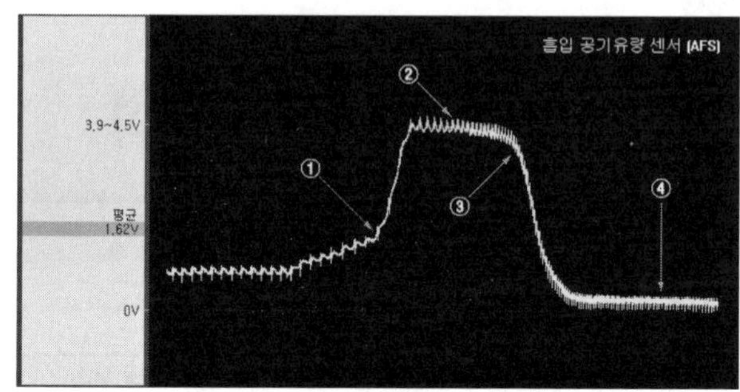


[그림6-2] 핫 필름 방식의 파형

① 가속 시점 : 스로틀 밸브가 열려 흡입 공기량이 증가하는 순간(0.8~1.0V)이다.

② 흡입 맥동(흡입 공기량 최대유입) : 흡입 공기량이 최대로 유입되도록 밸브가 최대로 열린 상태(4.0~5.0V)로 흡입 맥동 파형이 나타난다.(흡・배기 밸브가 항상 열려 있는 것이 아니라 열고 닫히므로)

③ 밸브가 닫히는 순간 : 밸브가 닫혀 흡입되는 공기량이 줄어들고 있는 상태이다.

④ 공전 구간 : 스로틀 밸브가 닫혀 순간적으로 진공이 높아지므로 공전할 때보다 전압보다 낮아진다.(0.5V 이하)

## 6.1.2 에어플로 센서 파형 점검방법

### 【1】 하이 스캔 프로를 사용할 때

#### 1) 차량 스코프미터 기능

① 엔진 자동 스코프 모드

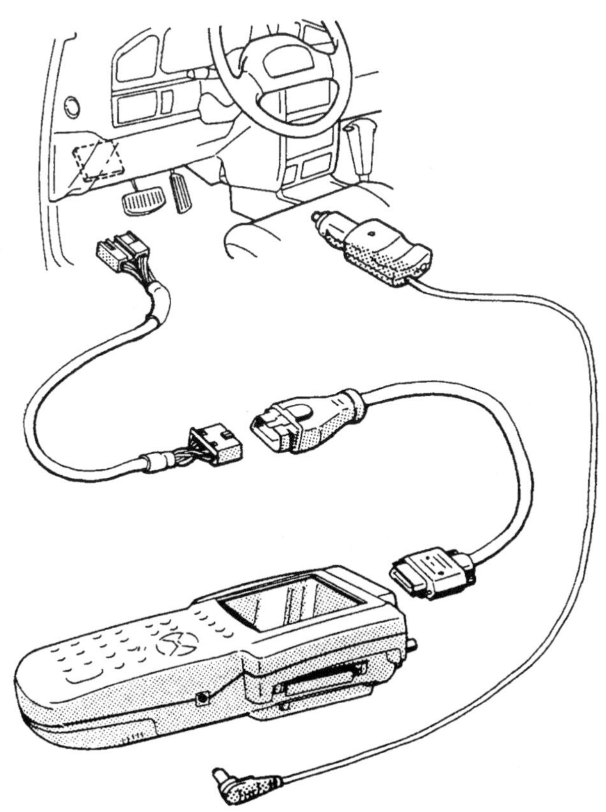

[그림6-3] 차량 스코프미터 기능 모드 연결방법

㉮ 모드 운영 흐름도

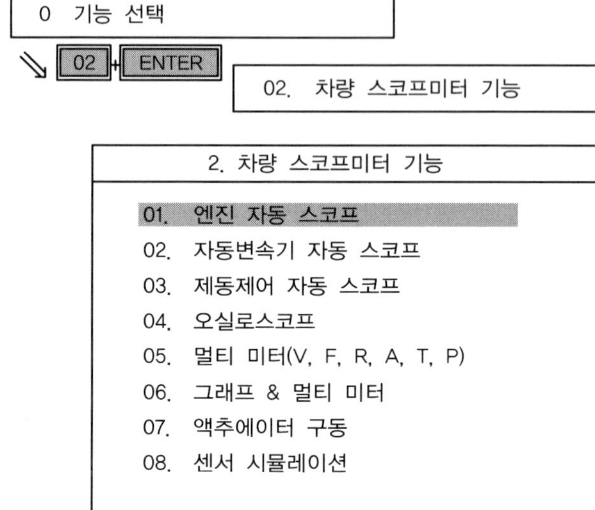


[그림6-4] **엔진 자동 스코프 모드 흐름도**

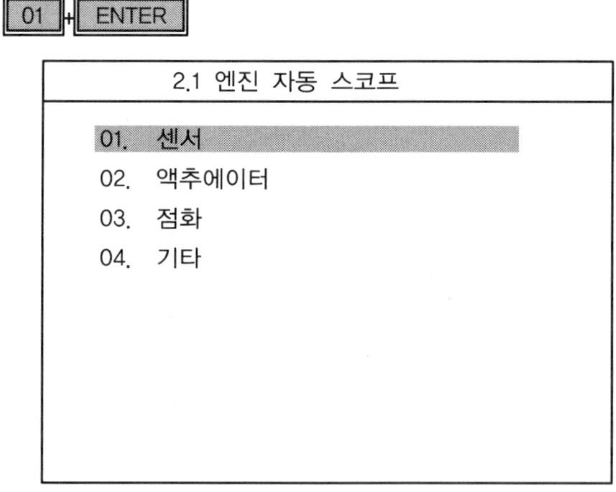


[그림6-5] **엔진 자동 스코프 검사 항목**

센서진단 검사항목은 그림 6-6부터 6-8까지 총 항목이 지원된다.

⇘ 01 + ENTER (센서진단 검사 항목 선택)

| 2.1.1 센서 ▼ |
|---|
| 01. 크랭크/캠 포지션 센서(시멘스) |
| 02. 크랭크/캠 포지션 센서(보쉬) |
| 03. 크랭크 앵글 센서(시멘스) |
| 04. 크랭크 앵글 센서(보쉬) |
| 05. 캠샤프트 포지션 센서(시멘스) |
| 06. 캠샤프트 포지션 센서(보쉬) |
| 07. 산소 센서 |
| 08. 차속 센서 |

[그림6-6] **센서진단 검사항목(1)**

| 2.1.1 센서 ▲ |
|---|
| 06. 캠샤프트 포지션 센서(보쉬) |
| 07. 산소 센서 |
| 08. 차속 센서 |
| 09. 스로틀 포지션 센서 |
| 10. 흡기온 센서 |
| 11. 맵 센서 |
| 12. 엔진 냉각수온 센서 |
| 13. 매스에어 플로우 센서 |

[그림6-7] **센서진단 검사항목(2)**

| 2.1.1 센서 ▲ |
|---|
| 09. 스로틀 포지션 센서 |
| 10. 흡기온 센서 |
| 11. 맵 센서 |
| 12. 엔진 냉각수온 센서 |
| 13. 매스에어 플로우 센서 |
| 14. 에어 플로우 센서(칼만와류식) |
| 15. 크랭크각 센서(HALL TYPE) |
| 16. TDC 센서(HALL TYPE) |

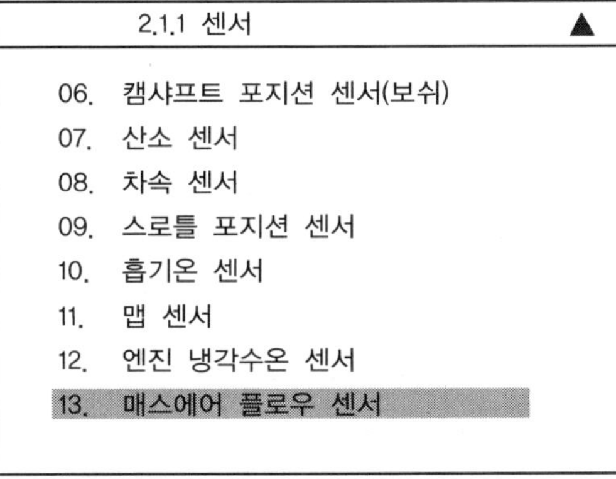

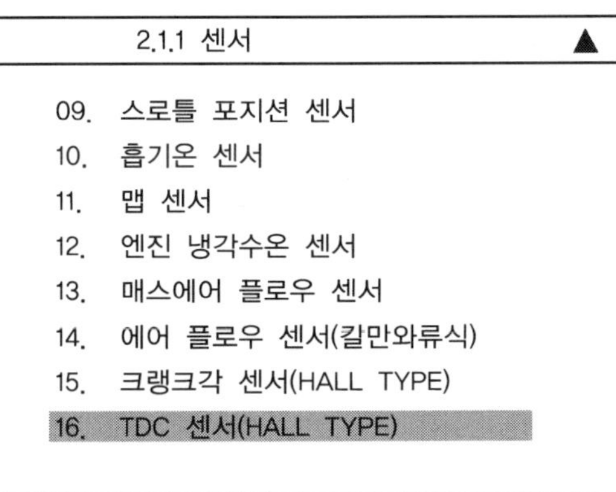

[그림6-8] **센서진단 검사항목(3)**

액추에이터 검사항목은 그림 6-9에 나타낸 바와 같이 총 7개 항목이 지원된다.

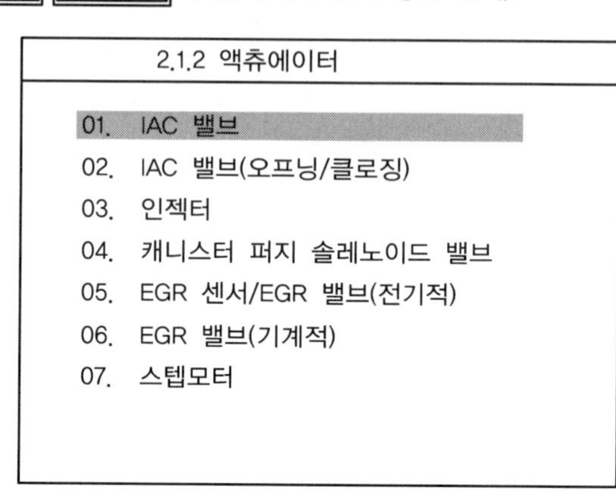


[그림6-9] **액추에이터 검사항목**

점화검사 항목은 그림 6-10에 나타낸 바와 같이 총 2개의 항목을 지원한다.

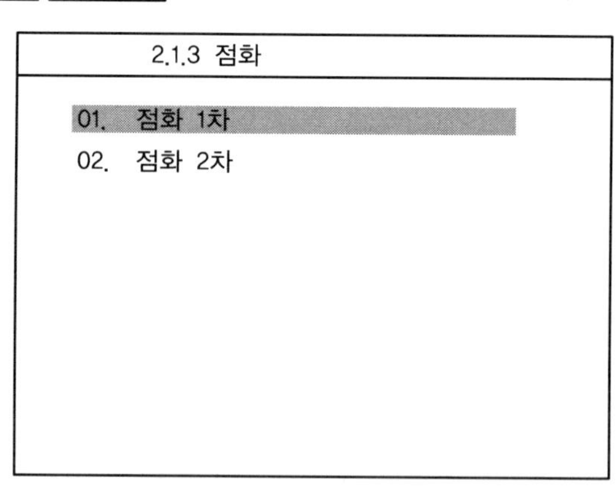


[그림6-10] **점화 검사항목**

기타 검사항목은 그림 6-11에 나타낸 바와 같이 총 2개의 항목을 지원한다.

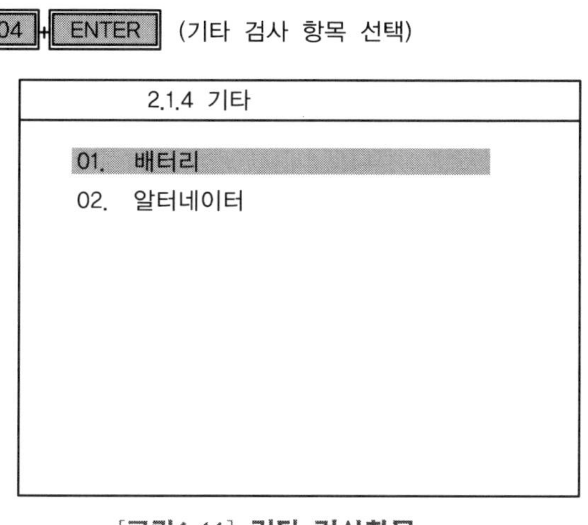


[그림6-11] 기타 검사항목

㉯ 2차 파형 진단모드

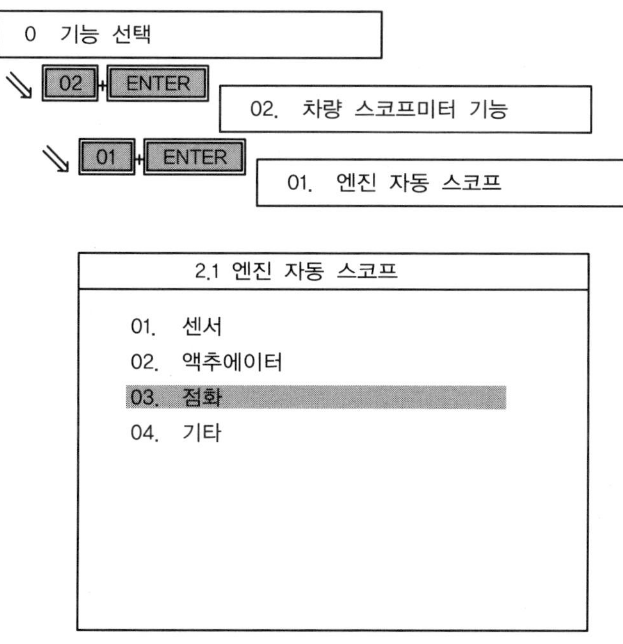


[그림6-12] 엔진 자동 스코프 항목

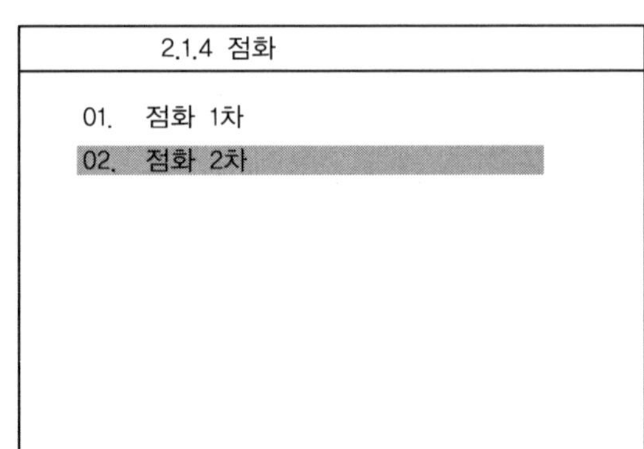


[그림6-13] **점화 검사항목**

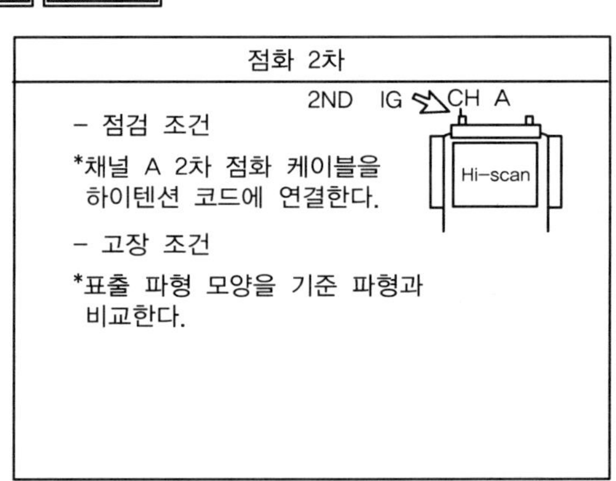


[그림6-14] **점화 2차 설치방법**

2차 파형 진단은 그림 6-12에서 6-15와 같은 순서로 진행하여야 한다. 2차 파형 진단에서 불꽃 지속시간을 볼 수 있으며, “F4+PEAK” 키를 선택하면 서지 전압만을 중점적으로 볼 수 있다.

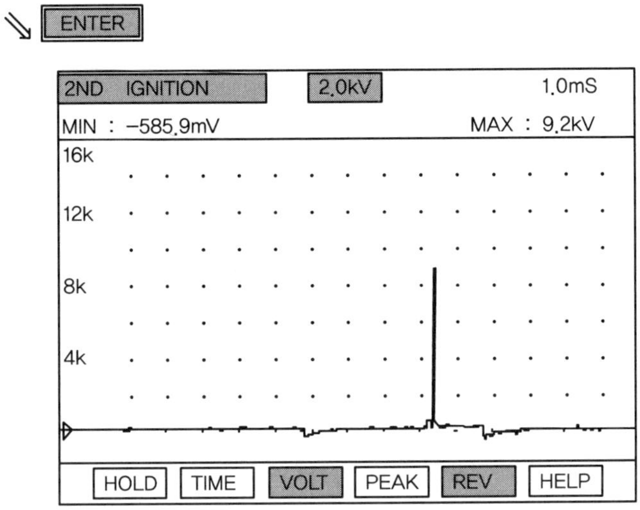

ENTER

| 2ND IGNITION | 2.0kV | 1.0mS |
|---|---|---|
| MIN : -585.9mV | | MAX : 9.2kV |

16k
12k
8k
4k

HOLD TIME VOLT PEAK REV HELP

[그림6-15] 2차 파형 진단

HOLD 키를 누르면 변화하던 전압신호가 멈춘다. 이 모드에서는 전압변화를 분석할 수 있도록 하기 위해 전압변화를 정지시켜 화면에 표시한다.

TIME 키를 누르고 ▲/▶키를 누르면 설정되어 있던 시간분할(time division)이 증가하고, ▼/◀키를 누르면 설정되어 있던 시간분할이 감소한다. 시간분할의 조정범위는 5μS부터 50sec까지 이다.

VOLT 키를 누르고 ▲/▶키를 누르면 설정되어 있던 전압분할(voltage division)이 증가하고, ▼/◀키를 누르면 설정되어 있던 전압분할이 감소한다. 전압분할의 조정범위는 200V부터 500kV이다.

PEAK 키를 누르면 2차 파형의 서지 부분만 중점적으로 측정할 수 있다. 이때 측정되는 전압 값은 MAX, MIN의 형태로 화면 위쪽에 표시된다.

REV 키를 이용하여 화면에 표시되는 파형의 극성을 바꿀 수 있다.

HELP 키를 이용하여 현재 측정중인 파형에 관련된 정비지침과 정상 파형, 고장사례, 회로도, 정비흐름을 볼 수 있다.

## 2) 오실로스코프 모드

① 모드 운영 흐름도

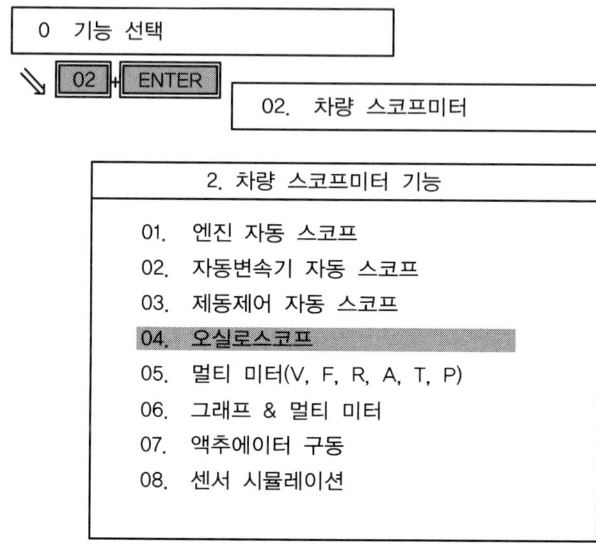


[그림6-16] 오실로스코프 모드 흐름도

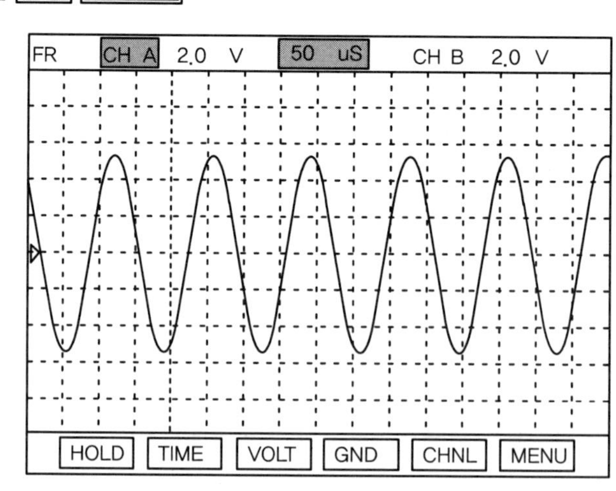


[그림6-17] 오실로스코프 화면(1)

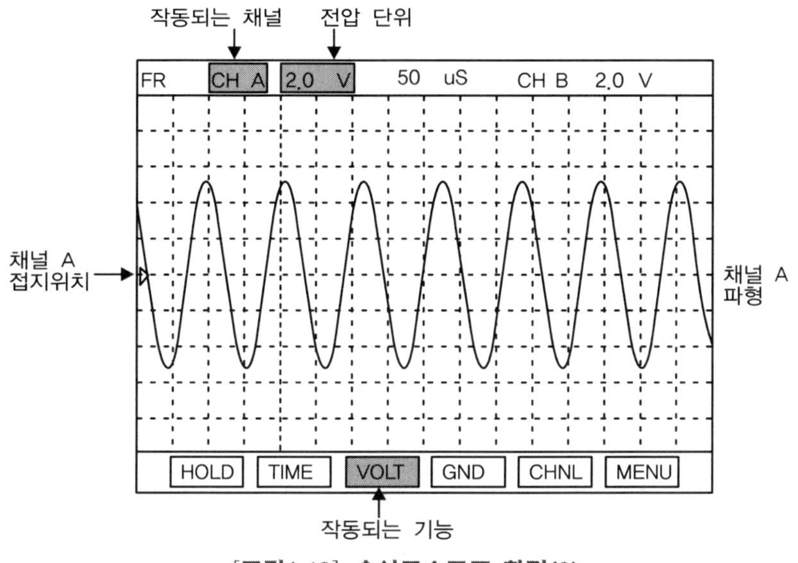


[그림6-18] 오실로스코프 화면(2)

|  |  |
|---|---|
| F1 HOLD | 01. 화면 정지, 다음 메뉴 화면 |
| F2 TIME | 02. 시간축 조정 |
| F3 VOLT | 03. 전압축 조정 |
| F4 GND | 04. 그라운드 조정 |
| F5 CHNL | 05. 채널 변경 |
| F6 MENU | 06. 추가 기능 화면 |
| F2 ZOOM | 02. 줌 기능 |
| F3 CURS | 03. 전압, 시간, 주파수 분석 |
| F5 RECD | 04. 레코드 기능 |

[그림6-19] 기능 키의 기능

② 작동모드 운영

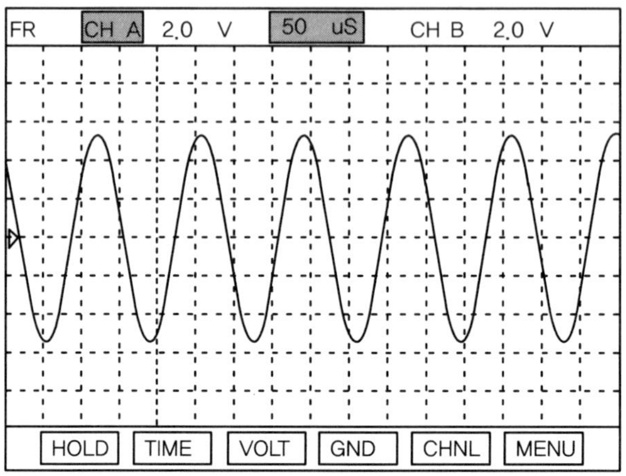


[그림6-20] 오실로스코프 모드 화면(3)

HOLD 키를 누르면 입력되어 표시되던 파형을 정지시킨다. 이 모드에서는 전압변화를 분석할 수 있도록 하기 위해 전압의 변화를 정지시켜 화면에 표시한다. 이때 "F1+HOLD" 키는 역전 문자로 변화한다.

TIME 키를 누르고 ▲/▶키를 누르면 설정되어 있던 시간분할(time division)이 증가하고, ▼/◀키를 누르면 설정되어 있던 시간분할이 감소한다. 시간분할의 조정범위는 5μS부터 50sec까지 이다.

VOLT 키를 누르고 ▲/▶키를 누르면 설정되어 있던 전압분할(Voltage division)이 증가하고, ▼/◀키를 누르면 설정되어 있던 전압분할이 감소한다. 전압분할의 조정범위는 0.2V부터 50V 이다.

GND 키를 사용하여 접지 위치를 상하로 이동시킬 수 있다. 선택된 접지(ground) A, B는 반전이 되며 반전된 접지에 한하여 이동이 가능하다.

CHNL 키를 이용하여 A, B, AB 순서로 사용할 채널을 선택할 수 있다. 선택된 채널은 역전문자로 표시된다.

MENU 키는 데이터의 ON/OFF, 격자상태, 트리거 상태를 설정할 수 있도록 한다. 그림 6-21은 "MENU 키(F6)"를 누르면 나타나는 화면이며, 다시 한번 더 누르면 메뉴 화면이 사라진다. 그림 6-22는 DATE ON이 된 화면이다. DATE ON상태에서는 입력 파형의 최대, 최소, 평균 전압 값과 주파수, 듀티 비율을 보여준다. DATE ON은 커서를 위치시킨 상태에서 ◀/▶키를 눌러 ON, OFF를 선택할 수 있다.

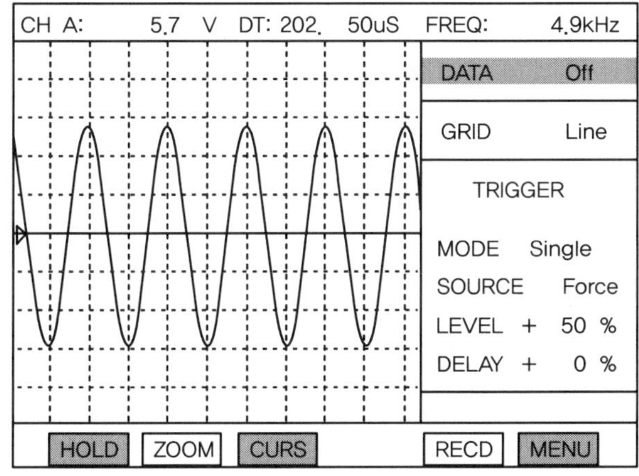


[그림6-21] MENU 키를 눌렀을 때 표시되는 화면

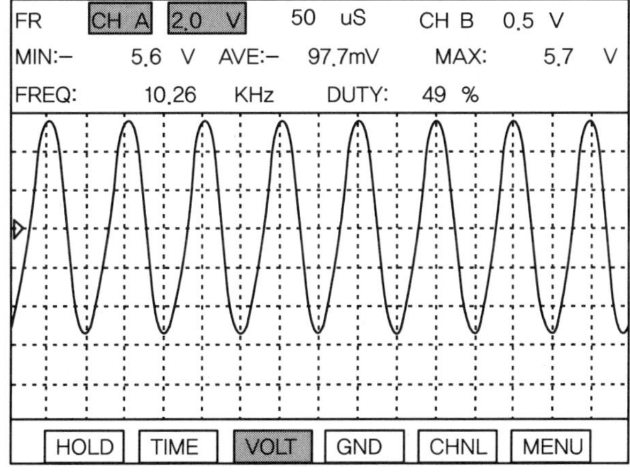


[그림6-22] DATE ON 화면

그림 6-23은 화면에 격자 무늬를 선택하는 기능으로 ◀/▶키를 눌러 Line/Dot를 선택할 수 있다. 그림 6-24는 트리거를 설정할 때의 예를 보인 것이다. 전압축과 평행한 직선은 트리거 레벨(60%)을 나타내고 트리거 레벨은 ◀/▶키로 변환할 수 있다.

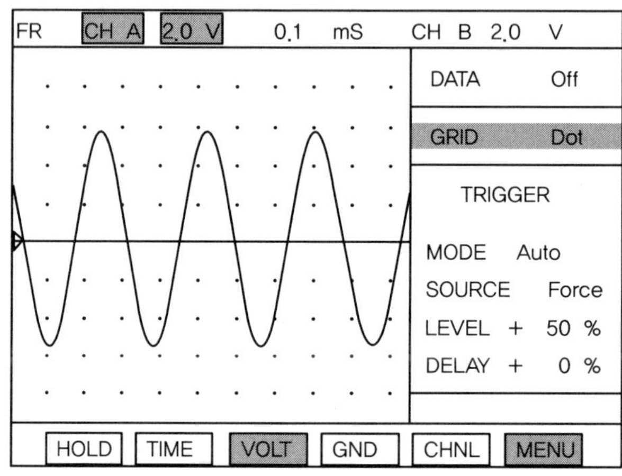

[그림6-23] 화면에 격자 무늬를 선택하는 화면

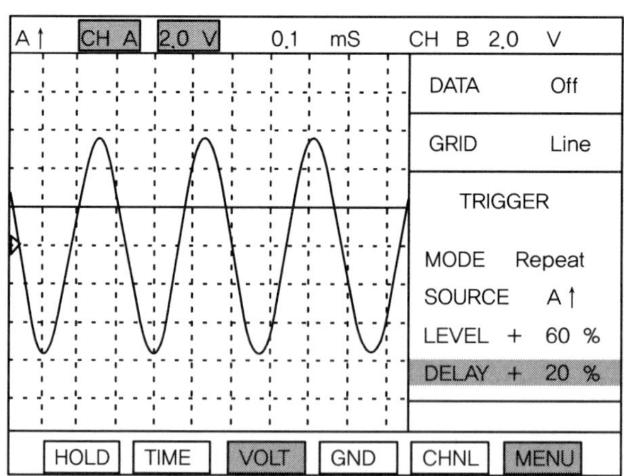

[그림6-24] 트리거를 설정할 때의 예

- 트리거(trigger) - 모드의 변환은 ◀/▶ 키를 눌러 Auto(트리거 기능을 사용하지 않음), Repeat(트리거 기능을 설정하여 반복적으로 정해진 파형만 입력), Single(설정된 트리거로 단 한번의 파형만을 입력)로 변환이 가능하다.

- 소스(source) - 소스 변환은 ◀/▶키를 이용하여 트리거의 기준이 되는 채널을 설정할 수 있다. 예를 들어 소스를 A↓로 설정하면 A채널로 입력되는 파형이 트리거로 설정된 전압 값 이하로 떨어지는 순간에만 포착한다는 의미이다.

- 딜레이(delay) - 파형이 화면에 표시되는 시점을 조정할 수 있다. 화면의 가로축을 100%로 볼 때 딜레이 설정 값이 20%였다면 순간적으로 포착되는 파형은 가로축 왼쪽을 기준으로 20% 부분에서 표시된다.

ZOOM 키는 홀드(HOLD)가 선택되었을 때만 사용이 가능하며, 그림 6-25에 나타낸 바와 같이 입력 파형을 최대 5배까지 확대시켜 준다. 다만, 줌 기능은 홀드 된 파형의 시간에 따라 배율이 변화할 수 있다.

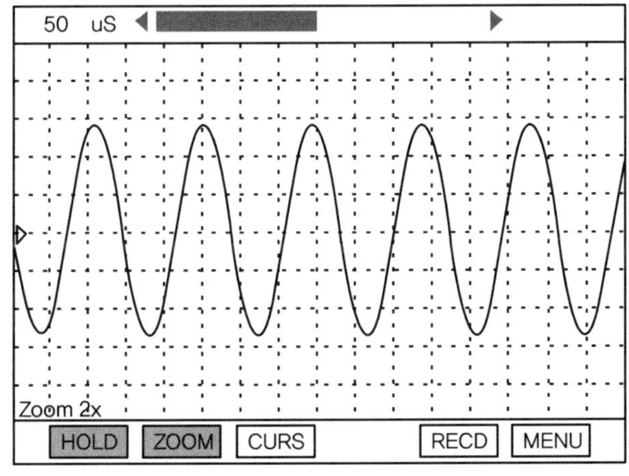


[그림6-25] 줌(zoom) 기능

CURS 키는 입력된 파형의 전압과 시간, 주파수를 화면에 표시하는 2개의 라인을 이용하여 쉽게 알아볼 수 있다.
그림 6-26상태에서 세로로 표시되는 2개의 라인은 ◀/▶ 키를 이용하여 이동할 수 있다.

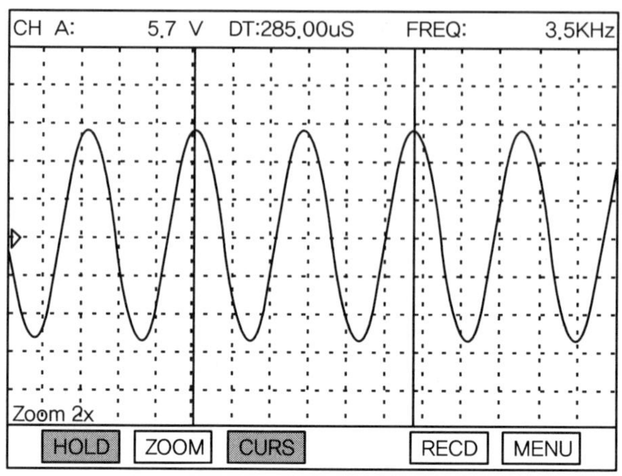


[그림6-26] CURS 표시 화면

RCRD 오실로스코프 파형을 저장하기 위해 사용한다. 그림 6-27에서 "데이터 기록 재생"은 홀드 직전까지 저장한 최대 400개의 화면을 보여준다. "새로운 데이터 기록"은 현재 시점에서 입력되는 파형을 새롭게 저장하여 보여주는 기능이다. 그림 6-28은 저장된 데이터를 재생하는 기능이다.

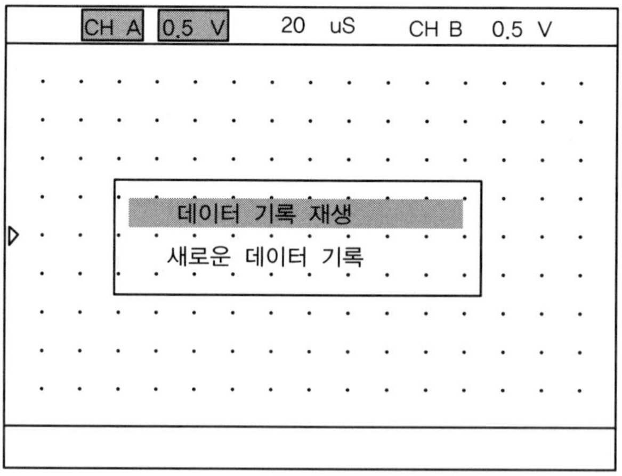

CH A 0.5 V 20 uS CH B 0.5 V

데이터 기록 재생
새로운 데이터 기록

[그림6-27] 데이터 기록 재생 화면

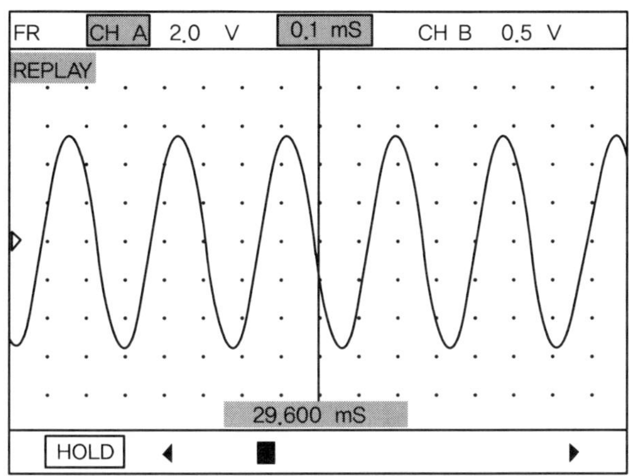


[그림6-28] 저장된 데이터를 재생하는 화면

③ 기능 선택에서 공구상자를 선택하고 오실로스코프를 선택한 후 HOLD, TIME, VOLT, CHNL, GRID, MORE 등을 선택하여 측정값을 읽는다.

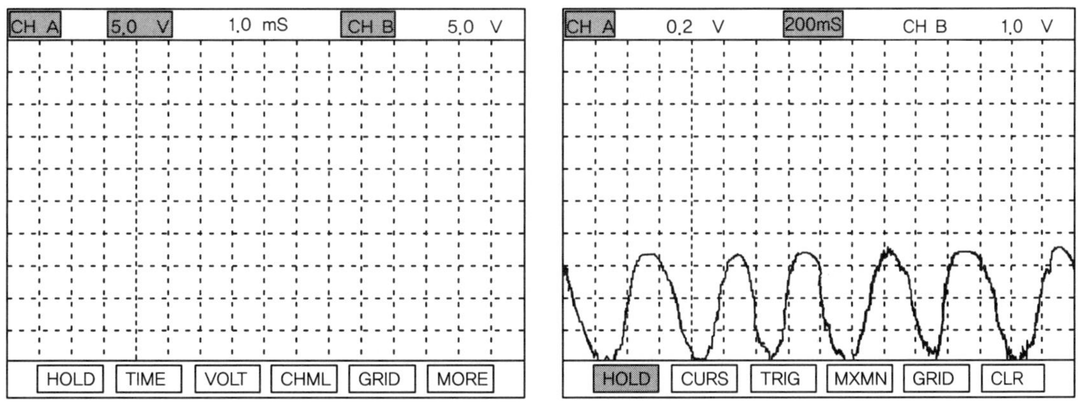


[그림6-29] 기능선택 화면

## 【2】 Hi-DS를 사용할 때

### 1) Hi-DS 구동방법

① 파워 서플라이의 전원을 ON시킨다. DC 전원 케이블(+), (-)를 파워 서플라이에 연결한 후(항상 연결) 파워 서플라이의 전원 스위치를 ON시킨다.

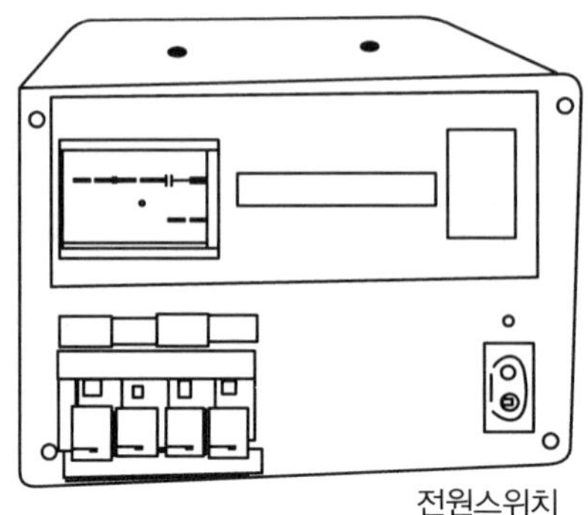


[그림6-30] 서플라이 전원 스위치 위치

② 계측 모듈(IB) 스위치를 ON시킨다.

㉮ 축전지 케이블을 계측 모듈(IB)에 연결하고 다른 한쪽은 차량의 축전지(+), (-) 단자에 연결한다.

㉯ DC 전원 케이블을 계측 모듈에 연결한다.

㉰ 계측 모듈의 스위치를 누른다.

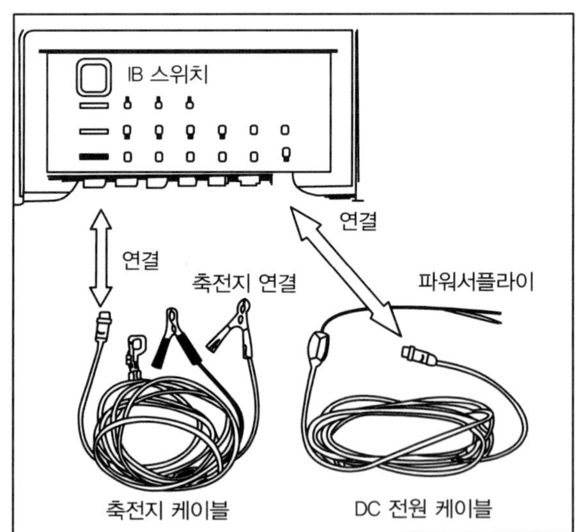


[그림6-31] 계측 모듈과 케이블 연결위치

③ 모니터와 프린터의 전원을 ON시킨다.

④ PC 전원 스위치를 ON시킨다. 이 때 전원 스위치를 ON시키면 PC는 부팅을 시작한다.

⑤ 바탕화면에서 프로그램을 실행한다. 부팅이 완료된 상태에서 모니터 바탕화면의 Hi-DS 실행 아이콘을 더블 클릭한다.

⑥ 원하는 항목을 클릭하여 진단을 시작한다. 차종의 선택버튼을 클릭하여 차종을 선택한 다음 원하는 항목에서 진단을 시작한다. 차종을 선택하지 않은 상태에서 임의의 항목을 선택하게 되면 차종의 선택 화면이 나타난다.

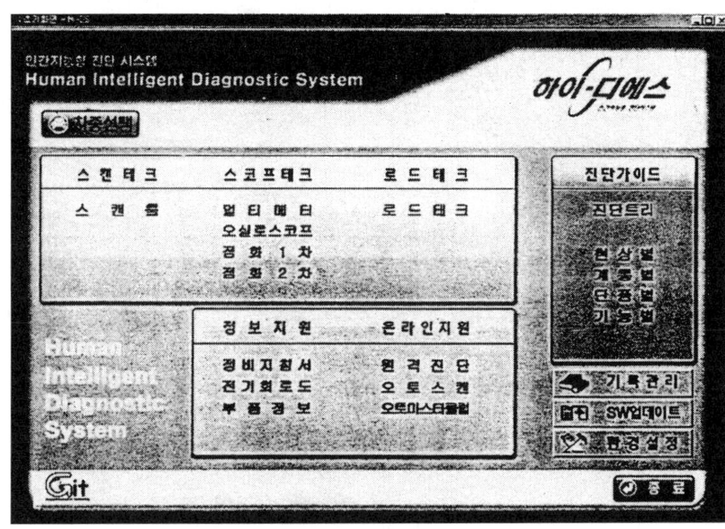


[그림6-32] 진단 프로그램화면(초기화면)

## 2) Hi-DS를 다음과 같이 하여 출력 파형을 측정한다

① 축전지 케이블의 붉은색 클립은 축전지의 (+)단자에 검은색 클립은 (-)단자에 연결한다.

② 오실로스코프 프로브의 흑색은 차체에 접지 시키고, 컬러는 에어플로 센서의 출력단자에 연결한다.

그림 6-34에서 1번 단자는 대기압력 센서의 전원단자(5V), 2번 단자는 에어플로 센서 전원단자(12V), 3번 단자는 에어플로 센서의 출력단자, 4번 단자는 흡기온도 센서의 출력단자, 5번 단자는 대기압력 센서의 출력단자, 6번 단자는 접지 단자이다.

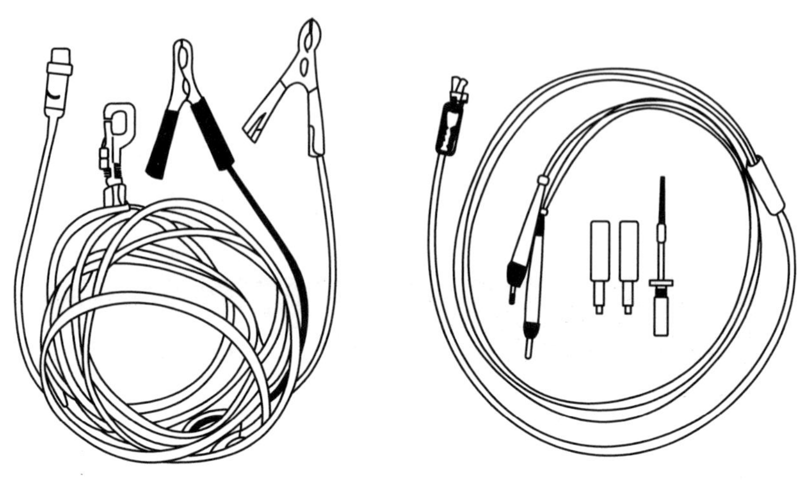

(a) 축전지 케이블　　(b) 오실로스코프 프로브

[그림6-33] 축전지 케이블과 오실로스코프 프로브

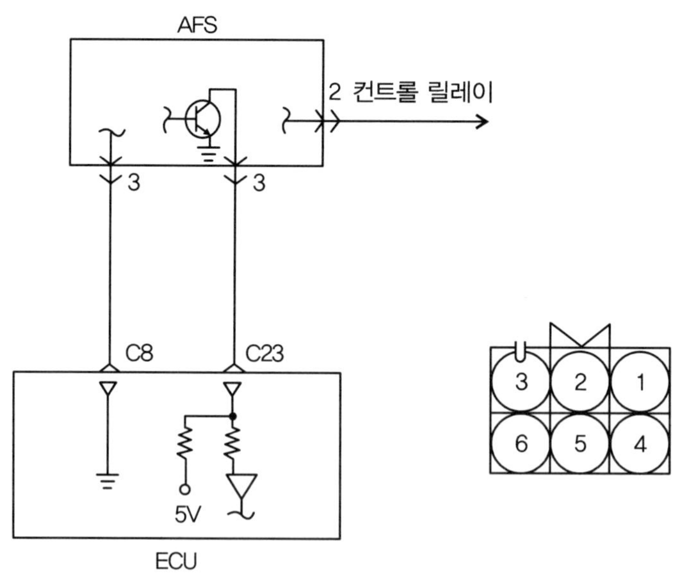


[그림6-34] 에어플로 센서(칼만 와류방식)단자

③ 기관을 가동시킨 후 난기운전을 실시하고 공전상태로 한다.

④ Hi-DS 초기화면에서 차량 선택 아이콘을 클릭한 후 차량의 제원을 설정하고

확인 버튼을 누른 다음 스코프 테크 측정모드에서 오실로스코프 항목을 클릭한다.

⑤ 오실로스코프 위쪽의 환경설정 아이콘 을 클릭한 후 측정 제원을 설정한다.(UNI, 10V, DC 시간축 : 1.0~1.5ms, 일반선택) 이때 모니터 아래쪽의 채널 선택을 에어플로 센서 출력 단자에 연결한 채널선과 같은 채널선으로 채널 번호를 선택한다.

⑥ 마우스의 좌 · 우측 버튼을 번갈아 눌러 커서 A와 B의 실선 내에 에어플로 센서 파형이 들어오도록 하면 투 커서의 기능이 작동하여 모니터 오른쪽에 데이터가 지시된다.

**참고_환경 설정방법**

오실로스코프 상단의 환경설정 아이콘 을 클릭하면 선택한 채널별로 오실로스코프 오른쪽 창에 그림 6-35와 같은 설정 창이 나타난다. 측정하고자 하는 센서의 파형 형상을 고려하여 측정 레벨을 변경시킬 수 있다.

[그림6-35] 설정 창

① BI(Bi polar) : 0의 수준을 기준으로 측정 화면이 (+), (-) 영역으로 출력되며, 인덕티브 방식 크랭크 각 센서 및 ABS 휠 스피드 센서, 자동변속기 펄스 제너레이터 A/B, 점화 2차 파형 등의 신호를 측정할 때 활용한다.

② UNI(Unipolar) : 0의 레벨을 기준으로 (+) 영역만 출력되며, 대부분의 센서 파형이나 액추에이터 파형, 전원 등을 측정할 때 이용한다.

③ AC(Alternate current) : 차량의 전원은 직류에 가까운 교류이므로 교류 성분이 엄연히 존재하게 된다. 직류 파형을 교류(AC)로 측정하게 되면 전원 수준을 0으로 다운시킨 후 파형의 웨이브를 확대하여 출력하게 된다. 발전기의 전원 중 발전기 다이오드의 리플 전압을 측정할 때 주로 사용한다.

④ DC(Direct current) : 대부분의 파형은 DC(직류)에서 측정한다.

⑤ 수동 : 선택한 채널의 전압이나 전류 혹은 압력/진공의 최고 수준을 수동으로 변경

할 수 있는 모드로서, 사용자가 파형을 정밀하게 확대하거나 축소하여 확인하고자 할 때 임의적으로 수준을 변경하여 측정한다.

⑥ 자동 : 오실로스코프에 입력되는 파형 신호의 수준이 얼마인지 잘 모를 때 자동으로 설정해 놓고 파형을 측정하면 입력되는 파형은 수준을 자동으로 맞추어 UNI로 출력된다.

⑦ 피크 : 인젝터, 점화코일, 각종 솔레노이드 밸브 등 코일로 구성된 부품의 파형을 측정할 때에는 반드시 피크모드로 설정해야만 서지전압을 정확하게 측정할 수 있다. 현재 설정되어 있는 샘플링 속도에 무관하게 최고의 샘플링 속도(3Ms/s)로 얻은 데이터를 출력하고 한 시점에 기록될 수 있는 데이터가 중복될 수 있으므로 가끔 두껍고 진하게 나타난다.

⑧ 일반 : 현재 설정되어 있는 샘플링 속도(Time/div)에 따라 화면에 표시하기 위한 최소한의 데이터를 그리는 모드를 말한다. 채널별 환경설정은 독립적으로 조정 가능하다. 해당 부품의 파형이 어떠한 형상으로 출력되는지 대략 알고 있어야만 환경설정하기가 용이하고, 분석도 쉽게 할 수 있다.

주어진 자동차의 에어플로센서(AFS)파형을 분석하여 그 결과를 기록표에 기록하시오.

**에어플로 센서(AFS) 파형 분석**
자동차 번호 :

| 비번호<br>(등번호) | | 감독위원<br>확 인 | |
|---|---|---|---|

<table>
<tr><td rowspan="2">측정항목</td><td colspan="2">① 점검(또는 측정)</td><td colspan="2">② 판정 및 정비(또는 조치)사항</td><td rowspan="2">득 점</td></tr>
<tr><td>파형(측정값)</td><td>분석 내용</td><td>판 정</td><td>정비 및 조치할 사항</td></tr>
<tr><td>AFS 출력 파형</td><td></td><td></td><td>양호 불량</td><td></td><td></td></tr>
</table>

**▶기록표 작성방법**

① 파형(측정값) : 수검자가 측정한 파형을 프린트하여 부착하거나 모양을 그린다.

② 분석 내용 : 수검자가 측정한 파형을 분석하고 그 내용을 기록한다.

③ 판정 : 측정한 파형이 정상 파형일 경우에는 "양호", 벗어난 경우에는 "불량"으로 기록한다.

④ 정비 및 조치할 사항 : 양호로 판정한 경우에는 "사용가능", 불량으로 판정한 경우에는 정비 및 조치할 사항을 기록한다.(예 : 공기유량센서 교환)

# 6.2 MAP 센서 출력 파형 점검 및 분석

## 6.2.1 MAP 센서 파형 설명(1)

MAP 센서는 흡기다기관의 압력변화를 전압으로 변화시켜 ECU로 보낸다. 즉, 급 가속할 때에는 흡기다기관 내의 압력이 대기압력과 동일한 압력으로 상승하게 되므로 MAP센서의 출력전압은 5V로 높아지고, 급 감속을 할 때에는 흡기다기관 내의 압력이 급격히 떨어지므로 MAP센서의 출력 값은 낮아진다. ECU는 이 신호에 의해서 엔진의 부하상태를 판단할 수 있고, 흡입 공기량을 간접 계측할 수 있으므로 연료분사 시간을 결정하는 주 신호로 사용한다.

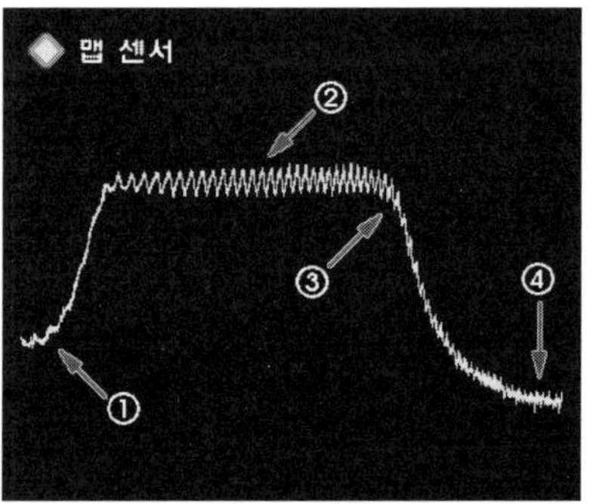


[그림6-36] MAP 센서 파형(1)

① 공기흡입 시작 : 1V 이하
② 흡입 맥동 파형 : 흡입되는 공기의 맥동이 나타난다.(밸브 스프링 서징 현상 등에 의해 파형이 증가한다.)
③ 스로틀 밸브 닫힘 : 감속 정도에 따라 파형이 변화한다.
④ 공전상태 : 0.5V 이하

## 6.2.2 MAP 센서 파형 설명(2)

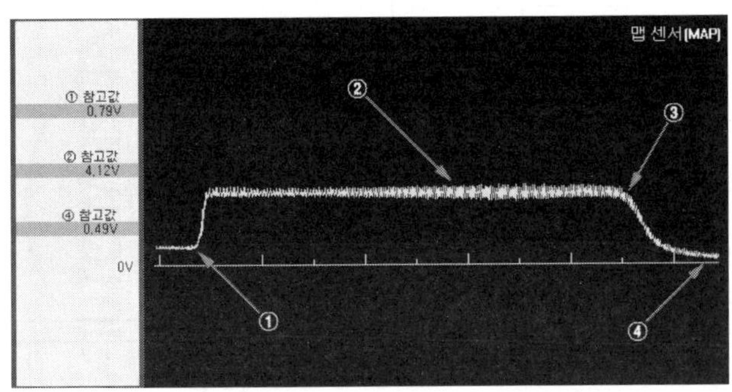


[그림6-37] MAP 센서 파형(2)

① 공기흡입 시작 : 1V 이하
② 흡입 맥동 파형 : 흡입되는 공기의 맥동이 나타난다.(밸브 서징현상 등에 의해 파형 증가)
③ 스로틀 밸브 닫힘 : 감속 속도에 따라 파형 변화
④ 공전상태 : 0.5V 이하

## 6.2.3 MAP 센서 파형 점검방법

### 【1】 하이 스캔 프로를 사용할 때

기능 선택에서 공구상자를 선택하고 오실로스코프를 선택한 후 HOLD, TIME, VOLT, CHNL, GRID, MORE 등을 선택하여 측정값을 읽는다.(그림 6-29 참조)

### 【2】 Hi-DS를 사용할 때

Hi-DS를 다음과 같이 하여 출력 파형을 측정한다.

① 축전지 케이블의 붉은색 클립은 축전지의 (+)단자에 검은색 클립은 (-)단자에 연결한다.
② 오실로스코프 프로브의 흑색은 차체에 접지시키고, 컬러는 맵 센서의 출력단자에 연결한다. 그림 6-38에서 1번 단자는 맵 센서의 전원 입력단자이고, 2번 단자는 출력단자, 3번 단자는 접지단자이다.

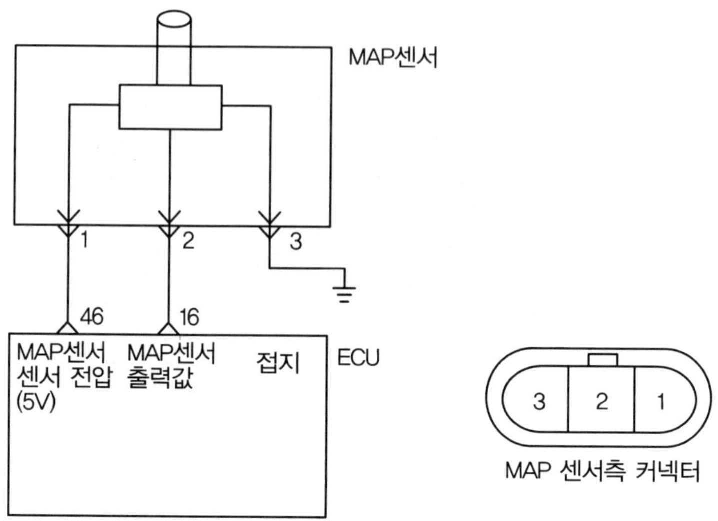


[그림6-38] **맵 센서 회로도 및 단자**

③ 기관을 가동시킨 후 난기운전을 실시하고 공전상태로 한다.

④ Hi-DS 초기화면에서 차량 선택 아이콘을 클릭한 후 차량의 제원을 설정하고 확인 버튼을 누른 다음 스코프 테크 측정모드에서 오실로스코프 항목을 클릭한다.

⑤ 오실로스코프 위쪽의 환경설정 아이콘 을 클릭한 후 측정 제원을 설정한다.(UNI, 10V, DC 시간축 : 1.0~1.5ms, 일반선택) 이때 모니터 아래쪽의 채널 선택을 맵 센서 출력단자에 연결한 채널선과 같은 채널선으로 채널 번호를 선택한다.

⑥ 마우스의 좌・우측 버튼을 번갈아 눌러 커서 A와 B의 실선 내에 맵 센서 파형이 들어오도록 하면 두 커서의 기능이 작동하여 모니터 우측에 데이터가 지시된다.

주어진 자동차에서 맵 센서의 파형(급 가속할 때)을 분석하여 그 결과를 기록표에 기록하시오.

| **맵 센서 파형 분석**<br>자동차 번호 : | 비번호<br>(등번호) | | 감독위원<br>확 인 | |
|---|---|---|---|---|

| 측정항목 | ① 점검(또는 측정) | | ② 판정 및 정비(또는 조치)사항 | | 득 점 |
|---|---|---|---|---|---|
| | 파형(측정값) | 분석 내용 | 판 정 | 정비 및 조치할 사항 | |
| 맵 센서 | | | 양호 불량 | | |

▶**기록표 작성방법**

① 파형(측정값) : 수검자가 측정한 파형을 프린트하여 부착하거나 모양을 그린다.

② 분석 내용 : 수검자가 측정한 파형을 분석하고 그 내용을 기록한다.

③ 판정 : 측정한 파형이 정상 파형일 경우에는 "양호", 벗어난 경우에는 "불량"으로 기록한다.

④ 정비 및 조치할 사항 : 양호로 판정한 경우에는 "사용가능", 불량으로 판정한 경우에는 정비 및 조치할 사항을 기록한다.(예 : 맵 센서 교환)

## 6.3 스텝모터(Step motor) 파형 점검 및 분석

### 6.3.1 스텝모터 파형 설명

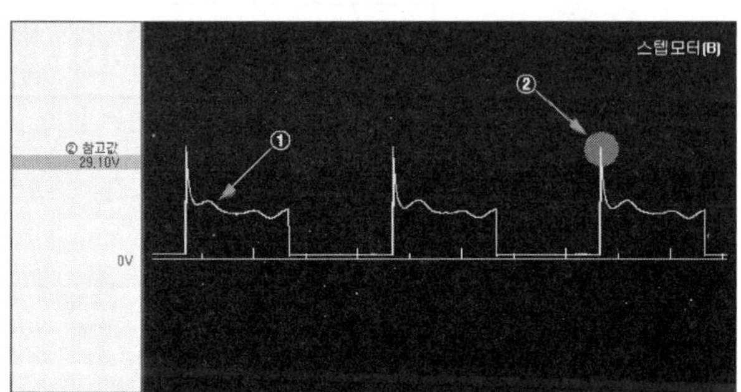


[그림6-39] 스텝모터의 파형

(1) ①지점의 파동은 스텝모터가 회전할 때 발생되는 유도 기전력에 의해 발생되는 것이다.

(2) ②지점은 스텝모터 코일의 역기전력으로 약 30V가 정상이다.

(3) 기관 난기운전 후 모든 전기장치 및 기계장치 "OFF"일 때 2~20step 정도 나와야 정상이다.

### 6.3.2 ISA(Idle Speed Actuator)파형 설명

ISA는 운전자가 가속페달을 밟게 되면 흡입공기는 스로틀 밸브를 통해서 흡입되게 된다. 그러나 공전상태에서는 스로틀 밸브가 완전히 닫히게 되므로 흡입공기는 바이패스 통로를 통해서 흡입되게 된다. ISA는 바이패스 통로에 설치되어 통로의 여닫는 시간을 듀티로 제어한다. ECU는 ISA를 이용하여 공전제어와 패스트 아이들(fast idle) 제어, 아이들-업(idle up) 기능을 실행한다.

## 【1】 ISA 제어 파형

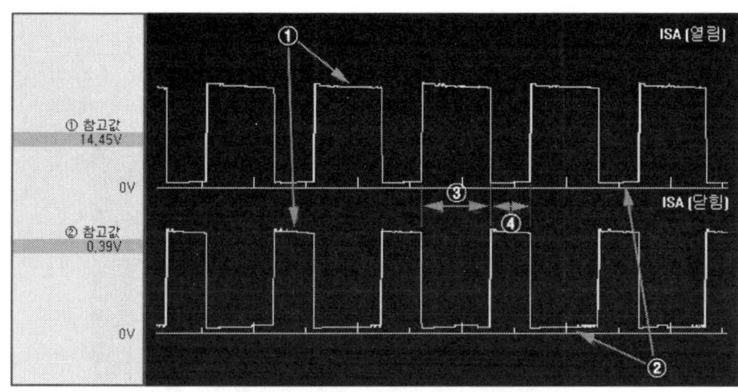


[그림6-40] ISA 제어 파형

① OFF 전압 : 닫힘 쪽으로 작동할 때의 전압(12~14.7V)
② ON 전압 : 열림 쪽으로 작동할 때의 전압(0.8V 이하)
③ 열림 구간 : 닫힘 듀티율
④ 닫힘 구간 : 열림 듀티율(공전상태 : 30~32%)

## 【2】 ISA 닫힘 제어 파형

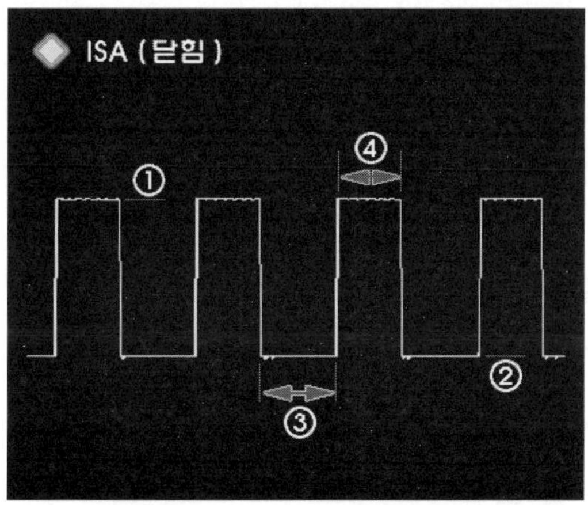


[그림6-41] ISA 닫힘 제어 파형

① OFF 전압 : 열림 쪽으로 작동할 때의 전압(12~14.5V)
② ON 전압 : 닫힘 쪽으로 작동할 때의 전압(0.8V 이하)

③ 닫힘 구간 : 닫힘 듀티율
④ 열림 구간 : 열림 듀티율(닫힘 듀티율+열림 듀티율=100%)

**[3] ISA 열림 제어 파형**

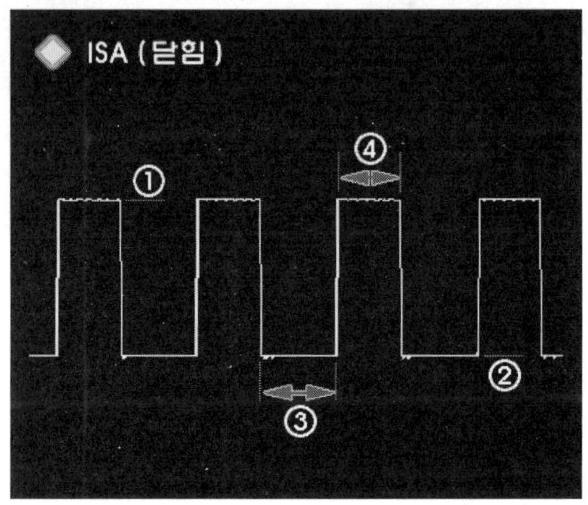


[그림6-42] ISA 닫힘 제어 파형

① OFF 전압 : 닫힘 쪽으로 작동할 때의 전압(12~14.5V)
② ON 전압 : 열림 쪽으로 작동할 때의 전압(0.8V 이하)
③ 열림 구간 : 열림 듀티율(공전상태에서 30~32%)
④ 닫힘 구간 : 닫힘 듀티율

## 6.3.3 스텝모터 파형 점검방법

**[1] 하이 스캔 프로를 사용할 때**

기능 선택에서 공구상자를 선택하고 오실로스코프를 선택한 후 HOLD, TIME, VOLT, CHNL, GRID, MORE 등을 선택하여 측정값을 읽는다.(그림 6-29 참조)

**[2] Hi-DS를 사용할 때**

Hi-DS를 다음과 같이 하여 출력 파형을 측정한다.

① 축전지 케이블의 붉은색 클립은 축전지의 (+)단자에 검은색 클립은 (-)단자에 연결한다.

② 오실로스코프 프로브의 흑색은 차체에 접지시키고, 컬러는 스텝모터의 출력 단자(1, 3, 4, 6번 단자)에 연결한다.

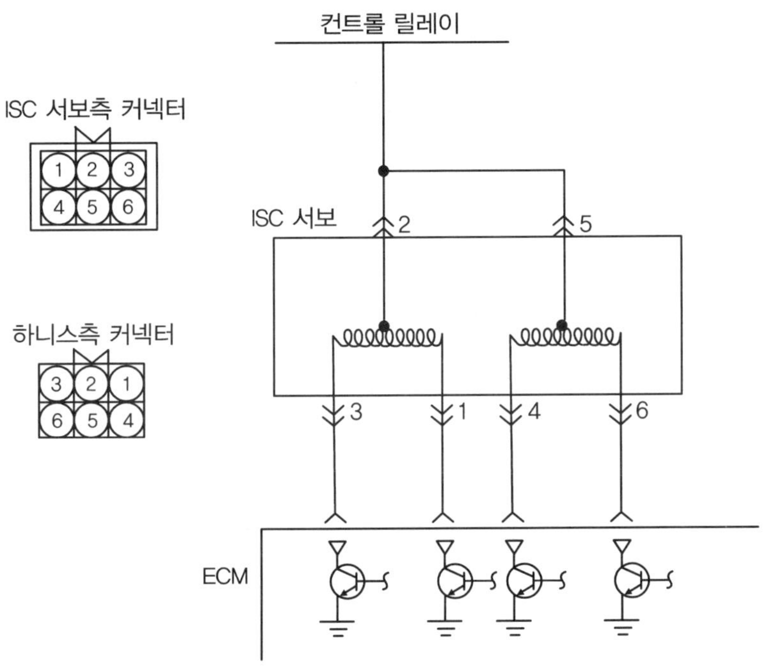


[그림6-43] 스텝모터의 회로도 및 단자

③ 기관을 가동시킨 후 난기운전을 실시하고 공전상태로 한다.

④ Hi-DS 초기화면에서 차량 선택 아이콘을 클릭한 후 차량의 제원을 설정하고 확인 버튼을 누른 다음 스코프 테크 측정모드에서 오실로스코프 항목을 클릭한다.

⑤ 오실로스코프 위쪽의 환경설정 아이콘 을 클릭한 후 측정 제원을 설정한다.(UNI, 10V, DC 시간축 : 1.0~1.5ms, 일반선택) 이때 모니터 아래쪽의 채널 선택을 공전속도 조절장치의 출력단자에 연결한 채널선과 같은 채널선으로 채널 번호를 선택한다.

⑥ 마우스의 좌・우측 버튼을 번갈아 눌러 커서 A와 B의 실선 내에 스텝모터의 파형이 들어오도록 하면 두 커서의 기능이 작동하여 모니터 우측에 데이터가 지시된다.

주어진 자동차의 기관에서 스텝모터(공회전 조절 서보)의 파형을 분석하여 그 결과를 기록표에 기록하시오.

**스텝 모터 파형 분석**
자동차 번호 :

| 비번호<br>(등번호) | | 감독위원<br>확 인 | |
|---|---|---|---|

| 측정항목 | ① 점검(또는 측정) | | ② 판정 및 정비(또는 조치)사항 | | 득 점 |
|---|---|---|---|---|---|
| | 파형(측정값) | 분석 내용 | 판 정 | 정비 및 조치할 사항 | |
| 스텝 모터 파형 | | | 양호 불량 | | |

▶기록표 작성방법

① 파형(측정값) : 수검자가 측정한 파형을 프린트하여 부착하거나 모양을 그린다.

② 분석 내용 : 수검자가 측정한 파형을 분석하고 그 내용을 기록한다.

③ 판정 : 측정한 파형이 정상 파형일 경우에는 "양호", 벗어난 경우에는 "불량"으로 기록한다.

④ 정비 및 조치할 사항 : 양호로 판정한 경우에는 "사용가능", 불량으로 판정한 경우에는 정비 및 조치할 사항을 기록한다.(예 : 스텝모터 교환)

## 6.4 TDC 센서 파형 점검 및 분석

### 6.4.1 TDC 센서 파형 설명(1)

TDC 센서는 캠축에 설치되어 캠축 1회전(크랭크축 2회전)당 1개의 펄스신호를 발생시켜 ECU로 입력시킨다. ECU는 이 신호에 의해 1번 실린더의 압축 상사점을 검출하게 되며, 순차분사의 순서와 점화순서를 결정하게 된다

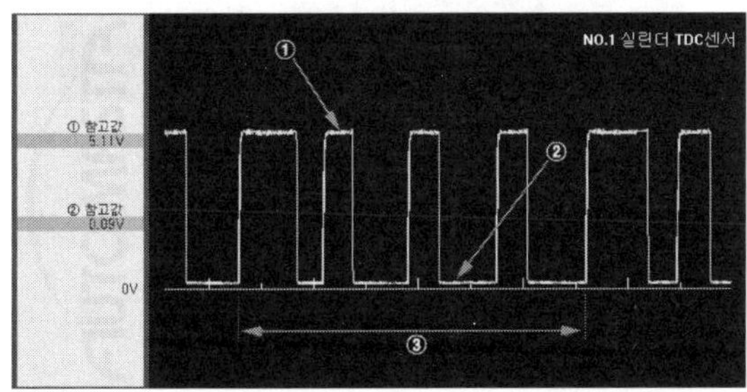


[그림6-44] TDC 센서의 파형(1)

(1) 가 · 감속할 때 펄스의 빠짐이 있는지, 또는 잡음이 있는지 확인(사소한 잡음은 무시)한다.

(2) 센서의 신호가 규칙적인지 확인한다.

(3) ③구간은 기관의 1사이클(크랭크축 2회전)을 의미하며, 실린더 판별과 크랭크축의 위치를 판별한다.

## 6.4.2 TDC 센서 파형 설명(2)

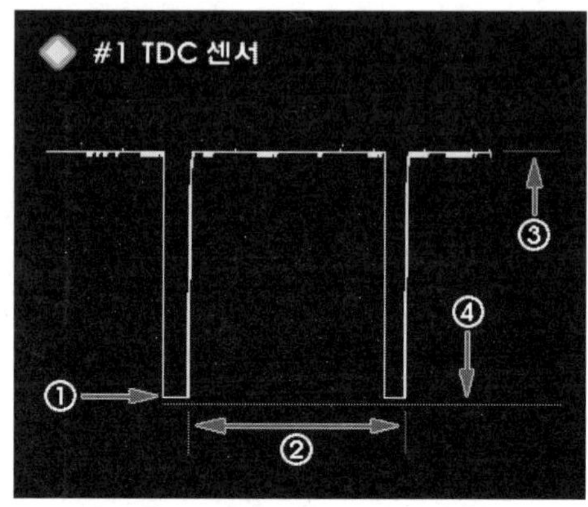


[그림6-45] TDC 센서의 파형(2)

① 1번 실린더 TDC검출 : 0.5V～0.8V
② 1사이클 : 캠축 1회전(크랭크축 2회전)마다 펄스신호가 발생한다.
③ 축전지 전압 : 12.0～13.5V
④ 0V

## 6.4.3 TDC 센서 파형 점검방법

### 【1】 하이 스캔 프로를 사용할 때

기능선택에서 공구상자를 선택하고 오실로스코프를 선택한 후 HOLD, TIME, VOLT, CHNL, GRID, MORE 등을 선택하여 측정값을 읽는다.(그림 6-29 참조)

### 【2】 Hi-DS를 다음과 같이 하여 출력 파형을 측정한다

① 축전지 케이블의 붉은색 클립은 축전지의 (+)단자에 검은색 클립은 (-)단자에 연결한다.
② 오실로스코프 프로브의 흑색은 차체에 접지시키고, 컬러는 TDC 센서의 출력단자에 연결한다. 그림 6-46에서 1번 단자는 접지단자이고, 2번 단자는 출력단자이다.

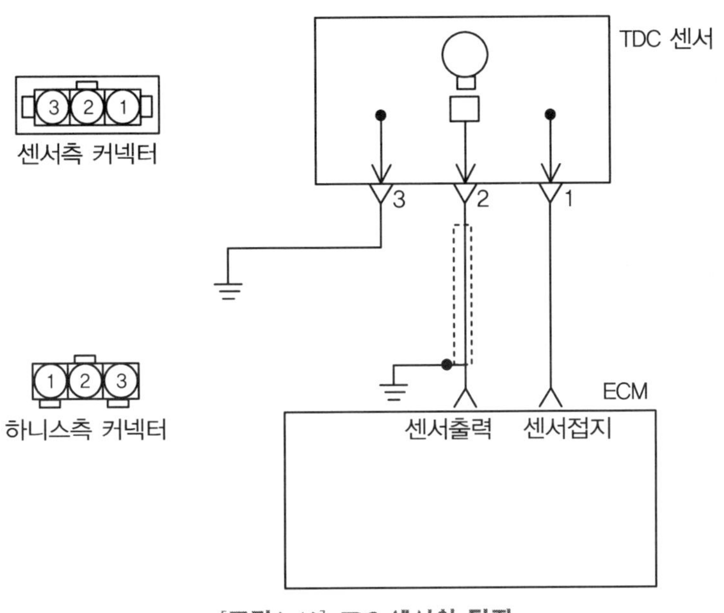


[그림6-46] TDC 센서의 단자

③ 기관을 가동시킨 후 난기운전을 실시하고 공전상태로 한다.

④ Hi-DS 초기화면에서 차량 선택 아이콘을 클릭한 후 차량의 제원을 설정하고 확인 버튼을 누른 다음 스코프 테크 측정모드에서 오실로스코프 항목을 클릭한다.

⑤ 오실로스코프 위쪽의 환경설정 아이콘을 클릭한 후 측정 제원을 설정한다.(UNI, 10V, DC 시간축 : 1.0~1.5ms, 일반선택) 이때 모니터 아래쪽의 채널 선택을 TDC센서의 출력단자에 연결한 채널선과 같은 채널선으로 채널번호를 선택한다.

⑥ 마우스의 좌·우측 버튼을 번갈아 눌러 커서 A와 B의 실선 내에 TDC의 파형이 들어오도록 하면 투 커서의 기능이 작동하여 모니터 우측에 데이터가 지시된다.

주어진 자동차에서 TDC 센서의 파형을 분석하여 그 결과를 기록표에 기록하시오.

| TDC 센서 파형 분석<br>자동차 번호 : | | 비번호<br>(등번호) | | 감독위원<br>확　　인 | |
|---|---|---|---|---|---|
| 측정항목 | ① 점검(또는 측정) | | ② 판정 및 정비(또는 조치)사항 | | 득　점 |
| | 파형(측정값) | 분석 내용 | 판　정 | 정비 및 조치할 사항 | |
| TDC 센서 파형 | | | 양호　불량 | | |

▶ 기록표 작성방법

① 파형(측정값) : 수검자가 측정한 파형을 프린트하여 부착하거나 모양을 그린다.

② 분석 내용 : 수검자가 측정한 파형을 분석하고 그 내용을 기록한다.

③ 판정 : 측정한 파형이 정상 파형일 경우에는 “양호”, 벗어난 경우에는 “불량”으로 기록한다.

④ 정비 및 조치할 사항 : 양호로 판정한 경우에는 “사용가능”, 불량으로 판정한 경우에는 정비 및 조치할 사항을 기록한다.(예 : TDC센서 교환)

## 6.5 크랭크 각 센서 파형 점검 및 분석

크랭크 각 센서는 실린더 블록에 설치되어 크랭크축과 일체로 되어 있는 센서 휠의 돌기를 감지하여 ECU로 입력시킨다. ECU는 이 신호를 기본으로 기관의 회전속도와 정지상태를 판단하여 연료의 분사시기와 점화시기를 결정한다.
또 TDC센서의 신호를 비교하여 크랭크축이 압축 상사점에 대해 어떤 위치에 있는지 측정하여 기관 회전속도와 연료 분사시기 및 점화시기를 결정하는 신호로 사용된다.
고장상태에서는 TDC센서의 신호를 분석하여 크랭크축 위치, 회전속도 계산하여 연료 분사량 및 점화시기를 제어하므로 가동정지 현상은 없으므로 기관 작동이 가능하다.(기관 작동 중 크랭크 각 센서(CAS)가 고장나면 기관이 정지하지만 다시 재 시동하면 기관이 작동된다.)

### 6.5.1 크랭크 각 센서 파형 설명

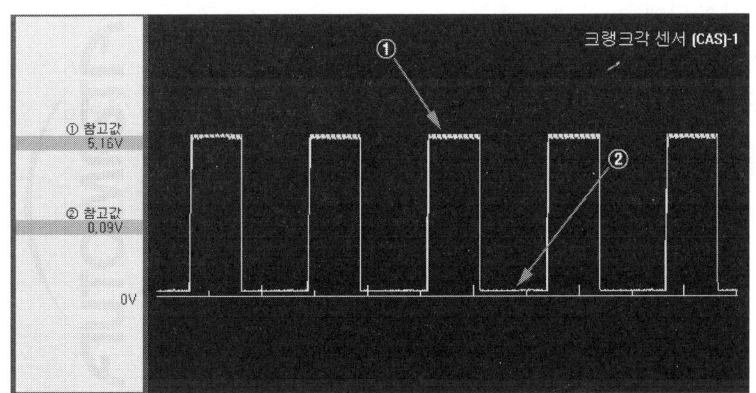


[그림6-47] 크랭크 각 센서 파형

① 디지털 파형이 일정하게 나오는지, 신호의 빠짐은 없는지 등을 확인한다.

## 6.5.2 크랭크 각 센서(+)

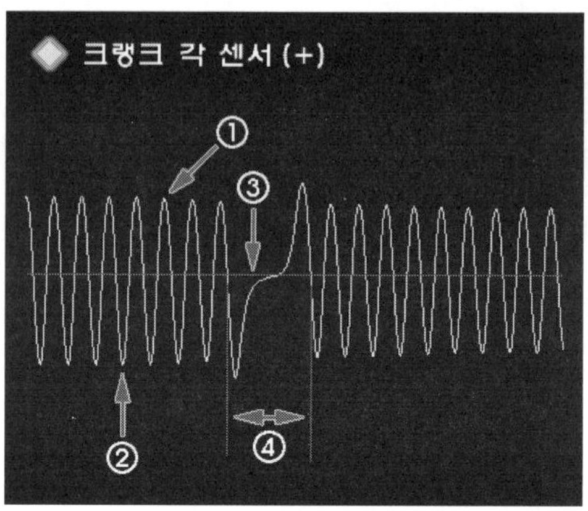


[그림6-48] 크랭크 각 센서(+)

① +피크(+P) 전압 : 급 가·감속할 때 파형의 누락 및 찌그러짐 등을 점검한다.(공전상태에서 20~25V)

② -피크(-P) 전압 : 급 가·감속할 때 파형의 누락 및 찌그러짐 등을 점검한다.(공전상태에서 -20~-25V)

③ 기준선 : 아날로그 파형의 기준선(0V)

④ 돌기가 빠진 부위 : 60개의 돌기 중에서 2개의 돌기를 없애고, 그 부분에서 참조점을 정의한다.

## 6.5.3 크랭크 각 센서(-)

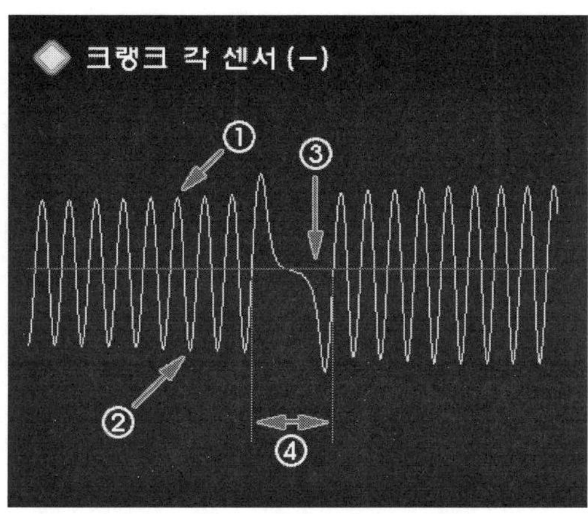


[그림6-49] 크랭크 각 센서(-)

① +피크(+P) 전압 : 급 가·감속할 때 파형의 누락 및 찌그러짐 등을 점검한다.(공전상태에서 20~25V)

② -피크(-P) 전압 : 급 가·감속할 때 파형의 누락 및 찌그러짐 등을 점검한다.(공전상태에서 -20~-25V)

③ 기준선 : 아날로그 파형의 기준선(0V)

④ 돌기가 빠진 부위 : 60개의 돌기 중에서 2개의 돌기를 없애고, 그 부분에서 참조점을 정의한다.

## 6.5.4 크랭크 각 센서(CAS) & No1. TDC 센서

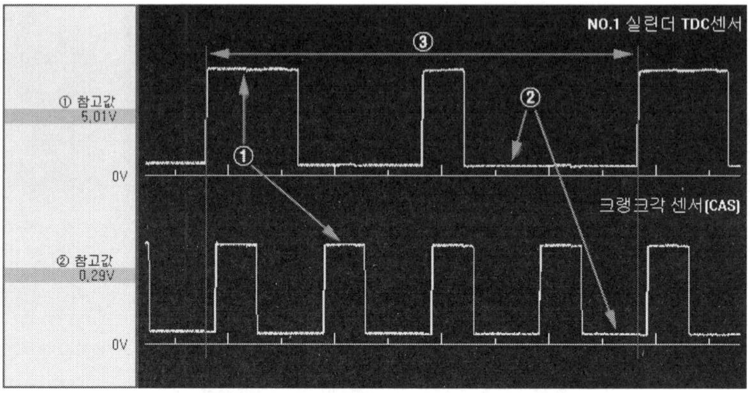

[그림6-50] 크랭크 각 센서 & No1. TDC 센서

(1) 가・감속할 때 펄스의 빠짐이 있는지, 또는 잡음(noise)이 있는지 확인한다.

(2) 센서의 신호가 규칙적인지 확인한다.

(3) ③구간은 기관의 1사이클(크랭크축 2회전)을 의미하며, 실린더 판별과 크랭크축의 위치를 판별한다.

## 6.5.5 크랭크 각 센서 파형 점검방법

### 【1】 하이 스캔 프로를 사용할 때

기능 선택에서 공구상자를 선택하고 오실로스코프를 선택한 후 HOLD, TIME, VOLT, CHNL, GRID, MORE 등을 선택하여 측정값을 읽는다.(그림 6-29 참조)

### 【2】 Hi-DS를 사용할 때

Hi-DS를 다음과 같이 하여 출력 파형을 측정한다.

① 축전지 케이블의 붉은색 클립은 축전지의 (+)단자에 검은색 클립은 (-)단자에 연결한다.

② 오실로스코프 프로브의 흑색은 차체에 접지시키고, 컬러는 크랭크 각 센서의 출력 단자에 연결한다. 옵티컬 방식 크랭크 각 센서의 커넥터에서 1번 단자는 접지 단자, 2번 단자는 센서 전원 입력단자, 3번 단자는 1번 TDC

센서 검출신호, 4번 단자는 크랭크 각 센서 출력단자이다. 그리고 전자유도 방식 크랭크 각 센서 커넥터에서 1번 단자는 접지 단자, 2번과 3번 단자는 출력단자이다.

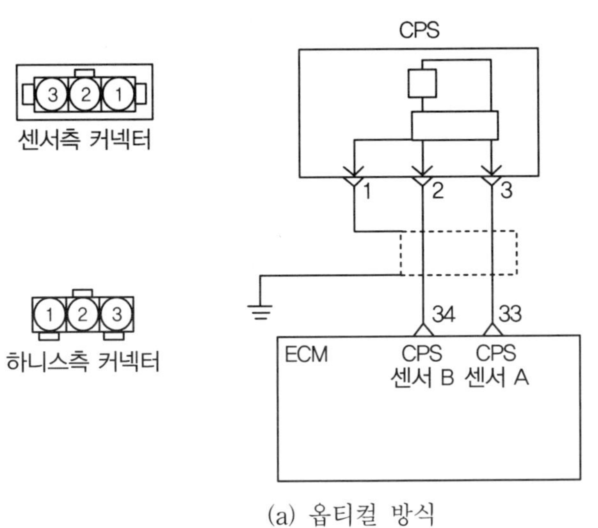


(a) 옵티컬 방식

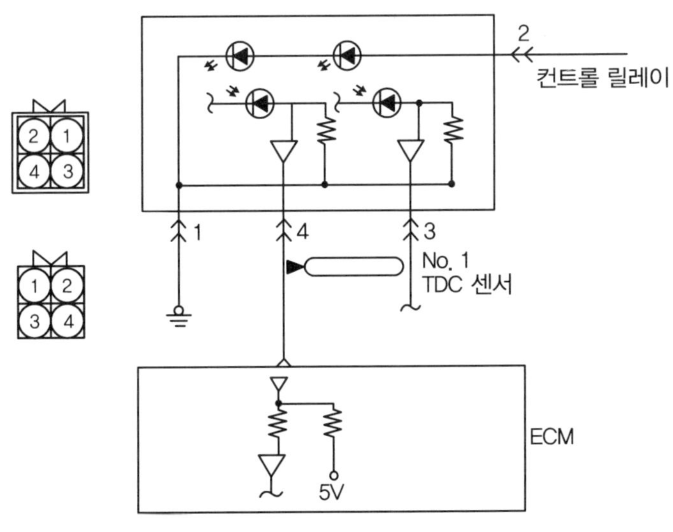


(b) 전자유도 방식

**[그림6-51] 크랭크 각 센서의 단자**

③ 기관을 가동시킨 후 난기운전을 실시하고 공전상태로 한다.

④ Hi-DS 초기화면에서 차량 선택 아이콘을 클릭한 후 차량의 제원을 설정하고 확인 버튼을 누른 다음 스코프 테크 측정모드에서 오실로스코프 항목을 클릭한다.

⑤ 오실로스코프 위쪽의 환경설정 아이콘 을 클릭한 후 측정 제원을 설정한다.(UNI, 10V, DC 시간축 : 1.0~1.5ms, 일반선택) 이때 모니터 아래쪽의 채널 선택을 크랭크 각 센서 출력단자에 연결한 채널선과 같은 채널선으로 채널 번호를 선택한다.

⑥ 마우스의 좌·우측 버튼을 번갈아 눌러 커서 A와 B의 실선 내에 크랭크 각 센서의 파형이 들어오도록 하면 투 커서의 기능이 작동하여 모니터 우측에 데이터가 지시된다.

주어진 자동차에서 크랭크 각 센서의 파형을 분석하여 그 결과를 기록표에 기록하시오.

**크랭크 각 센서 파형 분석**
자동차 번호 :

| 비번호<br>(등번호) | | 감독위원<br>확 인 | |
|---|---|---|---|

| 측정항목 | ① 점검(또는 측정) | | ② 판정 및 정비(또는 조치)사항 | | 득 점 |
|---|---|---|---|---|---|
| | 파형(측정값) | 분석 내용 | 판 정 | 정비 및 조치할 사항 | |
| 크랭크 각 센서 파형 | | | 양호 불량 | | |

▶ **기록표 작성방법**

① 파형(측정값) : 수검자가 측정한 파형을 프린트하여 부착하거나 모양을 그린다.

② 분석 내용 : 수검자가 측정한 파형을 분석하고 그 내용을 기록한다.

③ 판정 : 측정한 파형이 정상 파형일 경우에는 “양호”, 벗어난 경우에는 “불량”으로 기록한다.

④ 정비 및 조치할 사항 : 양호로 판정한 경우에는 “사용가능”, 불량으로 판정한 경우에는 정비 및 조치할 사항을 기록한다.(예 : 크랭크 각 센서 교환)

## 6.6 스로틀 포지션 센서(TPS) 파형 점검 및 분석

스로틀 포지션 센서는 스로틀 밸브의 열림 정도 전압으로(200mV~5000mV) 변환시켜 ECU로 보내준다. ECU는 이 신호에 의해 기관의 부하량과 운전자의 의지를 알게 되며, 흡입 공기량을 계측하는 보정신호로 사용한다.

### 6.6.1 스로틀 포지션 센서 파형 설명(1)

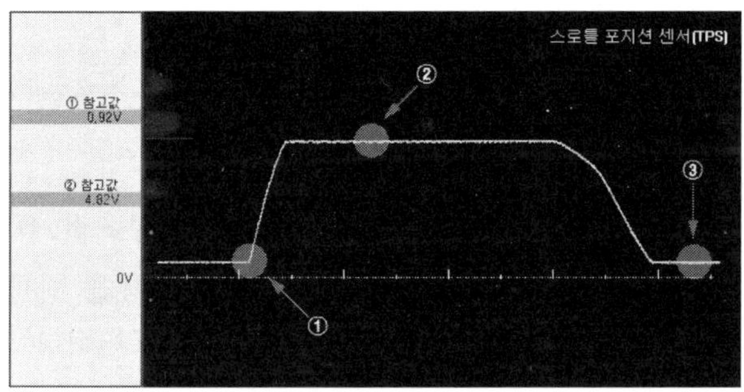


[그림6-52] 스로틀 포지션 센서 파형(1)

① 공전 상태 : 0.5V 이하
② 가속 상태 : 스로틀 밸브가 열려있는 상태
③ 공전 상태 : 0.5V 이하

## 6.6.2 스로틀 포지션 센서 파형 설명(2)

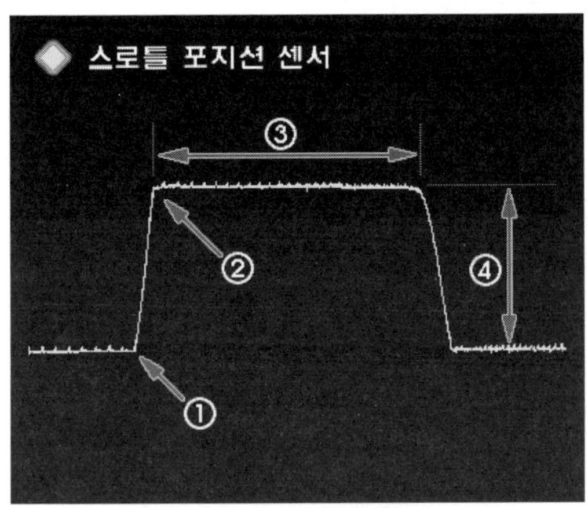


[그림6-53] 스로틀 포지션 센서 파형(2)

① 공전 상태 : 0.5V 이하
② 급 가속할 때 : 4.3V~4.8V(가속 속도에 따라 파형의 기울어짐이 달라짐)
③ 가속 상태 : 스로틀 밸브가 완전히 열려있는 상태
④ 급 감속할 때 : 급 감속할 때에는 연료공급 차단(Fuel cut)이 이루어진다.

## 6.6.3 스로틀 포지션 센서 파형 점검방법

### (1) 하이 스캔 프로를 사용할 때

기능 선택에서 공구상자를 선택하고 오실로스코프를 선택한 후 HOLD, TIME, VOLT, CHNL, GRID, MORE 등을 선택하여 측정값을 읽는다.(그림 6-29 참조)

### (2) Hi-DS를 사용할 때

Hi-DS를 다음과 같이 하여 출력 파형을 측정한다.

① 축전지 케이블의 붉은색 클립은 축전지의 (+)단자에 검은색 클립은 (-)단자에 연결한다.
② 오실로스코프 프로브의 흑색은 차체에 접지시키고, 컬러는 스로틀 포지션 센서의 출력단자에 연결한다.
그림 6-54에서 1번 단자는 스로틀 포지션 센서의 출력단자이고, 2번 단자는

접지 단자, 3번 단자는 스로틀 포지션 센서의 전원 입력단자이다.

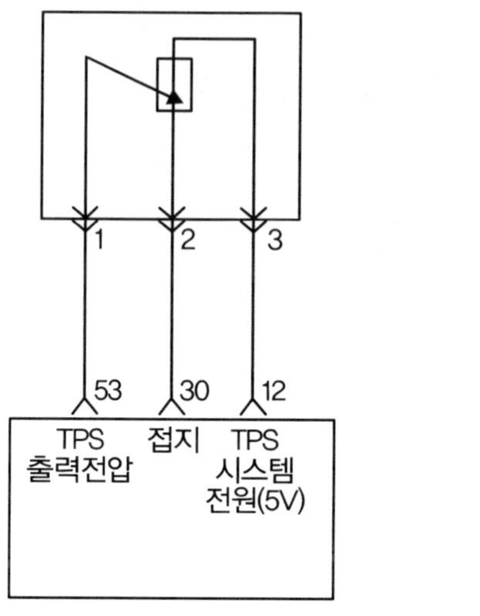

[그림6-54] 스로틀 포지션 센서의 회로와 단자

③ 기관을 가동시킨 후 난기운전을 실시하고 공전상태로 한다.

④ Hi-DS 초기화면에서 차량 선택 아이콘을 클릭한 후 차량의 제원을 설정하고 확인 버튼을 누른 다음 스코프 테크 측정모드에서 오실로스코프 항목을 클릭한다.

⑤ 오실로스코프 위쪽의 환경설정 아이콘 을 클릭한 후 측정 제원을 설정한다.(UNI, 10V, DC 시간축 : 1.0~1.5ms, 일반선택) 이때 모니터 아래쪽의 채널 선택을 TPS 출력단자에 연결한 채널선과 같은 채널선으로 채널 번호를 선택한다.

⑥ 마우스의 좌・우측 버튼을 번갈아 눌러 커서 A와 B의 실선 내에 스로틀 포지션 센서의 파형이 들어오도록 하면 두 커서의 기능이 작동하여 모니터 우측에 데이터가 지시된다.

주어진 자동차에서 스로틀 포지션 센서의 파형을 분석하여 그 결과를 기록표에 기록하시오.

<table>
<tr><td colspan="3">스로틀 포지션 센서 파형 분석<br>자동차 번호 :</td><td>비번호<br>(등번호)</td><td></td><td>감독위원<br>확　인</td><td></td></tr>
<tr><td rowspan="2">측정항목</td><td colspan="2">① 점검(또는 측정)</td><td colspan="3">② 판정 및 정비(또는 조치)사항</td><td rowspan="2">득　점</td></tr>
<tr><td>파형(측정값)</td><td>분석 내용</td><td>판　정</td><td colspan="2">정비 및 조치할 사항</td></tr>
<tr><td>스로틀 포지션<br>센서 파형</td><td></td><td></td><td>양호　불량</td><td colspan="2"></td><td></td></tr>
</table>

▶**기록표 작성방법**

① 파형(측정값) : 수검자가 측정한 파형을 프린트하여 부착하거나 모양을 그린다.

② 분석 내용 : 수검자가 측정한 파형을 분석하고 그 내용을 기록한다.

③ 판정 : 측정한 파형이 정상 파형일 경우에는 “양호”, 벗어난 경우에는 “불량”으로 기록한다.

④ 정비 및 조치할 사항 : 양호로 판정한 경우에는 “사용가능”, 불량으로 판정한 경우에는 정비 및 조치할 사항을 기록한다.(예 : 스로틀 포지션 센서 교환)

# 6.7 인젝터 파형 점검 및 분석

## 6.7.1 인젝터 파형 설명(1)

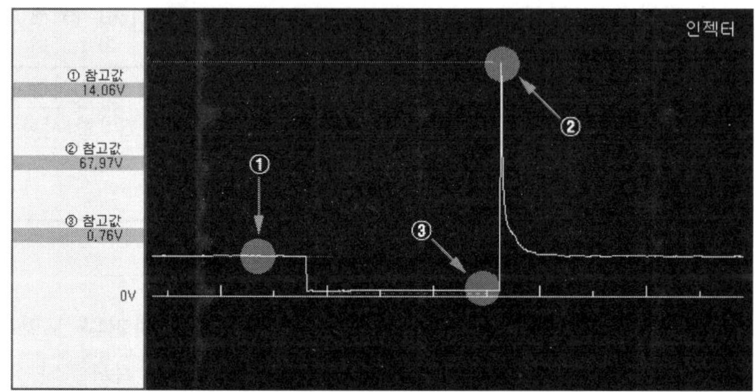


[그림6-55] **인젝터 파형(1)**

① 전원전압 : 발전기에서 발생되는 전압(12V~13.5V 정도)이다.

② 서지전압 : 서지전압 발생구간으로 서지전압(65~85V)이 낮으면 전원과 접지의 불량, 인젝터 내부의 문제로 볼 수 있다.

③ 접지전압 : 인젝터에서 연료가 분사되고 있는 구간(0.8V 이하)으로서 접지전압이 상승하면 인젝터에서 ECU까지 저항이 있는 것으로 판단하고 커넥터의 접촉상태를 점검한다.

## 6.7.2 인젝터 파형 설명(2)

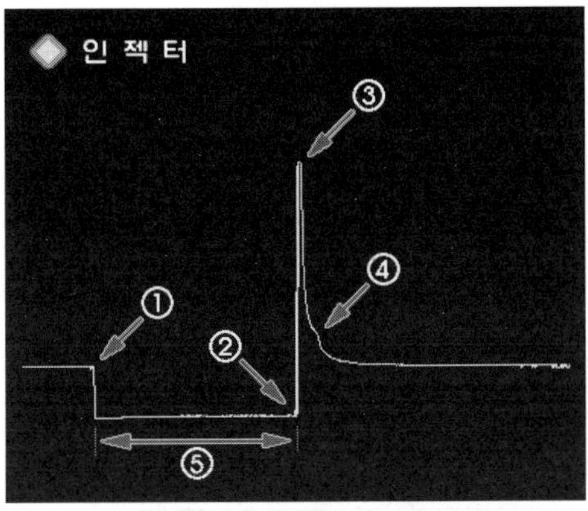


[그림6-56] 인젝터 파형(2)

① 축전지 전압 : 12V ~ 13.5V(전압이 낮을 경우에는 분사시간에 영향을 준다.)
② 트랜지스터(TR) Off 전압 : 1V 이하
③ 인젝터 서지 전압 : 60V ~ 80V(60V 이하이면 인젝터 회로에 저항 점검 필요하다.)
④ 인젝터 코일 방전 파형 : 코일의 단락 및 온도에 따른 변화를 점검한다.
⑤ 분사시간 : 크랭킹, 냉간 시동, 급 가속할 경우에는 분사시간이 증가한다.

## 6.7.3 인젝터 파형 점검방법

### 【1】 하이 스캔 프로를 사용할 때

기능 선택에서 공구상자를 선택하고 오실로스코프를 선택한 후 HOLD, TIME, VOLT, CHNL, GRID, MORE 등을 선택하여 측정값을 읽는다.(그림 6-29 참조)

### 【2】 Hi-DS를 사용할 때

Hi-DS를 다음과 같이 하여 출력 파형을 측정한다.

① 축전지 케이블의 붉은색 클립은 축전지의 (+)단자에 검은색 클립은 (-)단자에 연결한다.

② 오실로스코프 프로브의 흑색은 차체에 접지시키고, 컬러는 인젝터 출력단자 연결한다.

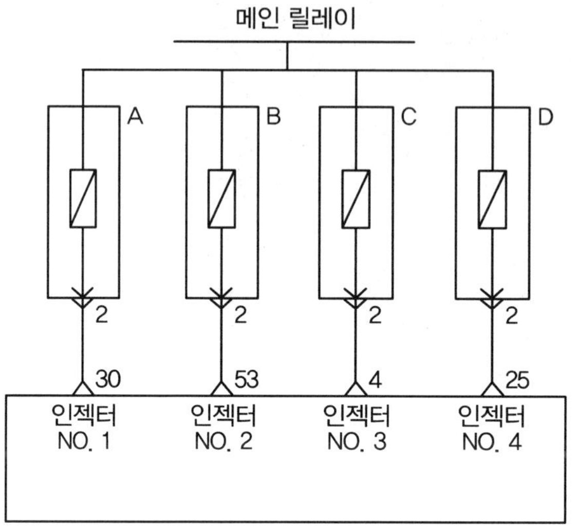

**[그림6-57] 인젝터의 회로도 및 단자**

③ 기관을 가동시킨 후 난기운전을 실시하고 공전상태로 한다.

④ Hi-DS 초기화면에서 차량 선택 아이콘을 클릭한 후 차량의 제원을 설정하고 확인 버튼을 누른 다음 스코프 테크 측정모드에서 오실로스코프 항목을 클릭한다.

⑤ 오실로스코프 위쪽의 환경설정 아이콘 을 클릭한 후 측정 제원을 설정한다.(UNI, 10V, DC 시간축 : 1.0~1.5ms, 일반선택) 이때 모니터 아래쪽의 채널 선택을 인젝터의 출력단자에 연결한 채널선과 같은 채널선으로 채널 번호를 선택한다.

⑥ 마우스의 좌・우측 버튼을 번갈아 눌러 커서 A와 B의 실선 내에 인젝터의 파형이 들어오도록 하면 투 커서의 기능이 작동하여 모니터 우측에 데이터가 지시된다.

주어진 자동차에서 인젝터의 파형을 분석하여 그 결과를 기록표에 기록하시오.

**인젝터 파형 분석**
자동차 번호 :

| 비번호<br>(등번호) | | 감독위원<br>확 인 | |
|---|---|---|---|

<table>
<tr><th rowspan="2">측정항목</th><th colspan="2">① 점검(또는 측정)</th><th colspan="2">② 판정 및 정비(또는 조치)사항</th><th rowspan="2">득 점</th></tr>
<tr><th>파형(측정값)</th><th>분석 내용</th><th>판 정</th><th>정비 및 조치할 사항</th></tr>
<tr><td>인젝터<br>출력 파형</td><td></td><td></td><td>양호 불량</td><td></td><td></td></tr>
</table>

▶기록표 작성방법

① 파형(측정값) : 수검자가 측정한 파형을 프린트하여 부착하거나 모양을 그린다.

② 분석 내용 : 수검자가 측정한 파형을 분석하고 그 내용을 기록한다.

③ 판정 : 측정한 파형이 정상 파형일 경우에는 “양호”, 벗어난 경우에는 “불량”으로 기록한다.

④ 정비 및 조치할 사항 : 양호로 판정한 경우에는 “사용가능”, 불량으로 판정한 경우에는 정비 및 조치할 사항을 기록한다.(예 : 인젝터 교환)

## 6.8 산소센서 파형 점검 및 분석

### 6.8.1 산소센서 파형 설명(1)

산소센서는 배기 다기관에 설치되어 있으며, 배기가스의 산소농도를 감지하여 ECU로 피드백(FEED BACK)시켜주는 역할을 한다. 즉, 배기가스의 산소농도에 따라 약 100~1000mV까지 전압을 ECU에 입력시켜주고, ECU는 이 신호에 의해 연료 분사량을 보정하며, 인젝터 분사시간 보정폭이 매우 적으므로 정비를 할 때 참고하여야 한다.

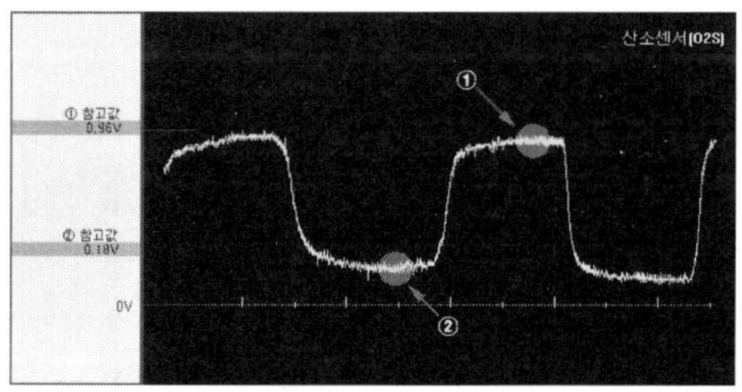


[그림6-58] 산소센서 파형(1)

① MAX 전압 : 1100mV 이하
② MIN 전압 : 100mV 이상

### 6.8.2 산소센서 파형 설명(2)

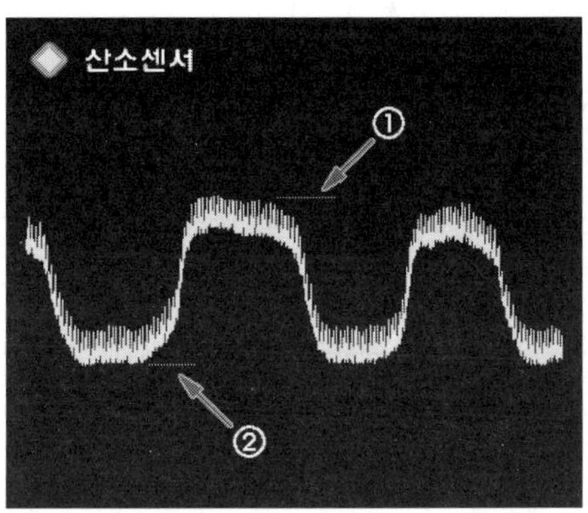


[그림6-59] 산소센서 파형(2)

① MAX 전압 : 1100mV 이하
② MIN 전압 : 100mV 이상

### 6.8.3 산소센서 파형 점검방법

#### 【1】 하이 스캔 프로를 사용할 때

기능 선택에서 공구상자를 선택하고 오실로스코프를 선택한 후 HOLD, TIME, VOLT, CHNL, GRID, MORE 등을 선택하여 측정값을 읽는다.(그림 6-29 참조)

#### 【2】 Hi-DS를 사용할 때

Hi-DS를 다음과 같이 하여 출력 파형을 측정한다.

① 축전지 케이블의 붉은색 클립은 축전지의 (+)단자에 검은색 클립은 (-)단자에 연결한다.

② 오실로스코프 프로브의 흑색은 차체에 접지 시키고, 컬러는 산소센서의 출력단자에 연결한다.
그림 6-60에서 1번 단자는 출력단자, 2번 단자는 접지 단자, 3번 단자는 전원공급 단자, 4번 단자는 열선 전원단자이다.

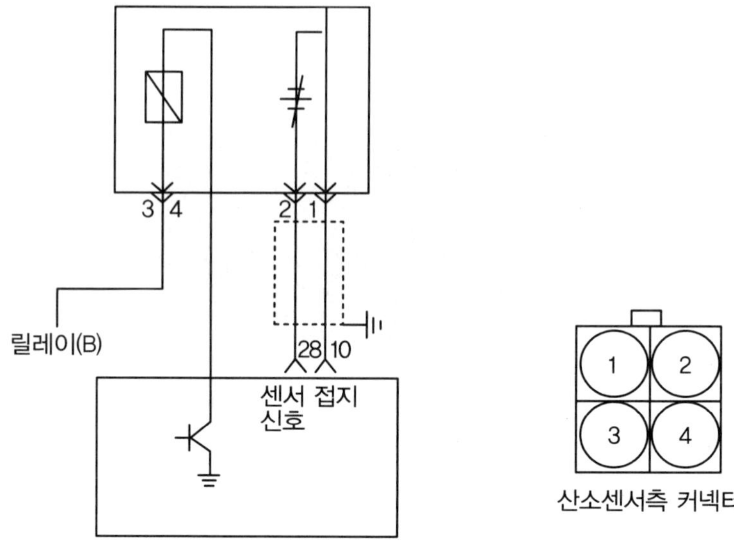


[그림6-60] **산소센서 회로도와 단자**

③ 기관을 가동시킨 후 난기운전을 실시하고 공전상태로 한다.

④ Hi-DS 초기화면에서 차량 선택 아이콘을 클릭한 후 차량의 제원을 설정하고 확인 버튼을 누른 다음 스코프 테크 측정모드에서 오실로스코프 항목을 클릭한다.

⑤ 오실로스코프 위쪽의 환경설정 아이콘 을 클릭한 후 측정 제원을 설정한다.(UNI, 10V, DC 시간축 : 1.0~1.5ms, 일반선택) 이때 모니터 아래쪽의 채널 선택을 산소센서의 출력단자에 연결한 채널선과 같은 채널선으로 채널 번호를 선택한다.

⑥ 마우스의 좌·우측 버튼을 번갈아 눌러 커서 A와 B의 실선 내에 산소센서의 파형이 들어오도록 하면 두 커서의 기능이 작동하여 모니터 우측에 데이터가 지시된다.

주어진 자동차에서 산소센서의 파형을 분석하여 그 결과를 기록표에 기록하시오.

<table>
<tr><td colspan="3">산소센서 파형 분석<br>자동차 번호 :</td><td>비번호<br>(등번호)</td><td></td><td>감독위원<br>확 인</td><td></td></tr>
<tr><td rowspan="2">측정항목</td><td colspan="2">① 점검(또는 측정)</td><td colspan="2">② 판정 및 정비(또는 조치)사항</td><td colspan="2" rowspan="2">득 점</td></tr>
<tr><td>파형(측정값)</td><td>분석 내용</td><td>판 정</td><td>정비 및 조치할 사항</td></tr>
<tr><td>산소센서<br>출력 파형</td><td></td><td></td><td>양호 불량</td><td></td><td colspan="2"></td></tr>
</table>

**▶기록표 작성방법**

① 파형(측정값) : 수검자가 측정한 파형을 프린트하여 부착하거나 모양을 그린다.

② 분석 내용 : 수검자가 측정한 파형을 분석하고 그 내용을 기록한다.

③ 판정 : 측정한 파형이 정상 파형일 경우에는 "양호", 벗어난 경우에는 "불량"으로 기록한다.

④ 정비 및 조치할 사항 : 양호로 판정한 경우에는 "사용가능", 불량으로 판정한 경우에는 정비 및 조치할 사항을 기록한다.(예 : 산소센서 교환)

## 6.9 EST(Electronic Spark Timing)신호 전압 측정 및 점검

### 6.9.1 EST 신호 전압 파형 설명

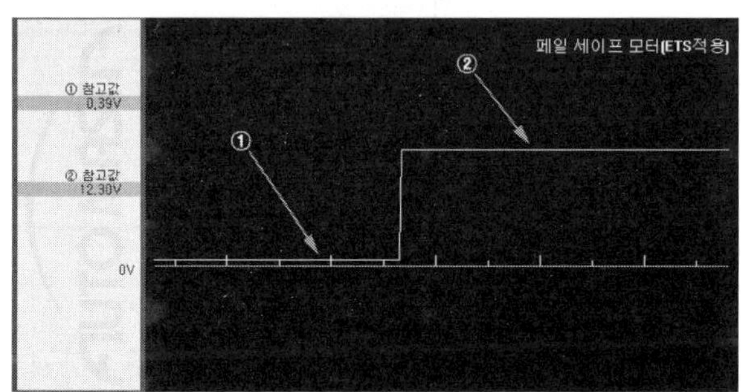


[그림6-61] EST 신호 전압 파형

(1) 페일 세이프 모터는 ETS가 고장일 때 흡입공기를 일정량을 보정하여 엔진 가동정지 등을 방지하기 위해 스로틀 보디에 설치된 ON/OFF 솔레노이드 밸브이다.

(2) ETS가 정상일 때는 0V, ETS가 고장일 때에는 축전지 전압을 나타낸다.

(3) 그림 6-61의 파형은 점화스위치 "OFF"에서 "ON"으로 했을 때의 파형이다.

### 6.9.2 EST 신호 전압의 개요

EST 신호 전압은 점화코일의 1차 전류를 ON/OFF하는 부품의 신호 전압을 측정하는 것이며, 일반적으로 파워 트랜지스터의 베이스 전압을 측정한다. 또 이것은 파워 트랜지스터가 기관 룸에 설치된 경우(멜코 시스템)에만 파형을 점검할 수 있다. 파워 트랜지스터에서 점검하여야 할 부분은 그림 6-61과 같이 3~4V로 변화할 때 정상부분이 비스듬히 변화되어야 정상이며, 곧바로 4V로 수직 상승하는 경우는 기관의 가속성능이 저하한다.

### 6.9.3 EST 신호 전압 측정방법

ETS 신호 전압 측정방법은 Hi-DS 테스터로 측정하는 방법을 설명하도록 한다.

① 축전지 케이블을 축전지의 [+]와 [-]단자에 연결한다.
② 트리거 픽업을 No.1 실린더 고압케이블에 연결한다.
③ 오실로스코프 프로브의 흑색은 차체에 접지시키고, 칼라는 파워 트랜지스터 베이스 단자에 연결한다.
④ 기관을 시동하여 난기운전시킨 후 공전상태로 한다.
⑤ 초기화면에서 차량선택 아이콘을 클릭한 다음 차량의 제원을 설정하고 확인 버튼을 클릭한다.
⑥ 스코프 테크 측정모드에서 오실로스코프 항목을 클릭한다.
⑦ 오실로스코프 위쪽의 환경설정 아이콘을 설정한 다음 측정 제원을 설정한다.
⑧ 모니터 아래쪽의 채널 선택을 파워 트랜지스터 베이스 단자에 연결한 멀티 프로브와 동일한 것으로 채널 번호를 선택한다.
⑨ 트리거 아이콘을 클릭한 후 측정 장의 원하는 위치에서 트리거 수준을 3V 정도에 선택하면 측정화면이 고정된다.
⑩ 투 커서 아이콘을 클릭하면 커서 라인이 실선으로 바뀐다. 휠 마우스의 좌측과 우측 버튼을 이용하여 커서 A와 B의 실선 내에 EST 신호 전압의 파형이 들어오도록 하면 투 커서의 기능이 작동되어 모니터 우측에 데이터가 지시된다.

시동된 기관에서 DIS(Direct Ignition System)의 EST(Electronic Spark Timing) 신호 전압을 측정하여 기록표에 기록하시오.

**EST 신호 전압점검**
자동차 번호 :

| 비번호<br>(등번호) | | 감독위원<br>확　인 | |
|---|---|---|---|

| 측정항목 | ① 점검(또는 측정) | | ② 판정 및 정비(또는 조치)사항 | | 득 점 |
|---|---|---|---|---|---|
| | 측 정 값 | 규정(정비한계)값 | 판 정 | 정비 및 조치할 사항 | |
| EST 신호 전압 | 3.6V | 3~5V | 양호 불량 | | |

▶기록표 작성방법

① 측정값 : 수검자가 측정한 값을 단위와 함께 기록한다.(예 : 3V)

② 규정(정비한계)값 : 측정용 차량의 제원에 맞는 규정 값을 단위와 함께 기록한다.(예 : 3~5V)

③ 판정 : 측정한 값이 정비 한계 값 이내인 경우에는 "양호", 벗어난 경우에는 "불량"으로 기록한다.

④ 정비 및 조치할 사항 : 양호로 판정한 경우에는 "사용가능", 불량으로 판정한 경우에는 정비 및 조치할 사항을 기록한다.(예 : 파워 트랜지스터 교환)

## 6.10 점화 전압 측정 및 점검

### 6.10.1 점화 1차, 2차 파형 설명

#### 【1】 점화 1차 파형 설명

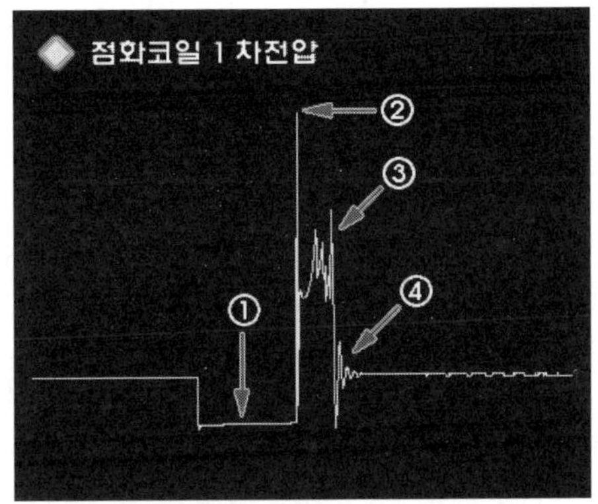


[그림6-62] 점화 1차 파형

① 드웰 구간 : 파워 트랜지스터가 ON에서 OFF될 때까지의 구간이다. 트랜지스터의 저항에 의해 ON에서 약간의 전압상승이 보인다.(드웰 구간의 파형이 오른쪽 상향이 된다 : 1.56V →2.3V)

② 1차 유도전압 : 1차 코일로 자기유도전압이 형성된다.(약 99.61V)

③ 스파크 라인 : 점화 플러그의 전극간에 아크방전이 이루어질 때 유도전압이 나타난다.(약 30~35V)

㉮ 높고 간격이 짧다 - 점화 플러그 간극이 크다.

㉯ 낮고 간격이 길다 - 점화 플러그간극이 작거나, 압축압력이 낮다.

㉰ 기울기가 가파르다 - 점화 플러그 손상 및 누전이 예상된다.

㉱ 높고 잡음이 생긴다 - 고압 케이블이 불량하다.

④ 감쇄 진동부분 : 점화코일에 잔류한 에네르기가 1차 코일을 통해 감쇄 소멸되는 전압이다.

㉮ 감쇄 진동부분이 없는 경우 : 점화코일이 불량하다.

## 【2】 점화 2차 파형 설명

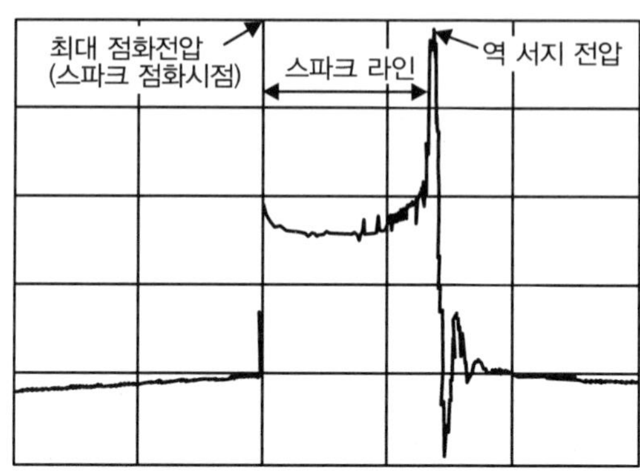


[그림6-63] 점화 2차 싱글 파형

그림 6-63의 파형은 최대 점화전압(점화 2차 요구전압[kV])으로 혼합가스에 점화하기 위한 전압이다. 일반적으로 점화 2차 요구전압의 외부적인 저항 요소와 내부적인 저항 요소가 있다. 외부적인 저항 요소에는 점화 플러그, 배전기 캡, 배전기 로터, 고압 케이블, 점화코일, 점화 배선 등이 있으며, 내부적 저항 요소에는 혼합가스의 유동 상태, 연소실 내의 압축압력 상태, 혼합가스의 혼합 상태, 연소실의 조건 등이 있다.

### 1) 2차 직렬 파형

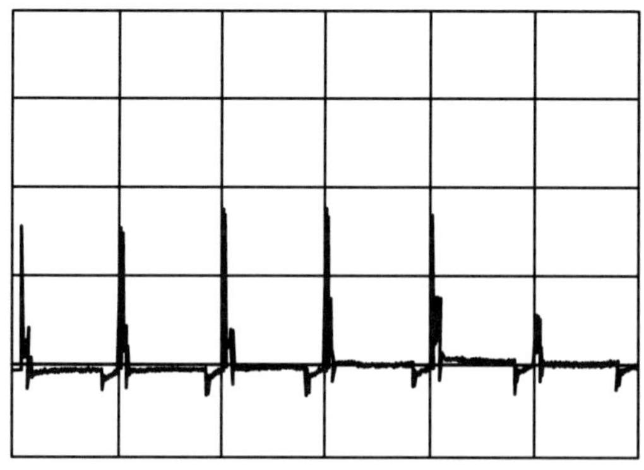

[그림6-64] 2차 직렬 파형(6 실린더 엔진)

직렬 파형은 점화시점을 각도로 보는 것이다. 즉 크랭크축 2회전에 실린더 별 점화시점을 정확히 보는 것이다. 4실린더 기관의 경우 0°, 180°, 360°, 540°, 720°로 보는 것이다. 또 직렬 파형으로 각 실린더 당 파워 밸런스를 볼 수 있다. 그리고 각도의 편차를 보아 ECU에서 점화시기를 보정하는지를 점검하면서 점화 불량의 원인이 점화시기 보정인지, 아니면 제어계통의 결함으로 연료 보정에 의한 보정인지를 알 수 있으며, 공기흐름 속도의 변화로 인해 발생하는 기관 부조(흡입 공기 누출)현상 등을 점검할 수 있다.

① 직렬 파형에서 순간 가속을 할 때 전체적으로 최대 점화 전압이 5kV 이상 상승하면 점화 플러그 전극의 간극이 큰 경우이다.

② 기관이 공전할 때 10~15kV 정도이면 정상이며, 이 이상으로 높아지면 외부 저항이 매우 큰 경우이다. 또 높이의 편차가 5kV 이내이면 정상이지만 그 편차가 조금 심하면 점화시기 불량이 많고, 편차가 매우 심하면 각각의 연속적인 편차는 밸브 밀착불량이나 압축압력 불량으로 발생하는 것이다.

③ 직렬 파형에서 1개의 고압 케이블을 뽑아 보았을 때 최대 점화전압이 40~50kV(전자제어 기관의 경우임)이면 정상이다. 이때의 높이는 점화코일의 최대 용량이다.

④ 배전기 캡 쪽의 고압 케이블을 뽑았을 때, 예를 들어 2번 고압 케이블을 뽑았는데 1번 실린더로 최대 점화전압이 왔다가 3번 실린더로 갔다가 하는 것은 배전기 캡의 누전으로 판단할 수 있다.

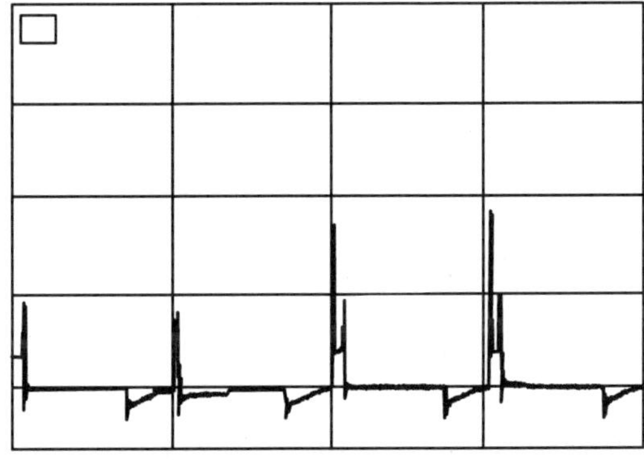

[그림6-65] 2차 직렬 불량 파형(3번 실린더)

### 2) 2차 병렬 파형

병렬 파형을 점검하는 목적은 스파크 지연 시간을 알아보기 위함이다. 스파크 지연 시간이 0.8mS 이하이면 실화로 보며, 정상은 1.5~2.0mS 정도이다. 2.0mS 이상으로 길게 나오면 로터, 배전기 캡, 점화 플러그 전극의 간극 과소 또는 오염, 압축 압력 저하 등이다.

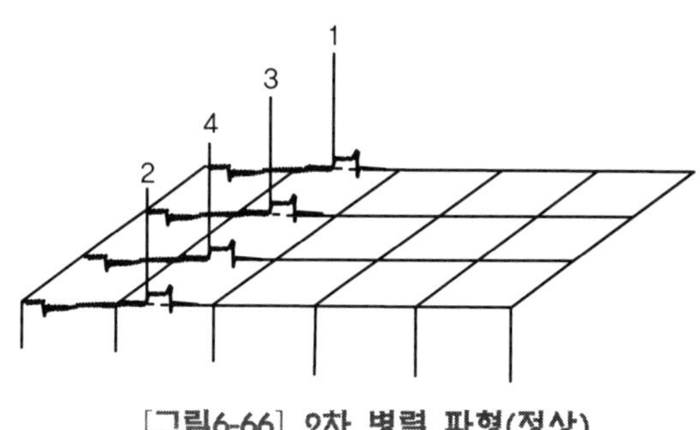


[그림6-66] 2차 병렬 파형(정상)

## 6.10.2 점화 1차 파형 점검방법

### 【1】 하이 스캔 프로를 사용할 때

A와 B 2채널을 동시에 사용할 수 있으면 측정 프로브를 점화코일 (-)단자에 연결하고 접지선은 차체에 연결한 후 다음 순서로 측정한다.

① 기능선택에서 "차량 스코프미터 기능"을 선택한 후 ENTER를 누른다.

② 차량 스코프미터 기능에서 "엔진 자동 스코프"를 선택한 후 ENTER를 누른다.

③ 엔진 자동 스코프에서 "점화"를 선택한 후 ENTER를 누른다.

④ 점화에서 점화 1차를 선택한 후 ENTER를 누른다.

### 【2】 Hi-DS를 사용할 때

#### 1) 오실로스코프 프로브를 다음과 같이 연결한다

① 배전기 방식의 SOHC 엔진의 경우는 1번 채널을 점화코일 (-)단자에 연결한다.

② 점화코일이 2개인 DLI 4실린더 기관의 경우는 1, 2번 채널을 각각 점화코일

(-)단자에 연결한다.

③ 점화코일이 3개인 DLI 6실린더 기관의 경우는 1, 2, 3번 채널을 각각 점화 코일 (-)단자에 연결한다.

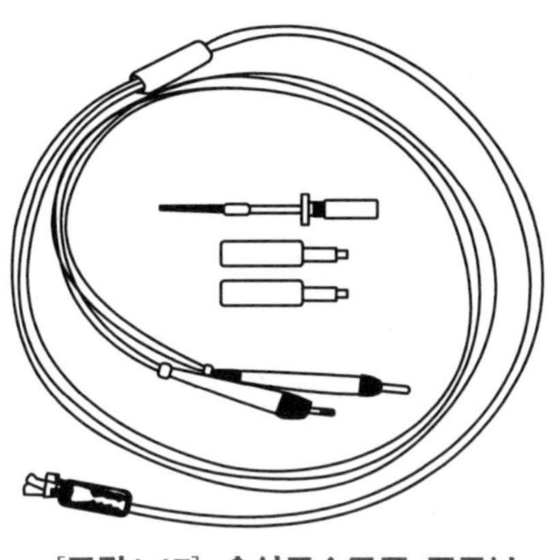

[그림6-67] 오실로스코프 프로브

### 2) 트리거 픽업을 연결한다

점화 1차 파형에서 엔진 회전속도(rpm) 및 실린더 별 기준신호를 잡기 위하여 트리거 픽업을 제1번 실린더 고압케이블에 연결한다.

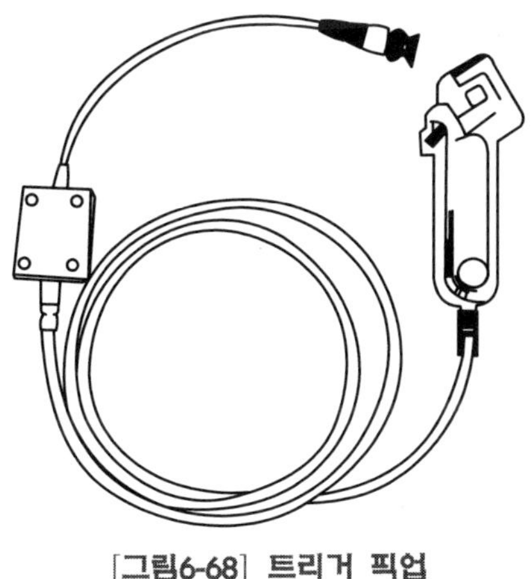

[그림6-68] 트리거 픽업

### 3) 환경설정 버튼을 클릭하여 환경을 설정한다

환경 설정 아이콘 을 선택(클릭)하면 사용자가 파형을 가장 분석하기 좋은 적절한 크기로 시간 축(X축)과 전압 축(Y축)을 조절할 수 있도록 그림 6-69와 같은 환경설정 창이 나타나며, 기능은 다음과 같다.

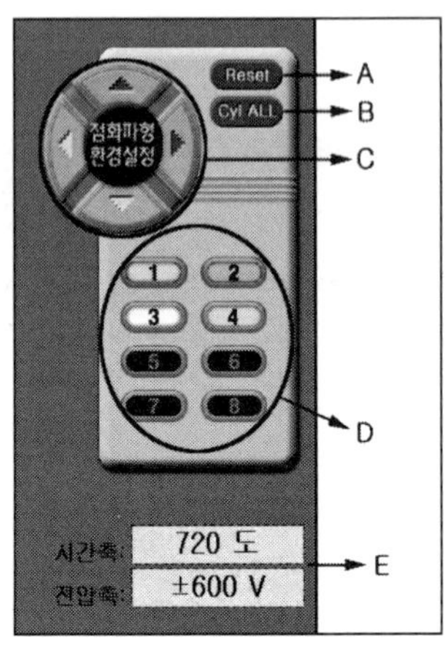


[그림6-69] 환경설정 창

① A와 B는 트렌드(Trend) 화면에서만 활성화되며, A는 트렌드를 재시작(Refresh) 하는 아이콘이고, B는 트렌드 창에서 전체 실린더를 선택하는 아이콘이다.

② D는 실린더 수만큼 컬러로 활성화되며, 트렌드 화면에서는 해당 실린더의 번호를 클릭할 때마다 그 실린더의 파형이 없어진다. 개별 실린더를 선택했을 때는 선택한 실린더만 컬러로 활성화가 되며, 실린더 선택 아이콘으로도 사용 가능하다.

③ 환경설정을 해제하고 싶으면 환경설정 아이콘을 다시 한 번 클릭한다.

**참고_ 파형 별 시간 축 범위**

① 직렬 : 5ms, 10ms, 50ms, 150ms, 720°

② 병렬 : 5ms, 10ms, 20ms, 100%

③ 3차원 : 5ms, 10ms, 20ms, 100%

④ 트렌드 : 5ms, 10ms, 20ms, 100%

⑤ 개별 : 5ms, 10ms, 20ms, 100%

⑥ 파형 별 전압 축 범위 : 직렬, 병렬, 3차원, 트렌드, 개별 모드 : MAX 600V

### 4) 기관을 가동시킨다

### 5) 점화 1차 직렬 파형

점화 1차의 구성 아이콘은 그림 6-70과 같다.

[그림6-70] 점화 1차의 구성 아이콘

① 직렬 파형 아이콘인 을 선택(클릭)하면 그림 6-71과 같은 직렬 파형이 표출된다.

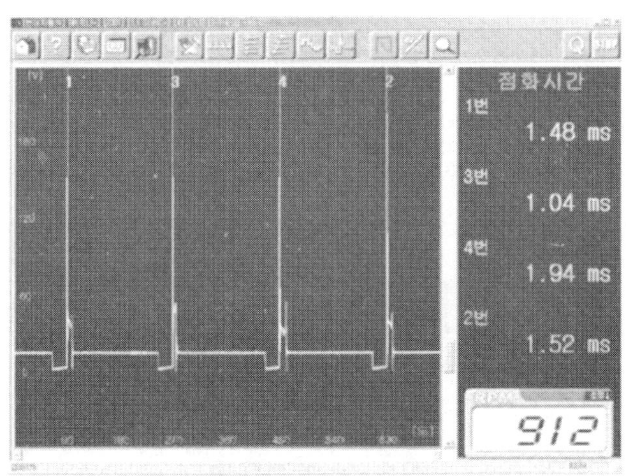


[그림6-71] 점화 1차 직렬 파형

② 직렬 파형은 주로 실린더 사이의 피크 전압의 편차를 비교할 때 편리하며, 피크 전압의 최고 높이가 화면 상단 이상으로 넘어갔으면 환경설정에서 전압축의 수준을 조정하고 분석한다.

③ 직렬 파형에서 피크전압을 상대 비교하던 중 특정한 부위의 모양이 이상하면 확대(Zoom)아이콘인 을 클릭한 후 원하는 부위에 왼쪽 마우스를 클릭하면 그림 6-72와 같은 화면이 출력된다.

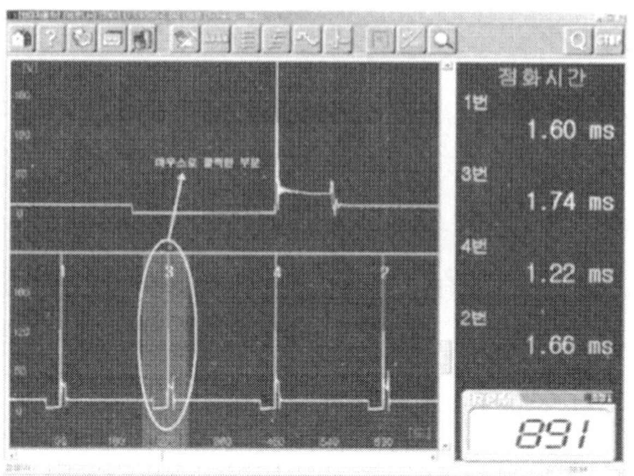


[그림6-72] 점화 1차 부분 확대

④ 확대한 부위를 비교하면서 직렬 파형을 분석한다. 부분 확대의 기능은 직렬 파형에서만 지원한다.

⑤ 특성 값 아이콘 을 클릭할 때마다 측정 데이터 창의 항목이 바뀌면서 출력되는데, 점화시간 → 점화전압 → 피크전압 → 트랜지스터 off 전압 → 드웰 시간의 순서로 항목이 변한다.

### 6) 점화 1차 병렬 파형

① 병렬 파형 아이콘인 을 클릭하면 그림 6-73과 같은 화면이 표출된다.

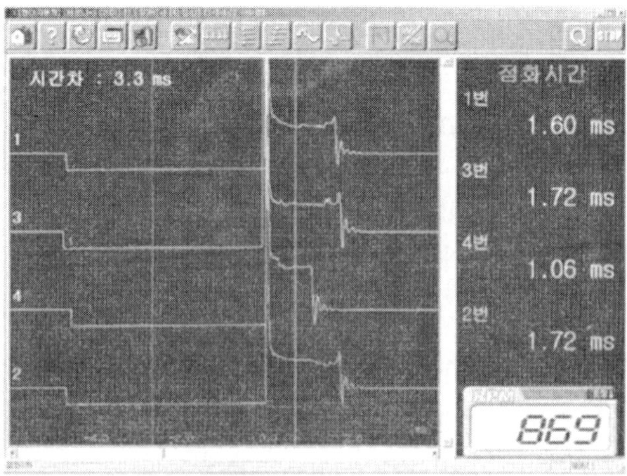


[그림6-73] 점화 1차 병렬 파형

② 병렬 파형은 드웰 시간 및 점화시간을 실린더 별로 비교 분석할 때 주로 사용한다. 시간차이를 비교 분석하기 쉽도록 투 커서 A, B를 제공해 주며, 왼쪽 마우스와 오른쪽 마우스로 커서의 위치를 이동시켜 화면에 나타나는 시간을 판독한다. 환경설정에서 시간 및 전압의 수준을 변경하여 볼 수 있다.

③ 직렬 파형에서와 동일하게 특성 값 버튼인 을 클릭하여 데이터 창의 항목을 바꾸면서 분석한다.

④ 항목 변경순서는 점화시간 → 점화전압 → 피크전압 → 트랜지스터 off 전압 → 드웰 시간이다.

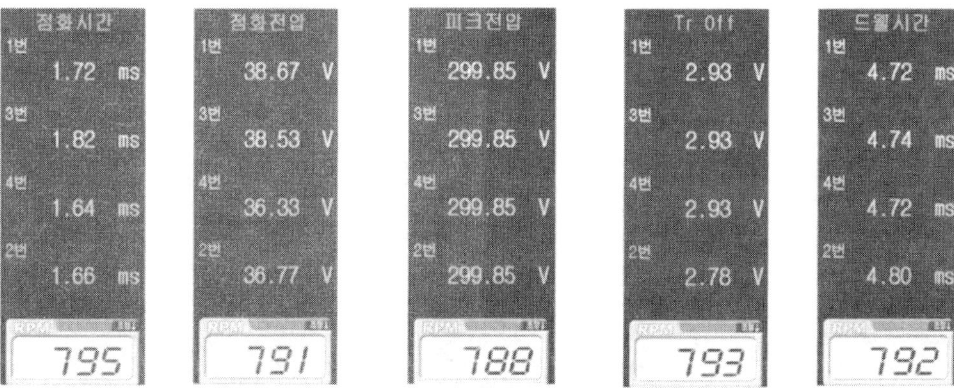


[그림6-74] 특성 값 변경 순서

### 7) 점화 1차 3차원 파형

① 점화 1차를 선택했을 때 처음 표출되는 항목이 3차원 모드이다.

② 직렬 파형과 병렬 파형을 조합하여 3차원 입체적으로 보여주기 때문에 실린더별 피크전압 및 점화시간의 비교를 동시에 하기에 편리하다.

③ 3차원 아이콘 을 클릭하면 3차원 파형이 그림 6-75와 같이 표출된다.

④ 환경설정 아이콘을 이용하여 분석하기 좋은 파형으로 조정 할 수 있다.

⑤ 직렬 및 병렬 파형에서와 마찬가지로 특성 값 아이콘 을 선택(클릭)하여 측정 데이터 창의 항목을 변경하여 보면서 분석할 수 있다.

⑥ 점화특성 버튼을 클릭할 때마다 바뀌는 항목 순서는 직렬 및 병렬과 마찬가지로 점화시간→점화전압→피크전압→트랜지스터 off 전압→드웰 시간이다.

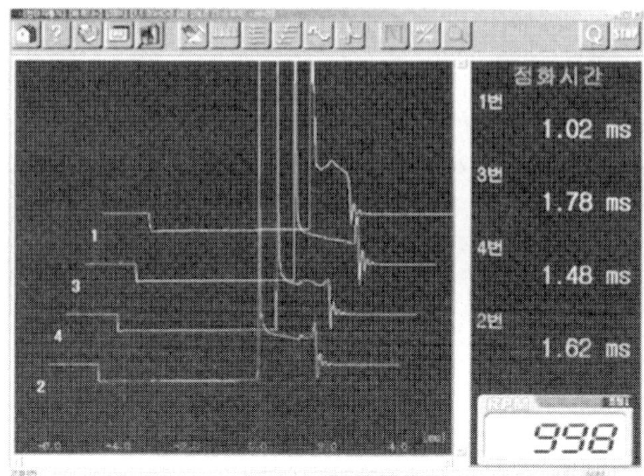


[그림6-75] 점화 1차 3차원 파형

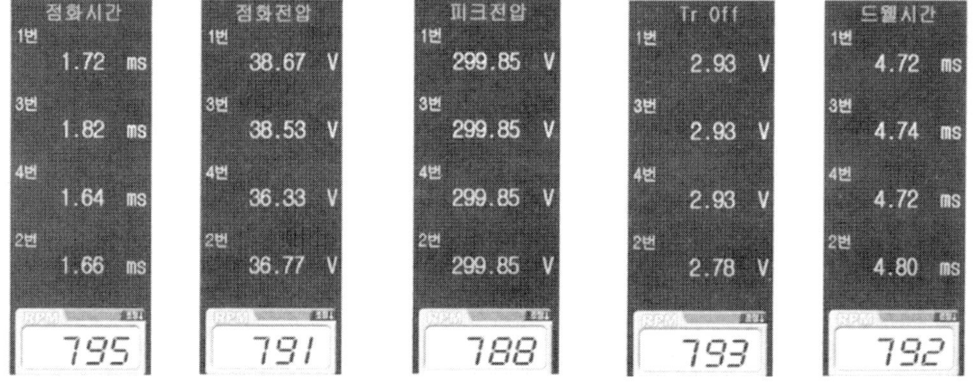


[그림6-76] 특성 값 변경 순서

## 8) 점화 1차 개별 파형

① 개별 파형 모드로 전환하려면 개별 파형 아이콘 을 클릭하면, 그림 6-77과 같은 화면이 출력된다.

② 점화 1차 파형을 실린더별로 하나씩 개별적으로 분석할 때는 실린더 선택아이콘 을 한 번씩 클릭하면 점화순서(1-3-4-2, 1-2-3-4-5-6, 1-5-3-6-2-4 등)에 의거하여 개별적으로 표출된다.

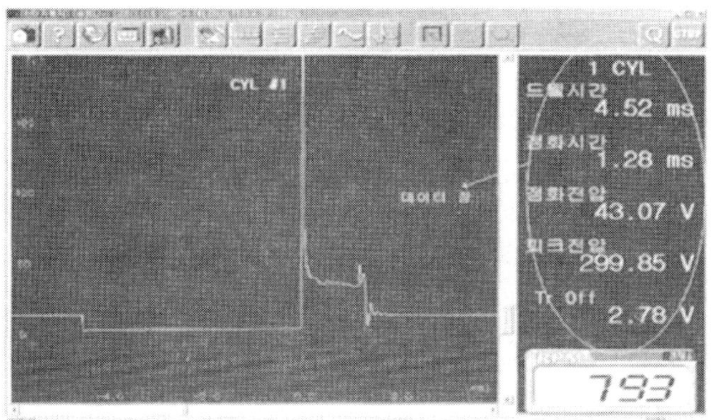


[그림6-77] 1번 실린더 개별 파형

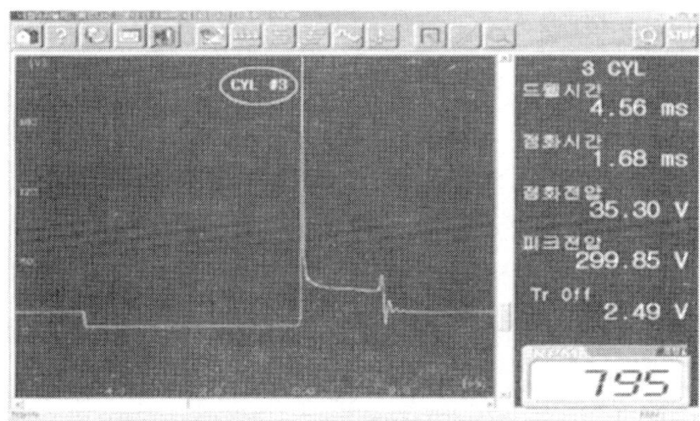


[그림6-78] 3번 실린더 개별 파형

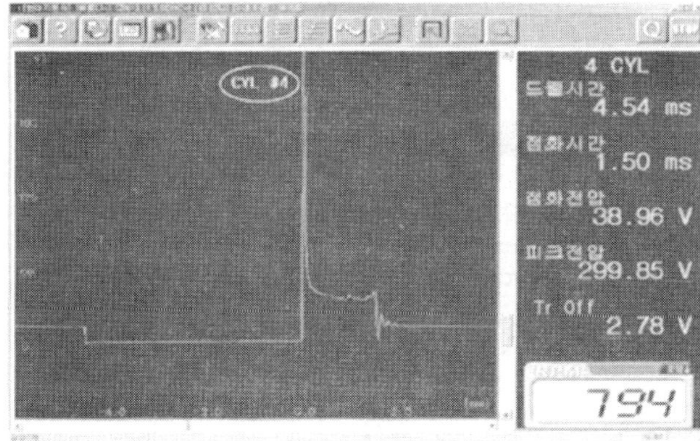


[그림6-79] 4번 실린더 개별 파형

## 6.10.3 점화 2차 파형 점검방법

### 【1】 하이 스캔 프로를 사용할 때

A와 B 2채널을 동시에 사용할 수 있으면 측정 프로브를 점화코일 (-)단자에 연결하고 접지선은 차체에 연결한 후 다음 순서로 측정한다.

① 기능선택에서 "차량 스코프미터 기능"을 선택한 후 ENTER를 누른다.

② 차량 스코프미터 기능에서 "엔진 자동 스코프"를 선택한 후 ENTER를 누른다.

③ 엔진 자동 스코프에서 "점화"를 선택한 후 ENTER를 누른다.

④ 점화에서 점화 2차를 선택한 후 ENTER를 누른다.

### 【2】 Hi-DS를 사용할 때

점화 2차 파형은 점화 2차 전용 프로브를 이용한다. 점화 프로브는 적색 3개와 흑색 3개로 구성되어 있다.

#### 1) 점화 프로브 연결방법

① 배전기 방식 엔진의 경우

적색 프로브 3개 중 임의의 한 개를 점화코일과 배전기 사이 고압케이블을 연결한다. 실린더 수에 관계없이 모두 측정 가능하다.

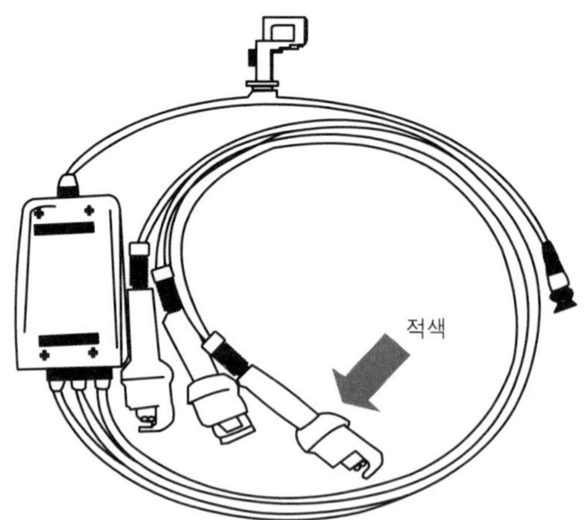


[그림6-80] 점화 2차 프로브-(적색)

② 1코일 2실린더 방식(DLI) 엔진의 경우

정극성 고압케이블에 적색 프로브를 연결하고 역극성 고압케이블에 흑색 프로브를 연결한다. 총 6실린더까지 측정이 가능하다.

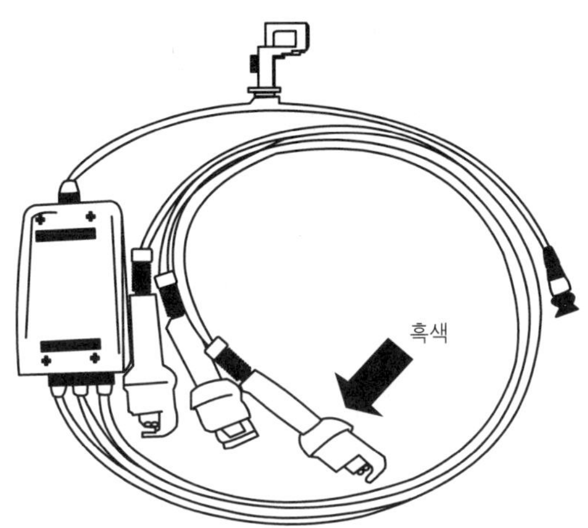


[그림6-81] 점화 2차 프로브-(흑색)

③ DIS(Direct Ignition System)방식 엔진의 경우

점화 2차 프로브를 연결할 고압케이블이 외부에 없기 때문에 측정이 곤란하다.

**참고**

점화 2차 모드에서 적색 프로브를 고압케이블에 설치하여 파형이 정상이면 정극성이고 거꾸로 뒤집혀 나오면 역극성이다.

### 2) 환경설정 버튼을 클릭하여 환경을 설정한다

환경설정 아이콘 을 선택(클릭)하면 사용자가 파형을 가장 분석하기 좋은 적절한 크기로 시간 축(X축)과 전압 축(Y축)을 조절할 수 있도록 그림 6-82와 같은 환경설정 창이 나타난다.

① A와 B는 트렌드(Trend) 화면에서만 활성화되며, A는 트렌드를 재시작(Refresh)하는 아이콘이고, B는 트렌드 창에서 전체 실린더를 선택하는 아이콘이다.

② D에는 실린더 수만큼 컬러로 활성화되며, 트렌드 화면에서는 해당 실린더의 번호를 클릭할 때마다 그 실린더의 파형이 없어진다. 개별 실린더를 선택했

을 때는 선택한 실린더만 컬러로 활성화가 되며 실린더 선택 아이콘으로도 사용 가능하다.

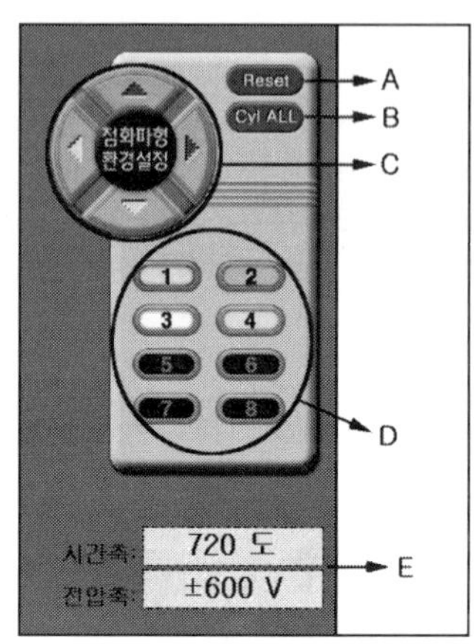


[그림6-82] 환경설정 창

③ 환경설정을 해제하고 싶으면 환경설정 아이콘을 다시 한 번 클릭한다.

**참고_파형 별 시간 축 범위**

① 직렬 : 5ms, 10ms, 50ms, 150ms, 720°
② 병렬 : 5ms, 10ms, 20ms, 100%
③ 3차원 : 5ms, 10ms, 20ms, 100%
④ 트렌드 : 5ms, 10ms, 20ms, 100%
⑤ 개별 : 5ms, 10ms, 20ms, 100%
⑥ 파형 별 전압 축 범위 : 직렬, 병렬, 3차원, 트렌드, 개별 모드 : MAX ± 50KV

### 3) 점화 2차 직렬 파형

점화 2차에서 표출되는 구성 아이콘은 아래와 같다.

[그림6-83] 점화 2차 구성 아이콘

① 직렬 파형 아이콘인 을 선택(클릭)하면 그림 6-84와 같은 직렬 파형이 표출된다.

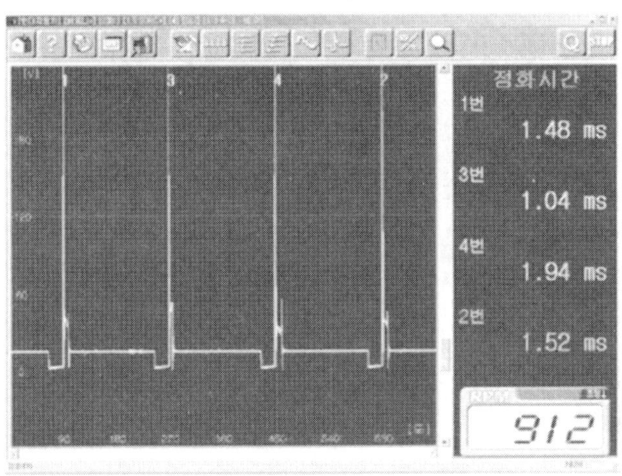


[그림6-84] 점화 2차 직렬 파형

② 직렬 파형은 주로 실린더 간 피크 전압의 편차를 비교할 때 편리하다. 피크 전압의 최고 높이가 화면 상단 이상으로 넘어갔으면 환경설정에서 전압축의 수준을 조정하고 분석한다.

③ 직렬 파형에서 피크전압을 상대 비교하던 중 특정한 부위의 모양이 이상하면 확대(Zoom) 아이콘인 을 클릭한 후 원하는 부위에 왼쪽 마우스를 클릭하면 그림 6-85와 같은 화면이 출력된다.

④ 확대한 부위를 비교하면서 직렬 파형을 분석한다. 부분 확대 기능은 직렬 파형에서만 지원한다.

⑤ 특성 값 아이콘 을 클릭할 때마다 측정 데이터 창의 항목이 바뀌면서 출력되는데, 점화전압 → 피크전압 → 트랜지스터 off 전압 → 드웰 시간의 순서로 항목이 변한다.

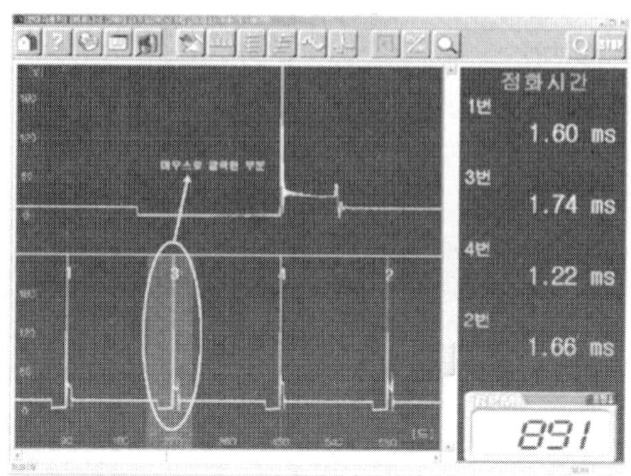


[그림6-85] 점화 2차 부분 확대

### 4) 점화 2차 병렬 파형

① 병렬 파형 아이콘인 [아이콘]을 클릭하면 그림 6-86과 같은 화면이 표출된다.

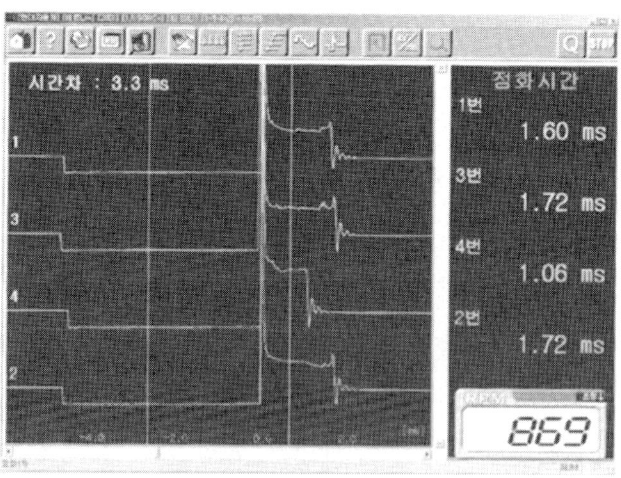


[그림6-86] 점화 2차 병렬 파형

② 병렬 파형은 드웰 시간 및 점화시간을 실린더 별로 비교 분석할 때 주로 사용한다. 시간차이를 비교 분석하기 쉽도록 투 커서 A, B를 제공해 주며, 왼쪽 마우스와 오른쪽 마우스로 커서의 위치를 이동시켜 화면에 나타나는 시간을 판독한다. 환경 설정에서 시간 및 전압의 수준을 변경하여 볼 수 있다.

③ 직렬 파형에서와 동일하게 특성 값 버튼인 을 클릭하여 데이터 창의 항목을 바꾸면서 분석한다.

④ 항목 변경 순서는 점화시간 → 점화전압 → 피크전압 → 트랜지스터 off 전압 → 드웰 시간이다.

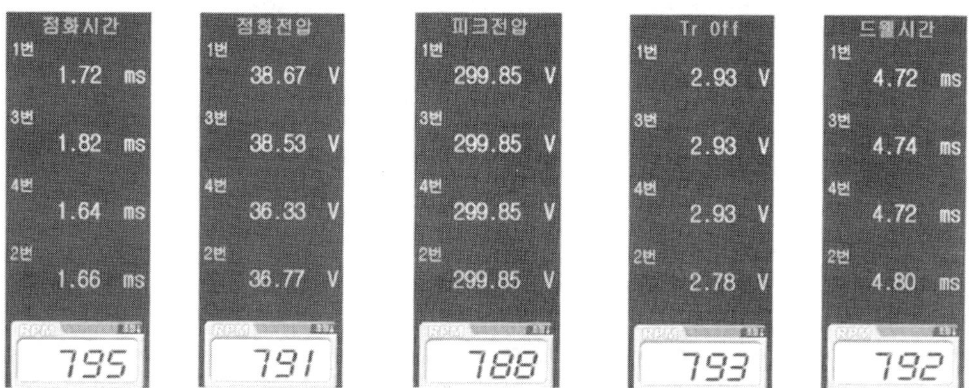


[그림6-87] 특성 값 변경순서

### 5) 점화 2차 3차원 파형

① 점화 2차를 선택했을 때 처음 표출되는 항목이 3차원 모드이다.

② 직렬 파형과 병렬 파형을 조합하여 3차원 입체적으로 보여주기 때문에 실린더별 피크 전압 및 점화시간의 비교를 동시에 하기에 편리하다.

③ 3차원 아이콘 을 클릭하면 3차원 파형이 그림 6-88과 같이 표출된다.

④ 환경설정 아이콘을 이용하여 분석하기 좋은 파형으로 조정할 수 있다.

⑤ 직렬 및 병렬 파형에서와 마찬가지로 특성 값 아이콘 을 선택(클릭)하여 측정 데이터 창의 항목을 변경하여 보면서 분석할 수 있다.

⑥ 점화특성 버튼을 클릭할 때마다 바뀌는 항목 순서는 직렬 및 병렬과 마찬가지로 점화시간 → 점화전압 → 피크전압 → 트랜지스터 off 전압 → 드웰 시간이다.

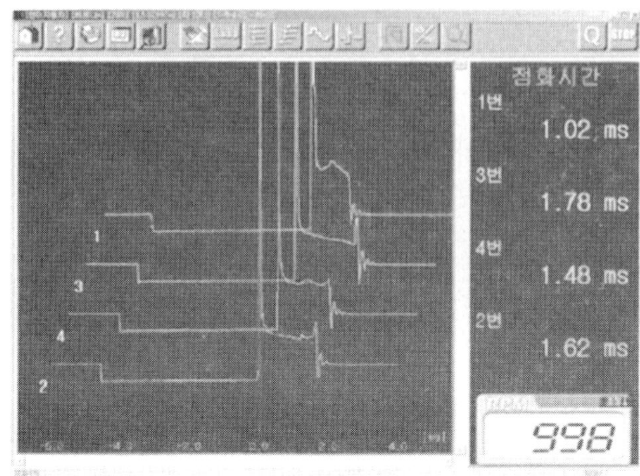


[그림6-88] 점화 2차 3차원 파형

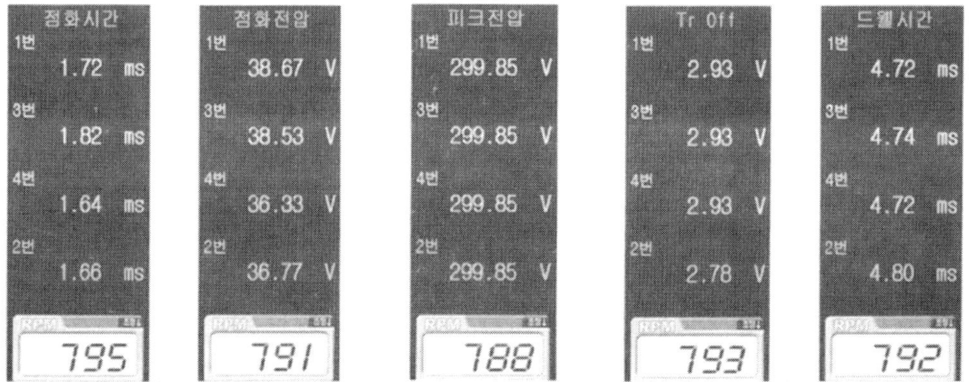


[그림6-89] 특성 값 변경순서

### 6) 점화 2차 개별 파형

① 개별 파형 모드로 전환하려면 개별 파형 아이콘 을 클릭하면 그림 6-90과 같은 화면이 출력된다.

② 점화 1차 파형을 실린더별로 하나씩 개별적으로 분석할 때는 실린더 선택아이콘 을 한번 씩 클릭하면 점화순서(1-3-4-2, 1-2-3-4-5-6, 1-5-3-6-2-4 등)에 의거하여 개별적으로 표출된다.

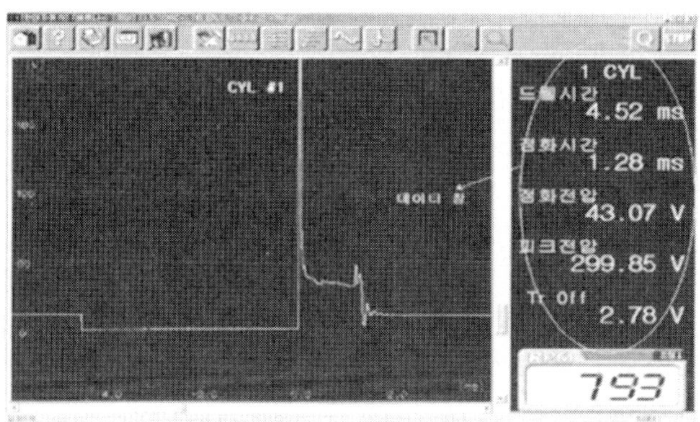


[그림6-90] 1번 실린더 개별 파형

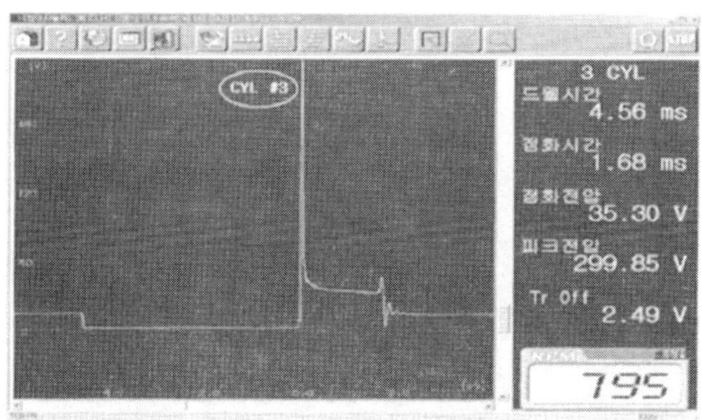


[그림6-91] 3번 실린더 개별 파형

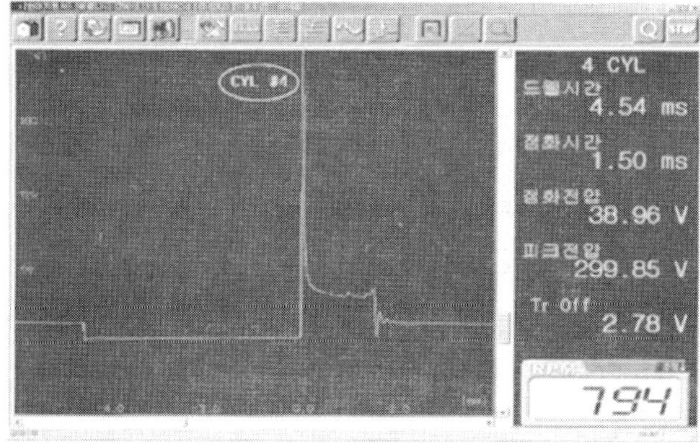


[그림6-92] 4번 실린더 개별 파형

### 7) 점화 2차 트렌드(Trend)

트렌드(trend)란 시간에 따라 변하는 데이터 값을 점으로 표시하여 연결한 결과를 나타내며 일종의 추세 또는 경향이라 할 수 있다.

트렌드 데이터의 상하 변화 폭은 멀티미터의 트렌드와 오실로스코프의 자동 모드처럼 Auto-range로 구성되어 있어서 데이터의 갑작스러운 변화에도 자동으로 레인지를 설정하여 준다.

점화 2차 트렌드에서 보여주는 데이터 값은 회전속도(rpm), 피크전압, 점화전압, 점화시간, TR off 전압, 드웰 시간 등 총 6가지다.

트렌드 아이콘 을 클릭하면 트렌드 화면으로 전환된다. 트렌드 아이콘 선택 직전의 출력 형태에 따라 트렌드 창에 나타나는 데이터 형태가 다르다.

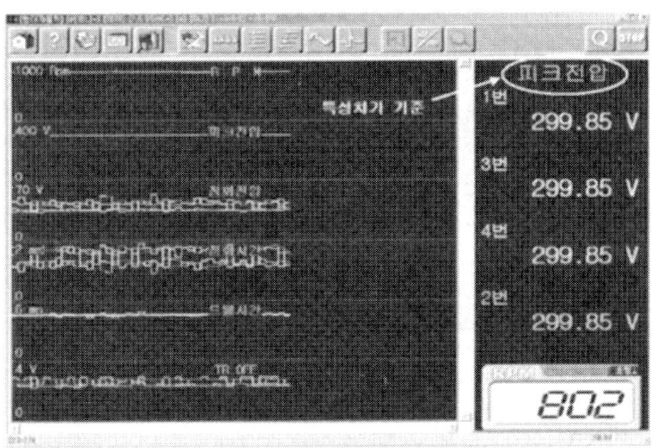


[그림6-93] **트렌드 모드**

① 직렬, 병렬, 3차원 모드 → 트렌드 모드(점화특성 기준)

특성 값 아이콘 을 클릭할 때마다 데이터 창에 나타나는 점화 특성 값의 변화가 그림 6-94처럼 점화시간 → 피크전압 → 점화전압 → 트랜지스터 off 전압 → 드웰 시간의 순서로 바뀐다.

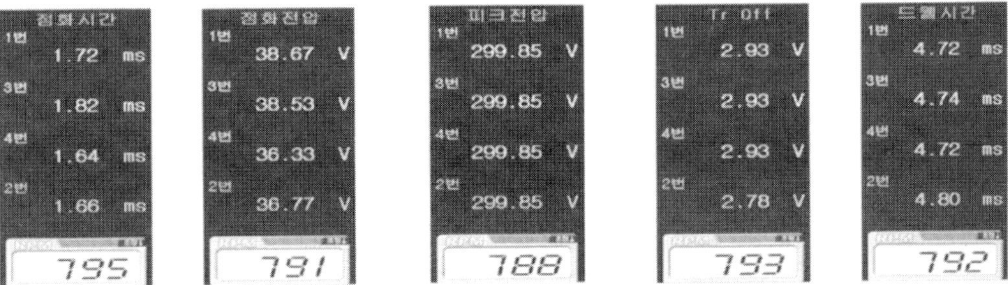


[그림6-94] 특성 값 변경

② 개별 모드 → 트렌드 모드(실린더 번호 기준)

㉮ 그림 6-95는 개별 모드에서 4번 실린더를 분석하다가 트렌드로 진입했을 때의 화면을 나타낸다. 실린더 3번 실린더의 점화 특성 값이 오른쪽 데이터 창에 나타나게 하려면 개별 파형 모드로 진입 후 3번 실린더를 선택한 다음 트렌드로 다시 진입해야 한다.

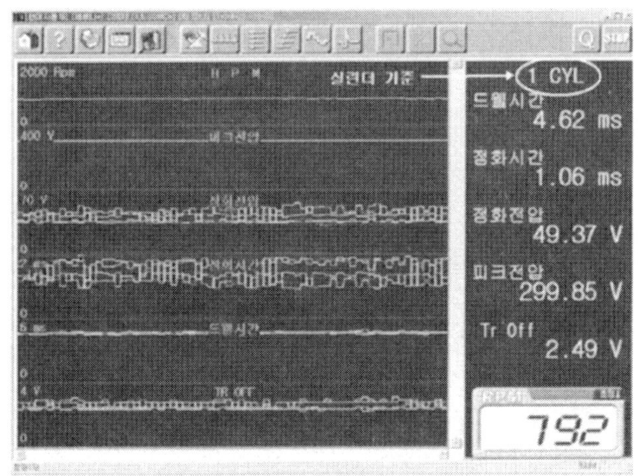


[그림6-95] 트렌드 진입

㉯ 트렌드 창에 나타나는 점화 특성 값(회전속도, 피크전압, 점화전압, 점화시간, 드웰 각도)들은 시간에 따라 동일한 경향을 가지고 변해야 하며, 어느 한 실린더의 데이터가 다르게 움직이면 해당 실린더 점화 1차 라인에 문제가 있는 것이다. 이러한 경우 실린더 별로 겹쳐서 나오기 때문에 몇 번 실린더가 불량인지 알기 힘들다. 따라서 이러한 경우 환경설정 버튼을 클릭

한 후 해당 실린더를 한 번 클릭하면 그 실린더의 트렌드 데이터가 없어지고 다시 클릭하면 나타난다.

### 8) 데이터 분석 및 저장

① 데이터 분석

㉮ 데이터는 실시간으로 분석할 수도 있지만 저장하여 놓고 지나간 데이터를 분석할 수도 있다.

㉯ 정지아이콘 STOP 을 선택, 화면을 정지시킨다.

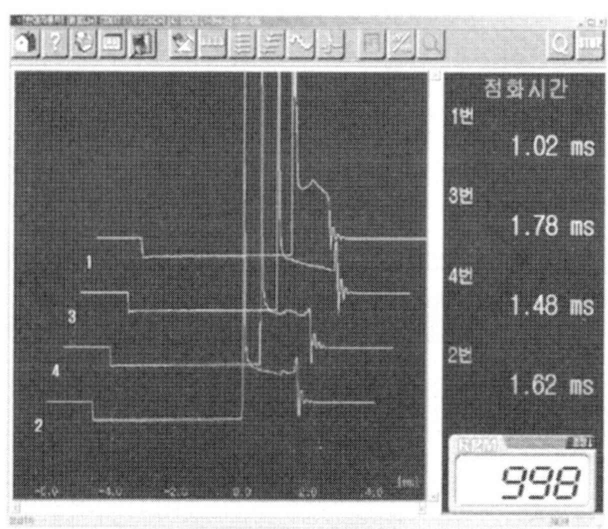


[그림6-96] Running 상태

㉰ 재생 아이콘 을 이용하여 아무 곳이나 클릭한다.

㉱ 재생 아이콘과 투 커서를 이용하여 데이터 창의 수치 및 파형의 모양을 보면서 분석한다.

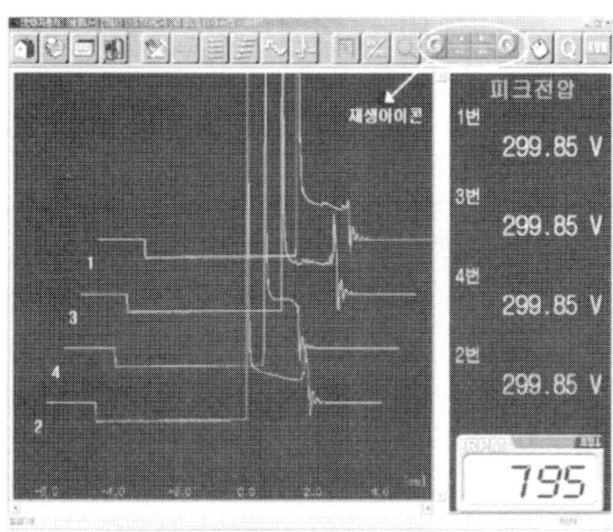


[그림6-97] Stop 상태

㉮ STOP을 선택한 상태에서는 환경설정의 시간 축 및 전압축의 수준을 변경할 수 없으며, STOP을 클릭하기 전에 세팅되어 있던 환경설정 기준으로 재생된다.

㉯ 저장 화면에서 시간 축 조정은 안 되며, 전압 축 수준조정은 가능하다.

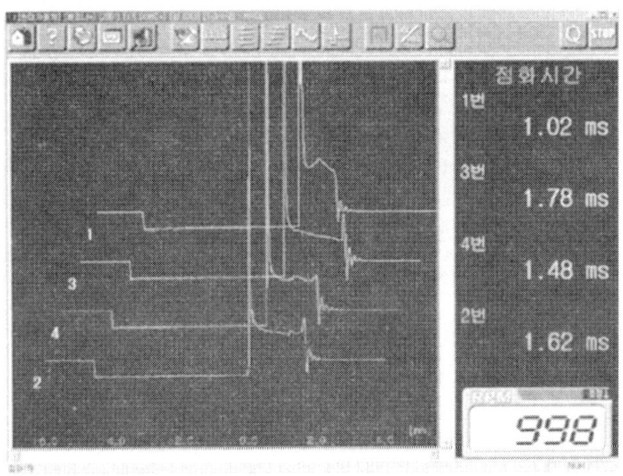


[그림6-98] 3차원 파형

㉰ 점화 2차와 동일하게 점화 1차에서도 STOP 아이콘을 이용하여 화면을 정

지시켰을 경우, 엔진 1,000사이클 분량의 데이터가 직렬 파형 모드를 제외한 각 모드별로 동시에 저장되기 때문에, 분석의 동기성을 제공해 준다.

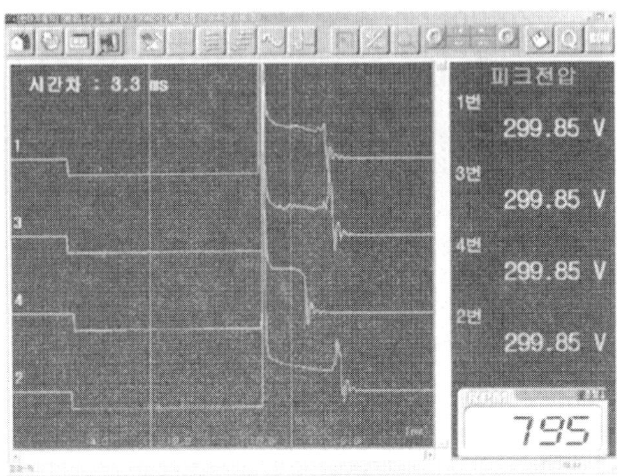


[그림6-99] 병렬 파형

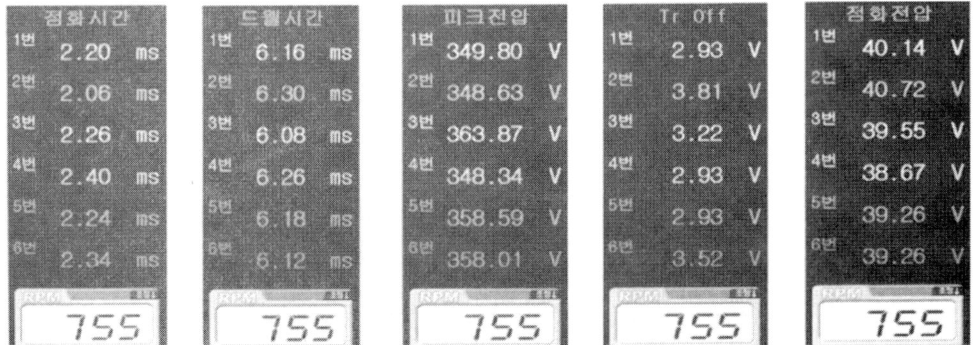


[그림6-100] 3차원 및 병렬 파형 분석

1. 시동된 기관에서 점화회로를 확인하고 점화코일의 1, 2차 서지전압을 측정하여 기록표에 기록하시오.

**점화코일 점검**
자동차 번호 :

| 비번호<br>(등번호) | | 감독위원<br>확　인 | |
|---|---|---|---|

| 측정항목 | ① 점검(또는 측정) | | ② 판정 및 정비(또는 조치)사항 | | 득　점 |
|---|---|---|---|---|---|
| | 측 정 값 | 규정(정비한계)값 | 판　정 | 정비 및 조치할 사항 | |
| 점화코일<br>서지 전압 | 1차 :<br>2차 : | 1차 :<br>2차 : | 양호　불량 | | |

▶ **기록표 작성방법**

① 측정값 : 수검자가 측정한 값을 단위와 함께 기록한다.(예 : 1차 전압 350V, 2차 전압 15kV)

② 규정(정비한계)값 : 측정용 차량의 제원에 맞는 규정 값을 단위와 함께 기록한다.(예 : 1차 전압 300~400V, 2차 전압 7~15kV)

③ 판정 : 측정한 값이 정비 한계 값 이내인 경우에는 "양호", 벗어난 경우에는 "불량"으로 기록한다.

④ 정비 및 조치할 사항 : 양호로 판정한 경우에는 "사용가능", 불량으로 판정한 경우에는 정비 및 조치할 사항을 기록한다.(예 : 점화코일 교환)

2. 주어진 자동차의 점화코일에서 코일 2차 파형을 분석하여 그 결과를 기록표에 기록하시오.

**점화코일 파형 분석**
자동차 번호 :

| 비번호<br>(등번호) | | 감독위원<br>확　인 | |
|---|---|---|---|

| 측정항목 | ① 점검(또는 측정) | | ② 판정 및 정비(또는 조치)사항 | | 득　점 |
|---|---|---|---|---|---|
| | 파형(측정값) | 분석 내용 | 판　정 | 정비 및 조치할 사항 | |
| 점화 2차<br>출력 파형 | | | 양호　불량 | | |

※파형 상태를 가능한 프린트 출력하여 첨부하도록 한다.

3. 주어진 자동차의 점화회로를 점검하고 점화 2차 출력 파형을 분석하여 그 결과를 기록표에 기록하시오.

| 점화코일 파형 분석<br>자동차 번호 : | 비번호<br>(등번호) | | 감독위원<br>확　인 | |
|---|---|---|---|---|

| 측정항목 | ① 점검(또는 측정) | | ② 판정 및 정비(또는 조치)사항 | | 득　점 |
|---|---|---|---|---|---|
| | 파형(측정값) | 분석 내용 | 판　정 | 정비 및 조치할 사항 | |
| 점화 2차 출력 파형 | | | 양호　불량 | | |

4. 주어진 자동차의 DLIS(Distributor Less Ignition System)에서 2차 파형을 분석하여 그 결과를 기록표에 기록하시오.

| ★ 기관 4. 점화 코일(DIS) 파형 분석<br>자동차 번호 : | 비번호<br>(등번호) | | 감독위원<br>확　인 | |
|---|---|---|---|---|

| 측정항목 | ① 점검(또는 측정) | | ② 판정 및 정비(또는 조치)사항 | | 득　점 |
|---|---|---|---|---|---|
| | 파형(측정값) | 분석 내용 | 판　정 | 정비 및 조치할 사항 | |
| 점화 2차 출력 파형 | | | 양호　불량 | | |

▶기록표 작성방법

① 파형(측정값) : 수검자가 측정한 파형을 프린트하여 부착하거나 모양을 그린다.

② 분석 내용 : 수검자가 측정한 파형을 분석하고 그 내용을 기록한다.

③ 판정 : 측정한 파형이 정상 파형일 경우에는 “양호”, 벗어난 경우에는 “불량”으로 기록한다.

④ 정비 및 조치할 사항 : 양호로 판정한 경우에는 “사용가능”, 불량으로 판정한 경우에는 정비 및 조치할 사항을 기록한다.(예 : 점화코일 교환)

## 6.11 파워 밸런스 파형 측정 및 점검

Hi-DS를 다음과 같이 하여 파워 밸런스 파형을 측정한다.

① 축전지 입력 케이블을 축전지 [+]와 [-]단자에 연결한다.

② 멀티 프로브의 CH1의 [+]프로브는 CKP(Crank shaft Position Sensor) [+]신호선에, [-]프로브는 CKP [-]신호선에 연결한다.

③ CH2 [+]프로브는 CMP(Cam Position Sensor)신호선에, [-]프로브는 축전지 [-]단자에 연결한다.

④ 기관을 시동한 후 회전속도가 안정이 될 때까지 기다린다.

⑤ 검사시작 아이콘을 클릭한다.

⑥ 모든 실린더 각각의 회전 각속도의 평균값을 산출한 후 평균값의 20% 미만을 불량으로 판정한다.

주어진 자동차에서 파워 밸런스 파형을 분석하여 그 결과를 기록표에 기록하시오.

<table>
<tr><td colspan="3">실린더 파형 분석<br>자동차 번호 :</td><td>비번호<br>(등번호)</td><td></td><td>감독위원<br>확 인</td><td></td></tr>
<tr><td rowspan="2">측정항목</td><td colspan="2">① 점검(또는 측정)</td><td colspan="3">② 판정 및 정비(또는 조치)사항</td><td rowspan="2">득 점</td></tr>
<tr><td>파형(측정값)</td><td>분석 내용</td><td>판 정</td><td colspan="2">정비 및 조치할 사항</td></tr>
<tr><td>파워 밸런스</td><td></td><td></td><td>양호 불량</td><td colspan="2"></td><td></td></tr>
</table>

▶기록표 작성방법

① 파형(측정값) : 수검자가 측정한 파형을 프린트하여 부착하거나 모양을 그린다.

② 분석 내용 : 수검자가 측정한 파형을 분석하고 그 내용을 기록한다.

③ 판정 : 측정한 파형이 정상 파형일 경우에는 "양호", 벗어난 경우에는 "불량"으로 기록한다.

④ 정비 및 조치할 사항 : 양호로 판정한 경우에는 "사용가능", 불량으로 판정한 경우에는 정비 및 조치할 사항을 기록한다.(예 : 점화플러그 교환)

# 제 7 장 연료공급 계통 측정 및 점검

## 7.1 연료펌프 작동 점검방법

① 점화 스위치를 OFF로 한다.

② 축전지 전압을 직접 연료펌프 구동 커넥터에 연결하였을 때 작동하는 소리가 들리는지를 점검한다. 연료펌프가 탱크에 들어 있어 작동하는 소리를 듣기 어려우므로 연료탱크 캡을 열고 연료 주입구멍을 통해 듣도록 한다.

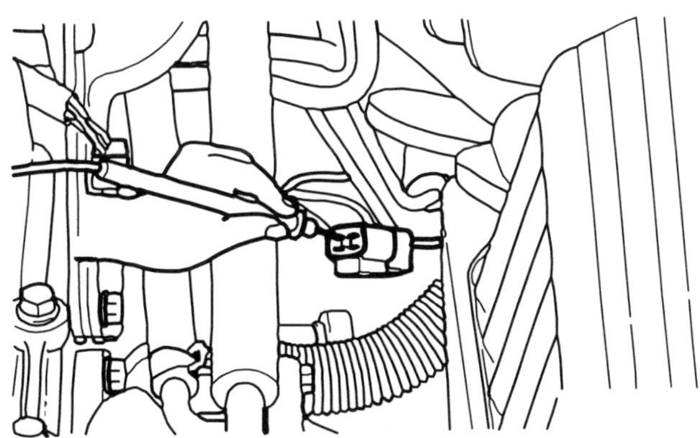

[그림7-1] 연료펌프 구동 커넥터에 축전지 전압 인가하기

③ 손으로 연료 고압호스를 잡고 연료압력이 느껴지는지를 점검한다.

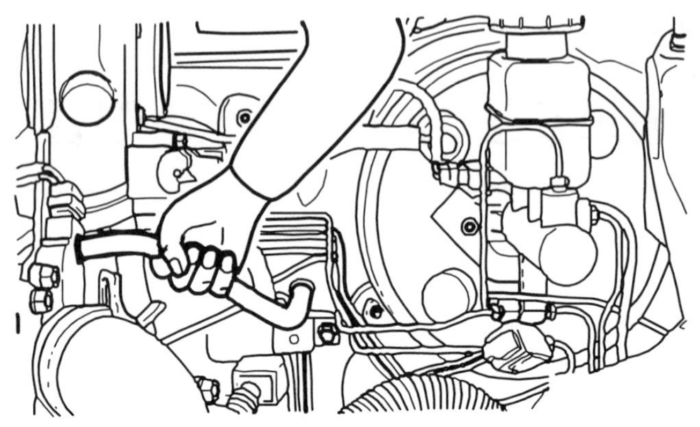

[그림7-2] 손으로 연료압력 점검하기

## 7.2 연료공급 압력 점검방법

① 다음 순서로 연료파이프와 호스의 내부 압력을 줄인다.

㉮ 연료펌프 커넥터를 분리한다.

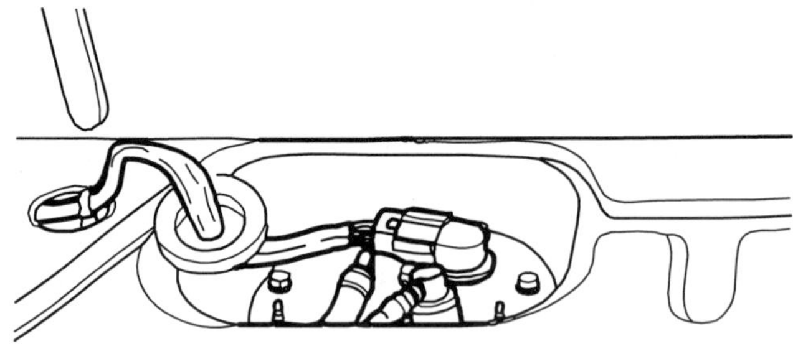

[그림7-3] 연료펌프 커넥터 위치

㉯ 기관을 가동시켜 스스로 정지하도록 한 후 점화스위치를 OFF로 한다.

㉰ 축전지 (-)단자의 케이블을 분리한다.

㉣ 연료펌프 커넥터를 연결한다.

② 연료라인에서 고압호스를 분리한다. 이때 연료라인 내의 잔류압력으로 인한 연료 분출을 방지하기 위해 헝겊으로 접속부분을 덮는다.

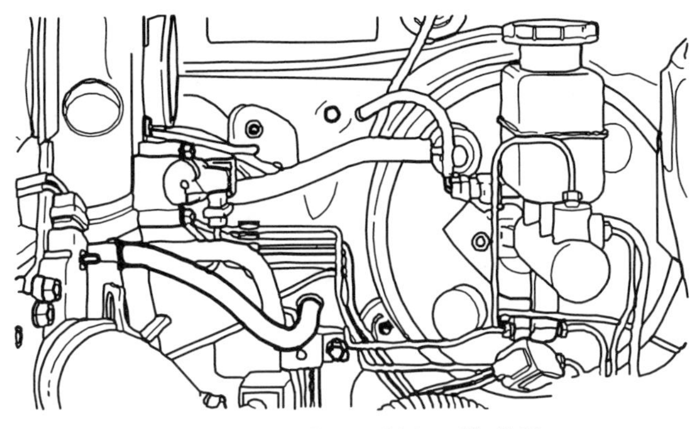

[그림7-4] 연료 고압호스의 위치

③ 연료압력계 어댑터를 이용하여 연료압력계를 연료호스에 설치한다.

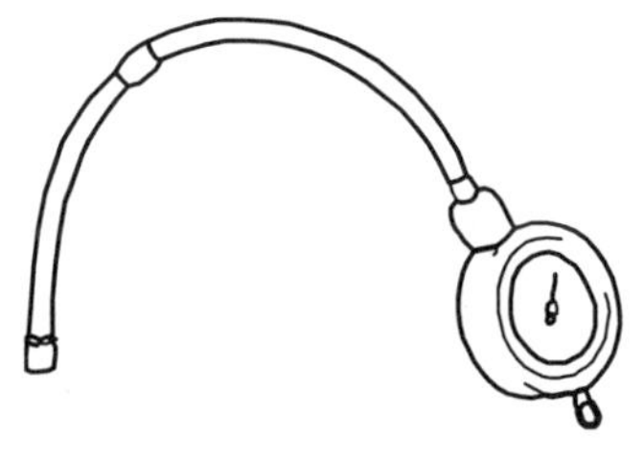

(a) 연료 압력계

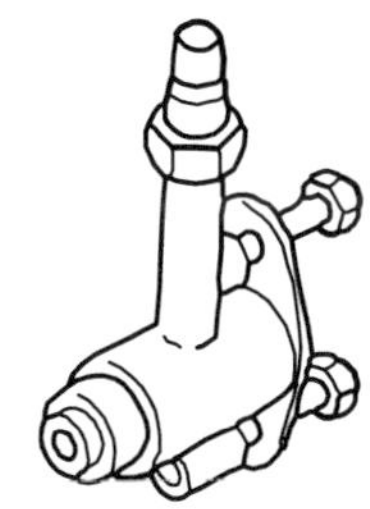

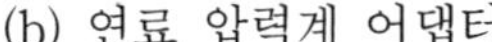

(b) 연료 압력계 어댑터

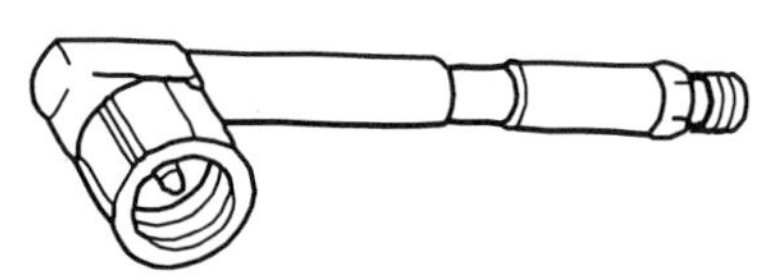

(c) 연료 압력계 커넥터

[그림7-5] 연료압력계와 어댑터 및 커넥터

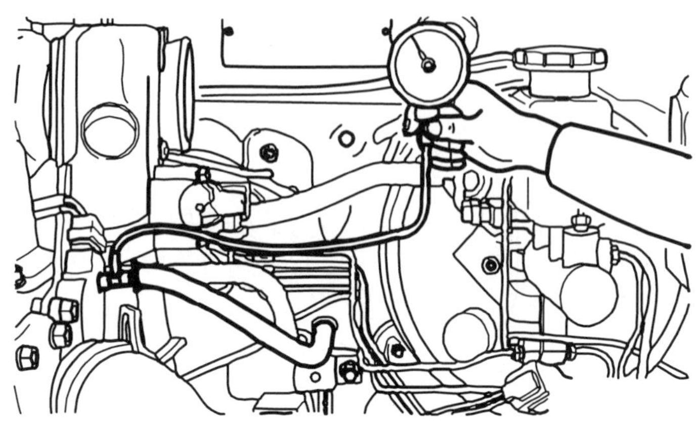

[그림7-6] 연료압력계 설치상태

④ 축전지 (-)단자에 케이블을 연결한다.

⑤ 축전지 전압을 연료펌프 구동단자에 연결하여 연료펌프를 작동시킨 후 연료압력계 및 연결부분에서 연료누출이 없는지를 점검한다.

⑥ 그림 7-7과 같이 진공호스를 연료압력 조절기에서 분리한 후 호스 끝을 손으로 막고 기관을 가동하여 공전상태에서 연료압력을 측정한다. 이때 규정 값은 3.26~3.47kgf/㎠이다.

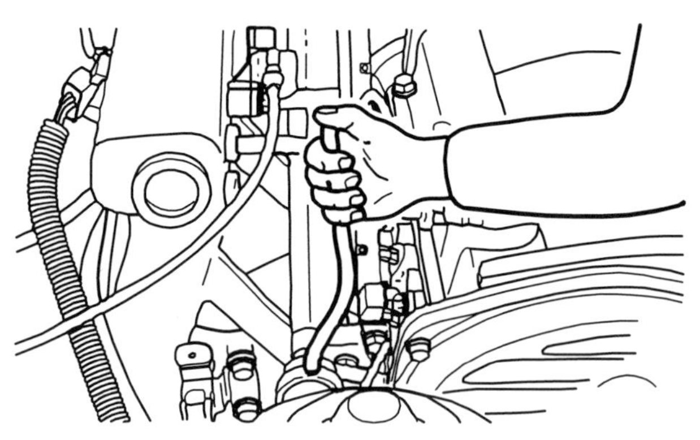

[그림7-7] 진공호스 분리 후 막기

⑦ 진공호스를 연료압력 조절기에 연결한 상태에서 연료압력을 측정한다. 이때 규정 값은 약 2.75kgf/㎠이다.

⑧ 이때 ⑥항과 ⑦항에서 측정된 결과가 규정 값 범위 내에 있지 않으면 다음 표에서 원인을 결정하여 필요한 수리를 한다.

| 상태 | 가능한 원인 | 정비 작업 |
|---|---|---|
| 연료압력이 너무 낮다. | 연료여과기가 막혔다. | 연료여과기를 교환한다. |
| | 연료압력 조절기에 있는 밸브의 밀착이 불량하여 리턴구멍으로 연료가 누출된다. | 연료압력 조절기를 교환한다. |
| | 연료펌프의 배출압력이 낮다. | 연료탱크 내 호스의 누출 점검 및 연료펌프를 교환한다. |
| 연료압력이 너무 높다. | 연료압력 조절기 내의 밸브가 고착되었다. | 연료압력 조절기를 교환한다. |
| | 연료 리턴호스 또는 파이프가 막혔거나 휘었다. | 연료호스 또는 파이프를 수리하거나 교환한다. |
| 진공호스를 연결했을 경우나 분리하였을 경우나 연료압력이 같다. | 진공호스 또는 니플이 막혔거나 거의 파손되었다. | 진공호스 또는 니플을 수리하거나 교환한다. |
| | 연료압력 조절기 내의 밸브가 고착되었거나 밸브의 밀착이 불량하다. | 연료압력 조절기를 교환한다. |

⑨ 기관의 가동을 정지하고 연료압력계의 바늘이 변화하는지를 점검한다. 이때 바늘이 약 5분 정도 떨어지지 않아야 한다. 만약 압력계의 바늘이 떨어지면 강하율을 점검한 후 아래 표에 따라 원인을 파악하여 수리한다.

| 상태 | 가능한 원인 | 정비작업 |
|---|---|---|
| 기관 가동이 정지된 후 연료압력이 천천히 떨어진다. | 인젝터에서 연료가 누출된다. | 인젝터를 교환한다. |
| 기관 가동을 정지한 후 연료압력이 급격히 떨어진다. | 연료펌프 내의 체크밸브가 열려있거나 연료압력 조절기가 불량하다. | 연료펌프 또는 연료압력 조절기를 교환한다. |

⑩ 연료라인에서 연료압력을 감소시킨다.

⑪ 연료 고압호스를 분리하고 연료압력계를 분리한다. 이때 호스 연결부분을 헝겊으로 덮어 연료파이프 내에 남아있는 잔압 때문에 연료가 뿌려지는 것을 방지한다.

⑫ 연료 고압호스를 연료라인에 연결하고 나사를 규정 토크(3~4kgf · m)로 조인다.

⑬ 아래와 같이 연료누출 여부를 점검한다.

㉮ 축전지 전압을 연료펌프 구동단자에 연결하여 연료펌프를 작동시킨다.(그림 7-1 참조)

㉯ 연료압력이 작용되는 상태에서 연료라인의 누출을 점검한다.

시동된 기관에서 연료 공급 시스템의 연료 압력을 측정하여 기록표에 기록하시오.

<table>
<tr><td>연료 시스템 점검<br>자동차 번호 :</td><td>비번호<br>(등번호)</td><td></td><td>감독위원<br>확 인</td><td></td></tr>
</table>

<table>
<tr><td rowspan="2">측정항목</td><td colspan="2">① 점검(또는 측정)</td><td colspan="2">② 판정 및 정비(또는 조치)사항</td><td rowspan="2">득 점</td></tr>
<tr><td>측 정 값</td><td>규정(정비한계)값</td><td>판 정</td><td>정비 및 조치할 사항</td></tr>
<tr><td>연료 압력</td><td></td><td></td><td>양호 불량</td><td></td><td></td></tr>
</table>

**▶기록표 작성방법**

① 측정값 : 수검자가 측정한 값을 단위와 함께 기록한다.(예 : 0.8kgf/㎠)

② 규정(정비한계)값 : 측정용 차량의 제원에 맞는 규정 값을 단위와 함께 기록한다.(예 : 진공호스 분리상태에서 2.75kgf/㎠)

③ 판정 : 측정한 값이 정비 한계 값 이내인 경우에는 "양호", 벗어난 경우에는 "불량"으로 기록한다.

④ 정비 및 조치할 사항 : 양호로 판정한 경우에는 "사용가능", 불량으로 판정한 경우에는 정비 및 조치할 사항을 기록한다.(예 : 연료압력 조절기 교환).

## 7.3 연료펌프 모터 소모전류 측정방법

연료 펌프의 소모전류가 많으면 연료라인이 막히거나, 부하가 많이 걸리게 되고, 소모전류가 적으면 연료압력 조절기가 고장이거나 연료부족의 고장원인이 된다.

① 연료펌프 구동단자와 축전지 (+)단자 사이에 전류계를 직렬로 연결하거나 클램프형 전류계를 연료펌프로 가는 라인에 연결하여 전류를 측정할 준비를 한다.(클램프형 전류계를 연결한 경우에는 될 수 있는 한 연료펌프 가까이 연결한다.)

② 연료펌프 구동단자에 축전지 (+)전원을 연결하고 전류계의 눈금을 확인한다.

③ 연료의 맥동 현상으로 인해 측정 전류가 일정하게 흐르지 않고 오르내리므로 높은 전류 값을 측정한다.(일반적으로 3 ~ 5A 정도 나온다)

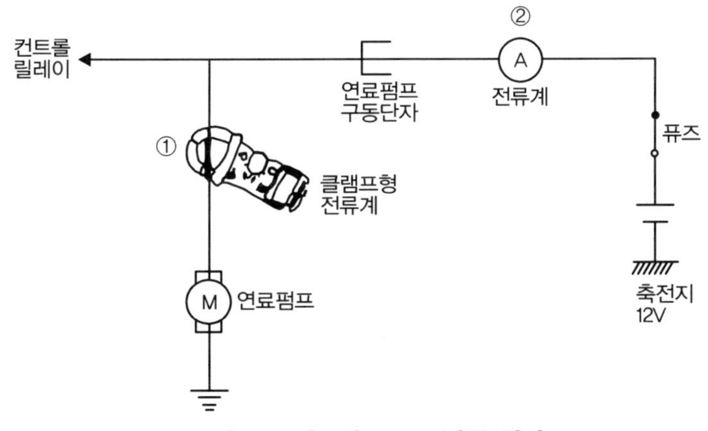


[그림7-8] 연료펌프 소모전류 점검

# MEMO

제 8 장

# 배출가스 제어장치 점검

## 8.1 퍼지 컨트롤 솔레노이드 밸브(PCSV) 점검

### 8.1.1 퍼지 컨트롤 솔레노이드 밸브의 기능

퍼지 컨트롤 솔레노이드 밸브는 ECU의 제어신호에 의해 캐니스터에 저장되어 있는 연료증발 가스를 서지 탱크에 유입시키거나 차단하는 역할을 하며, 기관이 공전할 때 및 냉각수 온도가 65℃ 이하에서는 작동하지 않는다.

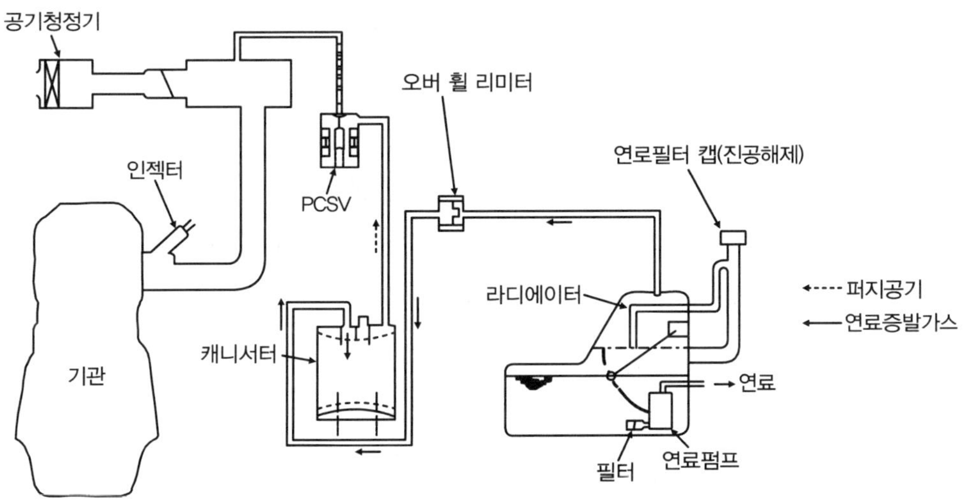


[그림8-1] 연료증발 가스 제어장치의 구성부품

### 8.1.2 퍼지 컨트롤 솔레노이드 밸브 점검방법

① 진공호스를 분리시킬 때 식별 표시를 해두어 원래 위치에 설치하기 쉽도록 한다.

② 솔레노이드 밸브에서 진공호스(흑색 바탕에 적색선)를 분리한다.

③ 하니스 커넥터를 분리한다.

④ 핸드 진공펌프를 진공호스가 연결되었던 니플에 연결한다.

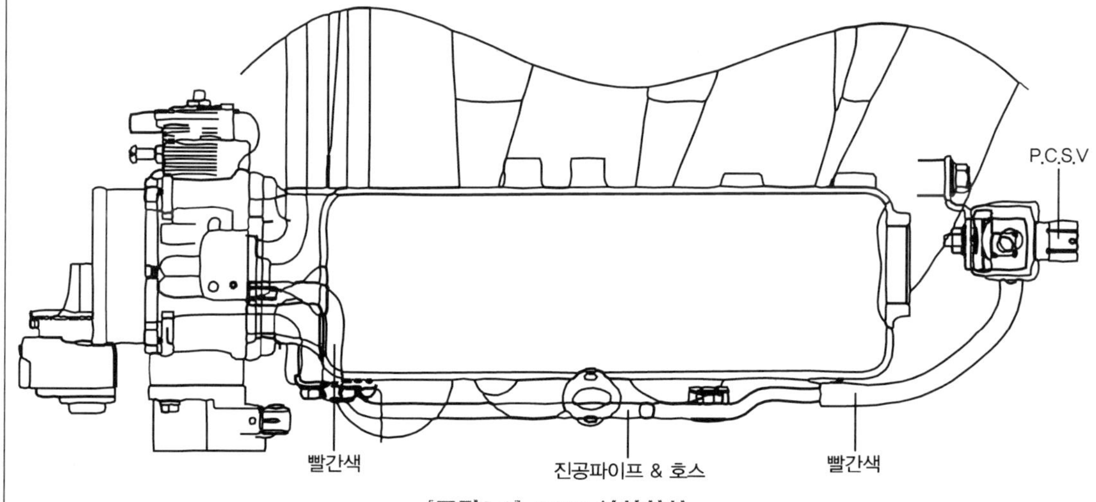


[그림8-2] PCSV 설치위치

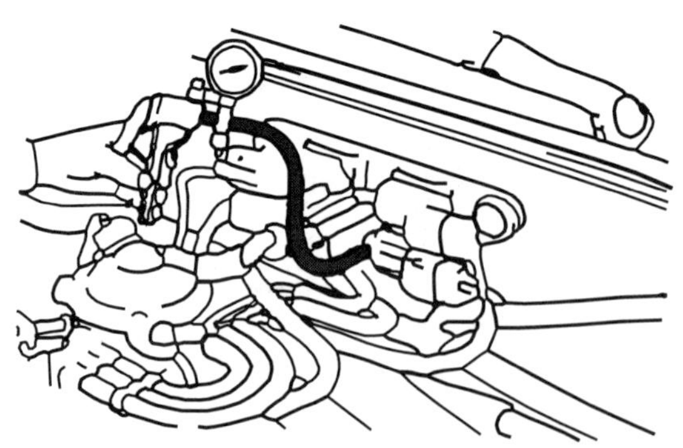

[그림8-3] PCSV에 핸드 진공펌프 연결하기

⑤ 진공을 가한 후 PCSV에 전압을 공급하였을 때와 공급하지 않았을 때를 점검한다. 이때 축전지 전압을 공급하였을 때 진공이 해제되어야 하고, 공급하지 않았을 때에는 진공이 유지되어야 정상이다.

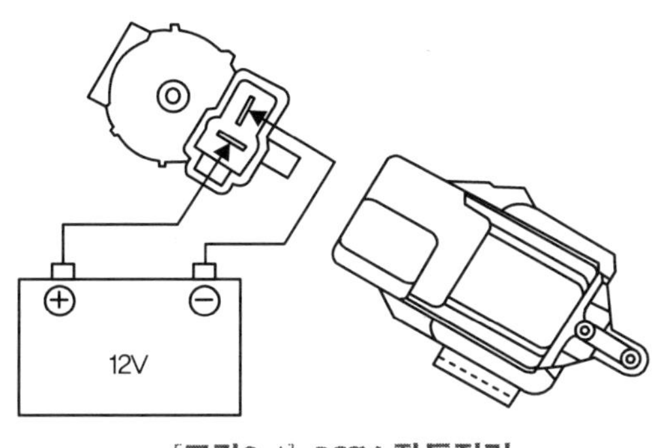


[그림8-4] PCSV 작동점검

⑥ PCSV 단자 사이의 저항을 측정한다. 이때 규정 값은 36~44Ω(20℃에서)이다.

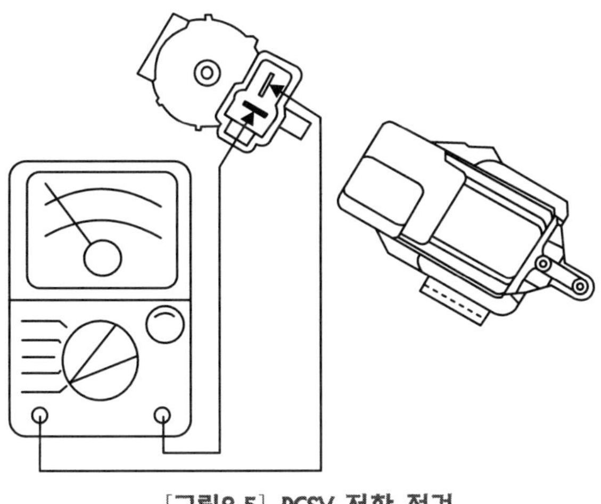

[그림8-5] PCSV 저항 점검

자동차 기관에서 증발가스 제어장치의 퍼지 컨트롤 솔레노이드 밸브를 점검하여 기록표에 기록하시오.

| 증발가스 제어장치 점검<br>자동차 번호 : | 비번호<br>(등번호) | | 감독위원<br>확 인 | |
|---|---|---|---|---|

| 측정항목 | ① 점검(또는 측정) | | ② 판정 및 정비(또는 조치)사항 | | 득 점 |
|---|---|---|---|---|---|
| | 측 정 값 | 규정(정비한계)값 | 판 정 | 정비 및 조치할 사항 | |
| 퍼지 컨트롤<br>솔레노이드 밸브 | | | 양호 불량 | | |

▶기록표 작성방법

① 측정값 : 수검자가 측정한 값을 단위와 함께 기록한다.(예 : 40Ω)

② 규정(정비한계)값 : 측정용 차량의 제원에 맞는 규정 값을 단위와 함께 기록한다.(예 : 36~44Ω/20℃)

③ 판정 : 측정한 값이 정비 한계 값 이내인 경우에는 "양호", 벗어난 경우에는 "불량"으로 기록한다.

④ 정비 및 조치할 사항 : 양호로 판정한 경우에는 "사용가능", 불량으로 판정한 경우에는 정비 및 조치할 사항을 기록한다.(예 : 퍼지 컨트롤 솔레노이드 밸브 교환)

# 8.2 EGR 솔레노이드 밸브 점검

## 8.2.1 EGR 컨트롤 솔레노이드 밸브의 기능

EGR 컨트롤 솔레노이드 밸브는 ECU에 의해 제어된다. 기관 냉각수 온도가 낮거나 공전할 때에는 밸브가 닫혀 연소가스가 서지탱크에 유입되지 않다가 기관이 웜업(warm up)되어 정상 작동할 경우에는 밸브가 개방되어 연소가스의 일부가 서지탱크로 유입된다.

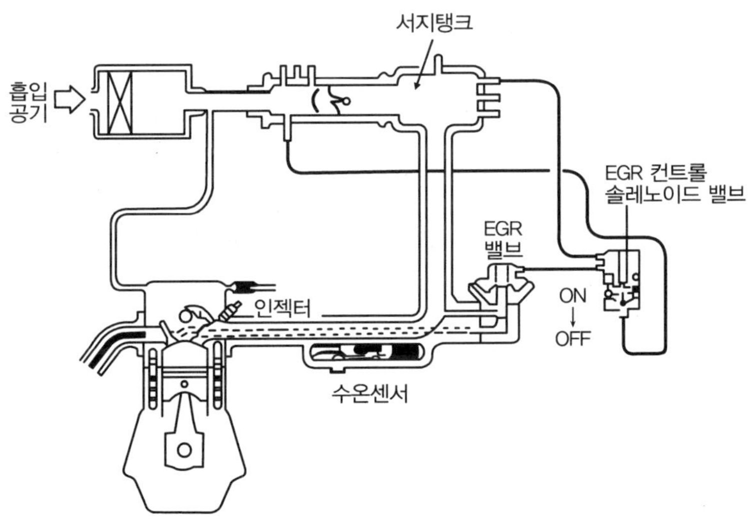


[그림8-6] EGR 컨트롤 솔레노이드 밸브 제어방식

## 8.2.2 EGR 컨트롤 솔레노이드 밸브 점검방법

① EGR 컨트롤 솔레노이드 밸브에서 진공호스(녹색)를 분리한다.

② 하니스 커넥터를 분리한다.

③ 진공 핸드펌프를 진공호스가 연결되었던 니플에 연결한다.

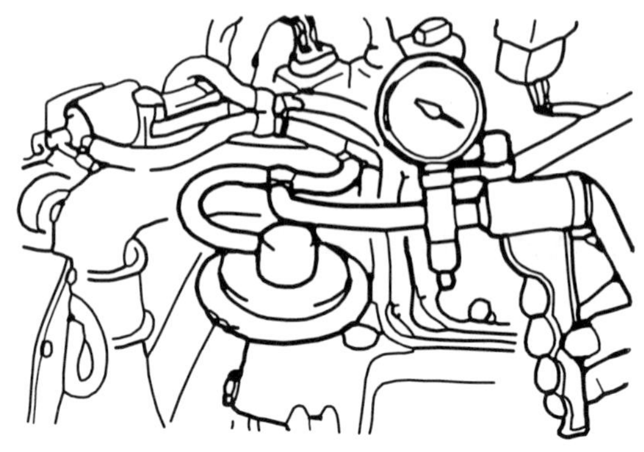

[그림8-7] 진공 핸드펌프 연결하기

④ 진공을 가하고 EGR 컨트롤 솔레노이드 밸브에 축전지 전압을 인가하였을 때와 인가하지 않았을 때를 점검한다.

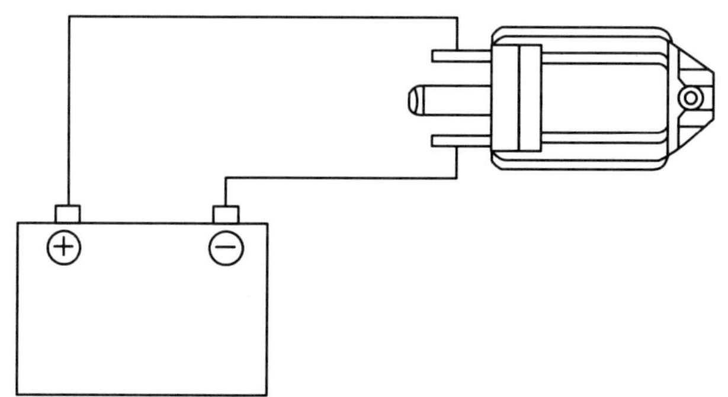

[그림8-8] 축전지 전압 인가하기

| 축전지 전압 | 정상 상태 |
|---|---|
| 인가했을 때 | 진공이 해제됨 |
| 인가하지 않았을 때 | 진공이 유지됨 |

⑤ EGR 컨트롤 솔레노이드 밸브 단자 사이의 저항을 측정한다.

| 항 목 | 규 정 값 |
|---|---|
| EGR 컨트롤 솔레노이드 밸브 코일저항 | 36~44Ω(20℃에서) |

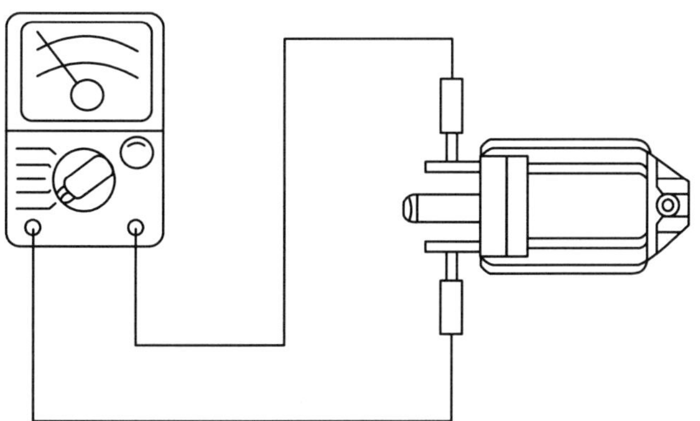

[그림8-9] EGR 컨트롤 솔레노이드 밸브 단자 저항 값 측정

자동차 기관에서 배기가스 제어장치의 EGR 솔레노이드 밸브를 점검하여 기록표에 기록하시오.

**배기가스 제어장치 점검**
자동차 번호 :

| 비번호<br>(등번호) | | 감독위원<br>확 인 | |
|---|---|---|---|

<table>
<tr><td rowspan="2">측정항목</td><td colspan="2">① 점검(또는 측정)</td><td colspan="2">② 판정 및 정비(또는 조치)사항</td><td rowspan="2">득 점</td></tr>
<tr><td>측 정 값</td><td>규정(정비한계)값</td><td>판 정</td><td>정비 및 조치할 사항</td></tr>
<tr><td>EGR 솔레노이드 밸브</td><td></td><td></td><td>양 호</td><td></td><td></td></tr>
</table>

▶기록표 작성방법

① 측정값 : 수검자가 측정한 값을 단위와 함께 기록한다.(예 : 40Ω)

② 규정(정비한계)값 : 측정용 차량의 제원에 맞는 규정 값을 단위와 함께 기록한다.(예 : 36~44Ω/20℃)

③ 판정 : 측정한 값이 정비 한계 값 이내인 경우에는 “양호”, 벗어난 경우에는 “불량”으로 기록한다.

④ 정비 및 조치할 사항 : 양호로 판정한 경우에는 “사용가능”, 불량으로 판정한 경우에는 정비 및 조치할 사항을 기록한다.(예 : EGR 솔레노이드 밸브 교환)

제 9 장

# 배기가스 농도 및 공기 과잉률

## 9.1 자동차에서 배출되는 가스

자동차에서 배출되는 가스에는 배기 파이프로부터의 배기가스, 크랭크케이스로부터의 블로바이 가스(blow-by gas) 및 연료계통으로부터의 증발가스 등 3가지가 있다.

### 9.1.1 배기가스(exhaust gas)

배기가스의 주성분은 $H_2O$(수증기)와 $CO_2$(이산화탄소)이며 이외에 CO(일산화탄소), HC(Hydro-Carbon, 탄화수소), NOx(질소산화물), 탄소입자 등이 있으며 이 중에서 CO, NOx, HC 등이 유해 물질이다.

### 9.1.2 블로바이 가스(blow-by gas)

블로바이 가스란 실린더와 피스톤 간극에서 크랭크케이스(crank case)로 빠져나오는 가스를 말하며 조성은 70~95% 정도가 미 연소가스인 HC이고 나머지가 연소가스 및 부분 산화된 혼합가스이다.

### 9.1.3 연료 증발가스

연료 증발가스는 연료장치에서 연료가 증발하여 대기 중으로 배출되는 가스이며, 주성분은 HC이다.

## 9.2 배기가스의 유독성 및 발생 농도

### 9.2.1 CO(일산화탄소)

**【1】 CO가 인체에 미치는 영향**

CO는 연료가 불완전 연소하였을 때 발생되는 무색, 무취의 가스이다. CO를 인체에 흡입하면 혈액 속에서 산소를 운반하는 세포인 헤모글로빈과 결합하여 신체 각부에 산소의 공급이 부족하게 되어 어느 한계에 도달하면 중독증상을 일으킨다.

**【2】 CO의 발생 과정**

가솔린은 탄소와 수소의 화합물인 탄화수소이므로 완전 연소하였을 때 탄소는 무해성 가스인 $CO_2$로, 수소는 $H_2O$로 변화한다.

$C+O_2=CO_2$ ························ ①

$2H_2+O_2=2H_2O$ ·················· ②

그러나 실린더 내에 산소공급이 부족한 상태로 연소하면 불완전 연소를 일으켜 CO가 발생한다.

$2C+O_2=2CO$ ······················ ③

$2CO+O_2=2CO_2$ ·················· ④

### 9.2.2 HC(탄화수소)

**【1】 HC가 인체에 미치는 영향**

농도가 낮은 HC는 호흡기 계통에 자극을 줄 정도이지만 심하면 점막이나 눈을 자극한다.

**【2】 HC 발생 과정**

① 연소실 내의 온도 차이로 연소하지 못한 가스가 배출된다.
② 밸브 오버랩으로 인하여 혼합가스가 누출된다.
③ 엔진을 감속할 때 실화를 일으키기 쉬워져 배출량이 증가한다.
④ 혼합가스가 희박하면 불완전 연소하여 발생한다.

### 9.2.3 NOx(질소산화물)

**【1】 NOx이 인체에 미치는 영향**

배기가스에 들어있는 질소화합물의 95%가 $NO_2$이고 NO는 3~4% 정도이다. 광화학 스모그(smog)는 대기 중에서 자외선을 받아 광화학 반응을 반복하여 발생하며, 눈이나 호흡기 계통에 자극을 주는 물질이 2차적으로 형성되어 스모그가 된다.

**【2】 NOx의 발생 과정**

$N_2$는 쉽게 산화하지 않으나 높은 온도 · 높은 압력 및 전기 불꽃 등이 존재하는 곳에서는 산화하여 NOx을 발생시킨다. 특히 연소온도가 2,000℃ 이상의 연소에서는 급증한다. 또 NOx은 이론 공연비 부근에서 최대 값을 나타내며, 이론 공연비보다 농후해지거나 희박해지면 발생률이 낮아지며, 배기가스를 적당히 혼합가스에 혼합하여 연소온도를 낮추는 등의 대책이 필요하다.

## 9.3 배기가스의 배출 특성

### 9.3.1 공연비와의 관계

① 이론 공연비보다 농후하면 NOx은 감소하고, CO와 HC가 증가한다.
② 이론 공연비보다 약간 희박하면 NOx은 증가하고, CO와 HC는 감소한다.
③ 이론 공연비보다 매우 희박하면 NOx과 CO는 감소하고, HC는 증가한다.

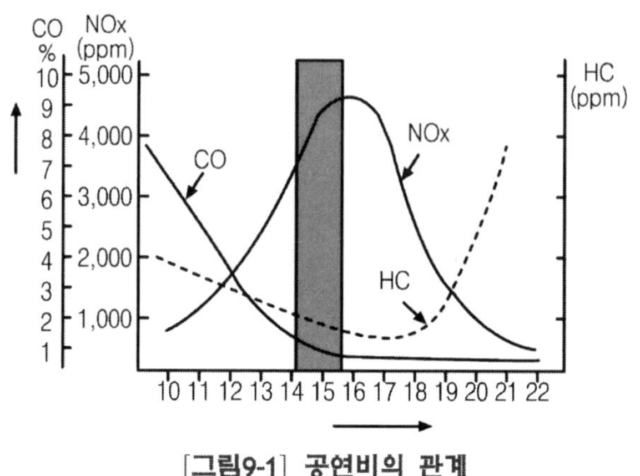


[그림9-1] 공연비의 관계

### 9.3.2 기관의 온도와의 관계

기관의 온도가 낮은 때에는 농후한 공연비를 공급하므로 CO와 HC는 증가하고, NOx은 감소한다. 반대로 기관의 온도가 높을 때에는 NOx의 발생이 증가한다.

### 9.3.3 가관을 감속 또는 가속할 때

기관을 감속하였을 때 NOx은 감소하지만, CO와 HC는 증가한다. 반대로 기관을 가속할 때는 CO, HC, NOx 모두 증가한다.

## 9.4 배기가스의 상태 측정

### 9.4.1 측정 대상 자동차의 상태

① 기관은 시험 전에 적당히 예열되어 있어야 한다. 특히 주차 상태에 있거나 장시간 운행하지 않은 상태의 자동차는 충분히 예열이 된 후 측정 되도록 주의하여야 한다.

② 주행 중 또는 가동 중인 상태의 자동차로서 기관이 과열되었을 경우(정상

작동 온도를 초과한 경우)에는 정지 가동 상태로 기관을 가동시켜 본넷을 열고 5분 이상 경과한 후 정상 상태가 되었을 때 측정한다. 다만, 정상 작동(수랭식 기관의 경우 계기판 온도가 40℃ 이상에 있는 것을 말함)인 경우에는 그러하지 아니하다.

③ 변속기가 수동인 자동차의 경우에는 기어는 중립에 클러치 페달은 밟지 않은 상태(연결된 상태)에 두고, 자동 변속기를 사용하는 자동차의 경우에는 중립(N) 위치에 둔다.

④ 기관은 냉방 장치 등 부속 장치는 작동시키지 않은 상태에서 가동시키고, 배기관은 바람이 부는 경우 바람의 영향을 받지 않는 방향으로 하여야 하며, 배기관의 파손 및 훼손 등으로 배출 가스가 새어나오거나 외부 공기가 유입되는지의 여부를 필히 확인하여야 한다.

## 9.4.2 CO · HC 측정 절차

① 시험 대상 자동차의 상태가 정상으로 확인되면 정지 가동상태(기관이 가동되어 공전되고 있으며 가속 페달을 밟지 않은 상태)에서 배기가스 채취관을 배기관 내에 30cm 이상 삽입하고 시료 채취 펌프를 작동시킨다. 배기관이 30cm 이하일 경우는 연장관을 사용한다.

② 시험기 지시계의 지시가 안정(채취관 삽입 후 10초 이상 경과)되면 배출 가스 농도를 읽어 기록한다.

③ 배기관이 2개 이상일 경우에는 임의로 배기관 1개를 선정하여 측정을 한 후 측정값을 산출한다. 다만, 자동차용 기관 배기관과 냉·난방용 기관 배기관이 별도로 있을 경우에는 자동차용 기관 배기관에서만 측정한다.

④ 시험 완료 후 배기관에서 시료 채취관을 빼고 그대로 약 3분 이상 펌프를 공회전시켜 공기로 충분히 세척한 후에 다음 측정을 실시한다.

⑤ 시료 채취관은 시험을 할 경우에만 삽입하고 장시간 배기관에 삽입하여 두어서는 아니 된다. 또한 측정 도중 외부 공기가 세어 들어오지 않도록 배기관, 시료 채취관 등의 파손 및 누설 여부를 수시로 확인하여야 한다.

## 9.5 CO · HC 테스터(1)

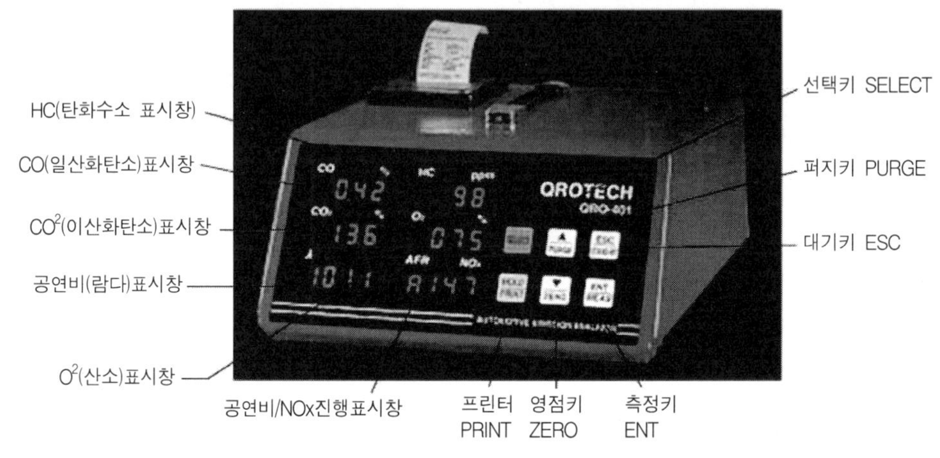


[그림9-2] CO · HC 테스터의 구조

### 9.5.1 CO · HC 테스터 작동방법

① 테스터 뒤쪽에 있는 전원 스위치를 ON으로 하면 그림 9-3과 같은 화면을 표시를 하고 10초간 초기화를 진행한다.

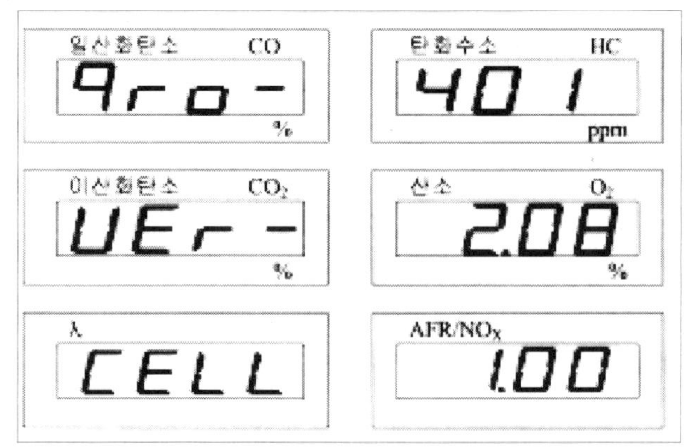


[그림9-3] 초기화 진행

② 현재 설정되어 있는 날짜 및 시간이 DIR 5초간 표시된다.

[그림9-4] 설정된 날짜 및 시간 표시

③ 시간표시 후 자체진단 실시하며 실시된 항목이 정상이면 "PASS" 메시지 표시한다.

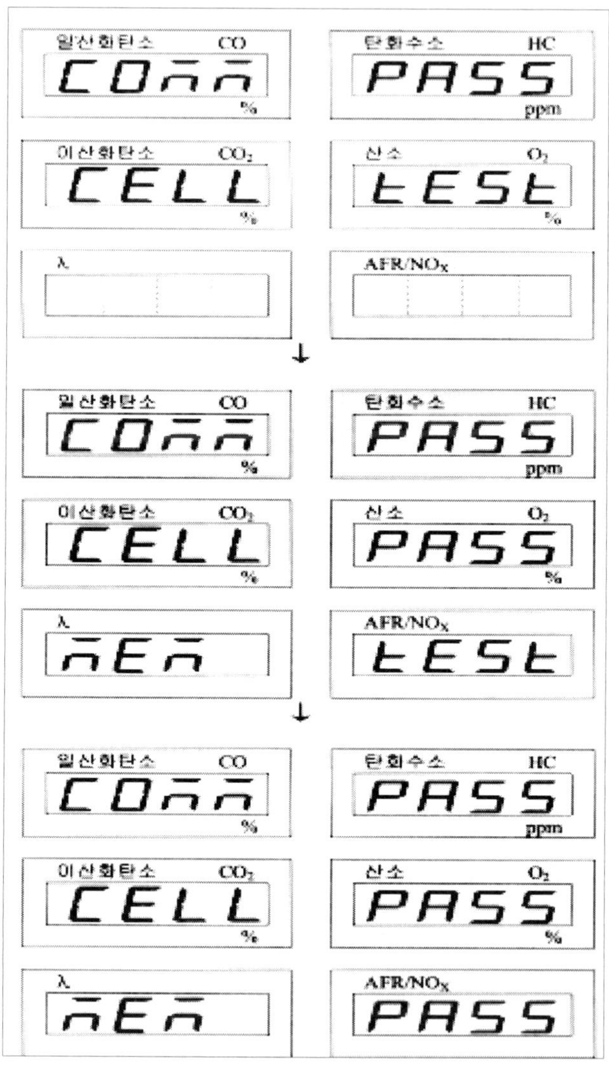


[그림9-5] PASS 메시지 표시

④ 위밍업 작업 끝나기 1분 전에 펌프가 가동되어, 맑은 공기로 테스터 내부를 세척한다.

[그림9-6] 테스터 내부를 세척할 때

⑤ 위밍업이 끝나면 자동으로 1회 0점 조정한다. 화면 카운터에서 20에서 1씩 감소하면서 약 20초 동안 0점 조정 실시한다.

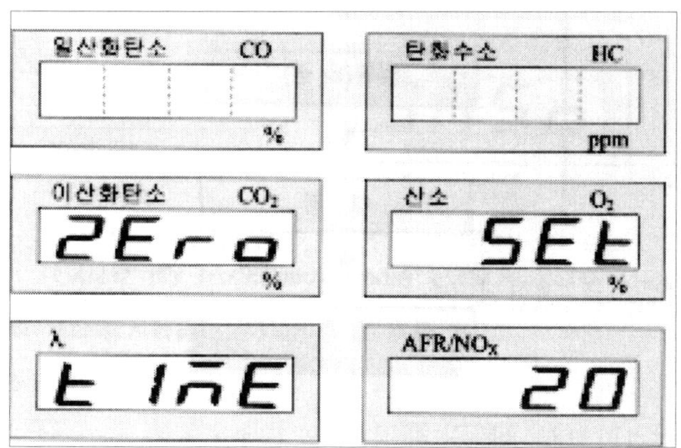


[그림9-7] 0점 조정

## 9.5.2 작동 키들의 작용 및 측정방법

### 【1】 대기 모드

대기모드 상태란 장시간 측정하지 않을 때 전원은 ON 펌프는 OFF 상태이며, 측정 또는 퍼지를 실시한 후 대기(rdy mode)를 누르면 흡입펌프 정지 표시 창에 그림 9-8과 같이 나타난다.(항상 이 상태에서 측정하며 표시 창에 표시되는 rad mode 기억하여 둘 것)

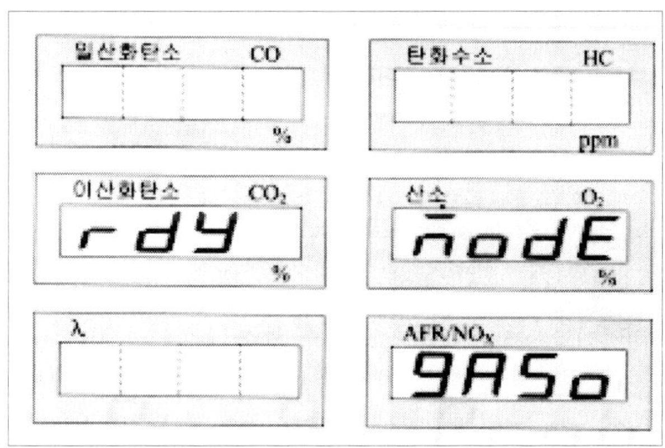


[그림9-8] 대기 모드

### 【2】 퍼지 모드

퍼지 키를 한번 누르면 약 20초 동안 프로브 청소를 하고 자동으로 0점 조정을 실시하여 대기모드로 전환된다.

### 【3】 0점 모드

퍼지 키를 눌러 테스터 내부를 세척한 후 0점키를 누르면 약 20초 동안 0점 조정 후 자동으로 대기상태로 표시된다.

### 【4】 측정 모드

① 프로브를 깨끗한 공기가 있는 곳에 두고 0점 조정 실시한다.
② 프로브를 자동차 배기관에 깊숙이 넣고 측정키를 눌러 배기가스 측정한다.
③ 측정 후 퍼지 키를 눌러 측정값이 "0" 될 때까지 장비 내부 세척한다.
④ 연속으로 측정을 할 때에는 0점키를 누르고 실시한다.

### 【5】 홀드 모드

측정상태에서만 사용되며, 측정값이 일시정지하고 한번 더 누르면 프린터 시작한다. ESC 누르면 해제된다.

## 9.6 CO · HC 테스터(2)

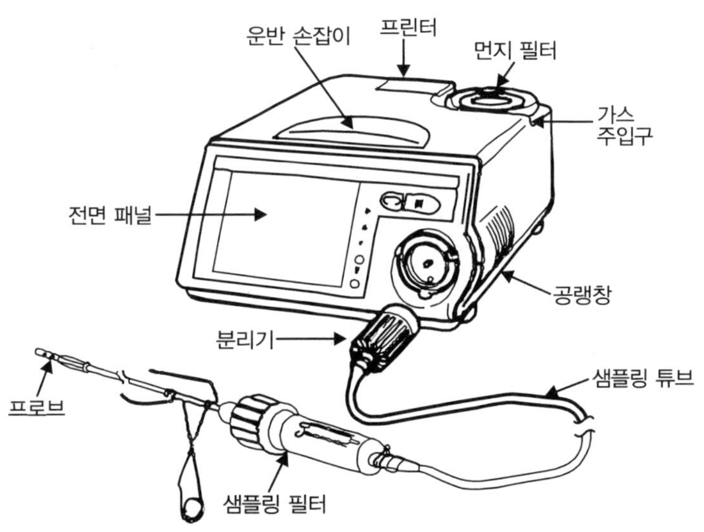


[그림9-9] CO · HC 측정기 앞쪽의 구조

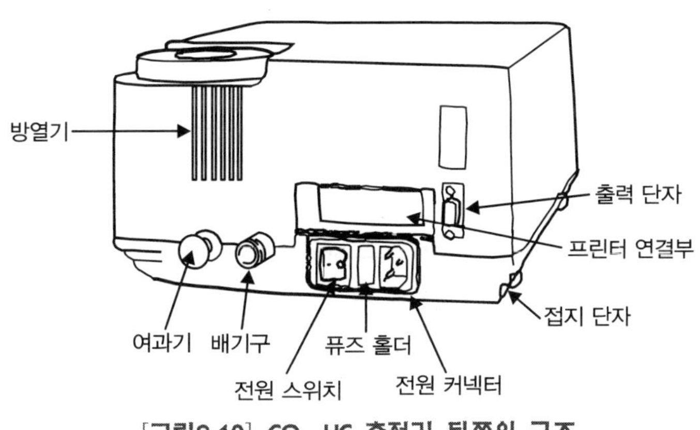


[그림9-10] CO · HC 측정기 뒤쪽의 구조

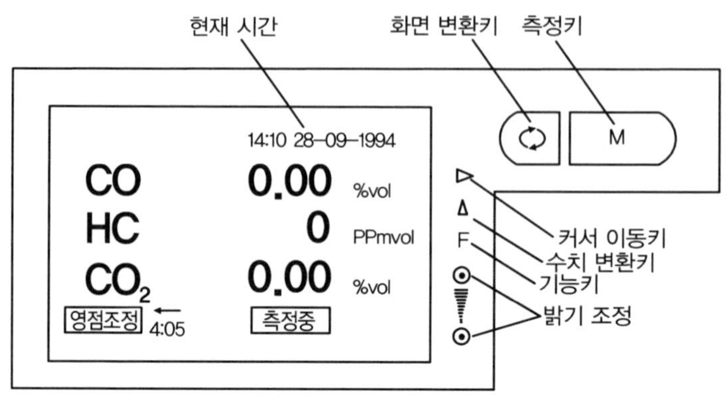


[그림9-11] CO · HC 측정기 앞면 패널

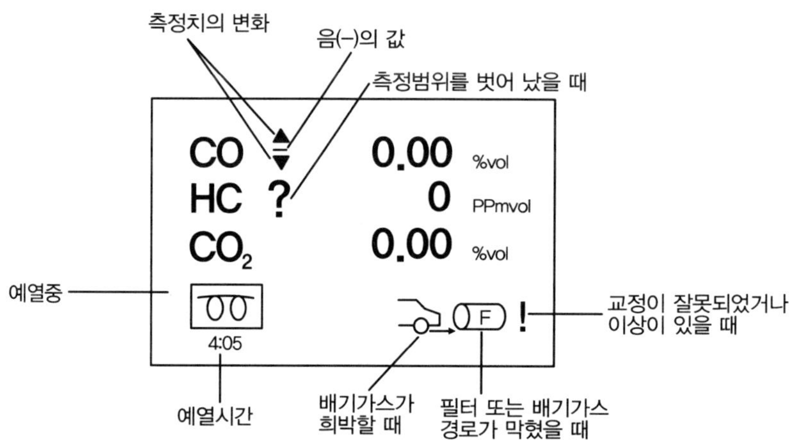


[그림9-12] CO · HC 측정기 표시 내용

① CO · HC 측정기 뒤쪽에 있는 전원 스위치를 ON으로 하면 측정기는 5분간 워밍업된다.

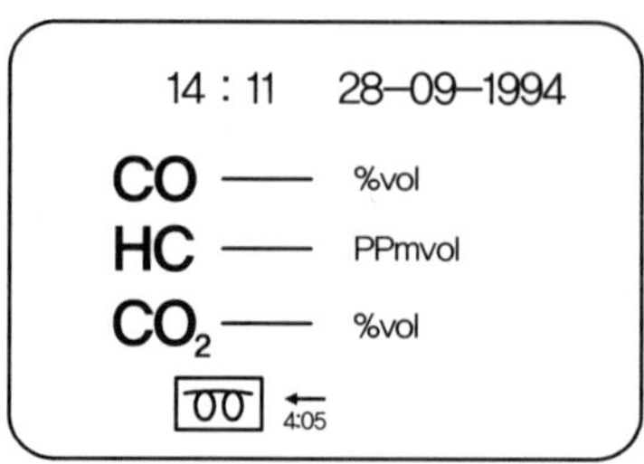


[그림9-13] 워밍업 될 때의 표시

② 앞쪽 패널에서 측정키(M)를 누른다. 이때 10초 동안 MEAS가 깜박인 후 측정 모드로 들어간다.

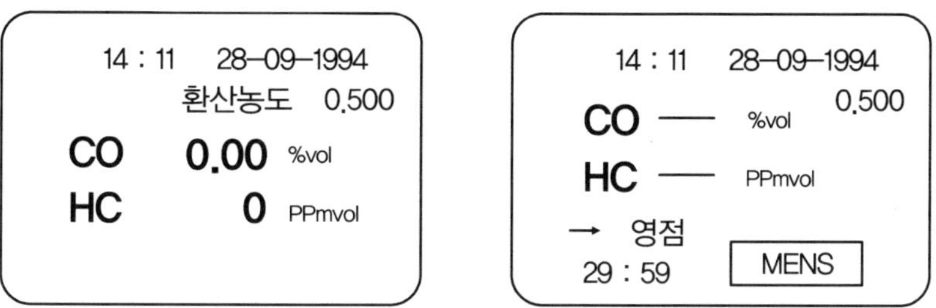


[그림9-14] 측정키(M)를 눌렀을 때 표시

③ 시료 채취관(프로브)을 배기관 내로 밀어 넣고 고정시킨다.

④ 측정값을 읽는다.

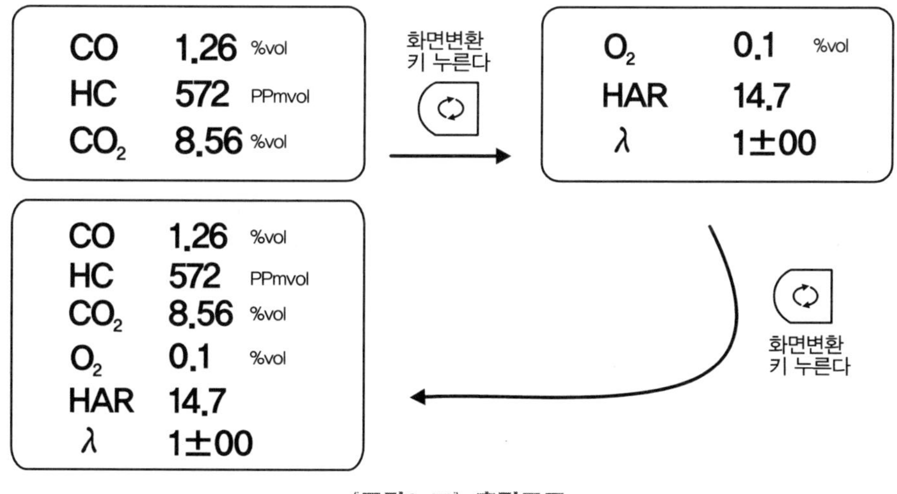


[그림9-15] 측정모드

# 9.7 운행 차량 배출 허용기준(CO, HC)

<table>
<tr><th>사용 연료</th><th>구분</th><th>차종</th><th>적용 기간</th><th>일산화탄소</th><th>배기관 탄화수소</th><th>공기 과잉율</th></tr>
<tr><td rowspan="12">휘발유·가스·알코올</td><td rowspan="5">2000년 12월31일 이전 제작자동차</td><td rowspan="2">경 자동차</td><td>1997년 12월 31일 이전</td><td>4.5% 이하</td><td>1,200ppm 이하</td><td rowspan="12">1±0.1 이내<br>다만,<br>기화기식 연료 공급장치 부착 자동차는 1±0.15 이내, 촉매 미부착 자동차는 1±0.20 이내</td></tr>
<tr><td>1998년 1월 1일부터 2000년 12월 31일까지</td><td>2.5% 이하</td><td>400ppm 이하</td></tr>
<tr><td rowspan="2">승용 자동차</td><td>1987년 12월 31일 이전</td><td>4.5% 이하</td><td>1,200ppm 이하</td></tr>
<tr><td>1988년 1월 1일부터 2000년 12월 31일까지</td><td>1.2% 이하</td><td>220ppm 이하(휘발유, 알코올 자동차)<br>400ppm 이하(가스자동차)</td></tr>
<tr><td>소형화물자동차·중량자동차</td><td>1985년 1월 1일부터 2000년 12월 31일까지</td><td>4.5% 이하</td><td>1,200ppm 이하</td></tr>
<tr><td rowspan="4">2001년 1월1일부터 2002년 6월 30일까지 제작자동차</td><td>경자동차</td><td rowspan="4">2001년 1월 1일부터 2002년 6월 30일까지</td><td>1.2% 이하</td><td>220ppm 이하</td></tr>
<tr><td>승용자동차</td><td>1.2% 이하</td><td>220ppm 이하</td></tr>
<tr><td>다목적자동차</td><td>2.5% 이하</td><td>400ppm 이하</td></tr>
<tr><td>중형자동차·대형자동차</td><td>4.5% 이하</td><td>1200ppm 이하</td></tr>
<tr><td rowspan="3">2000년 7월 1일 이후 제작자동차</td><td>경자동차</td><td rowspan="3">2000년 7월 1일 이후</td><td>1.2% 이하</td><td>220ppm 이하</td></tr>
<tr><td>승용1·승용2</td><td>1.2% 이하</td><td>220ppm 이하</td></tr>
<tr><td>승용3·승용4·화물자동차</td><td>2.5% 이하</td><td>400ppm 이하</td></tr>
</table>

1. 시동된 기관에서 공전속도를 확인하고 배기가스의 농도를 측정하여 기록표에 기록하시오.

| 배기가스 점검<br>자동차 번호 : | 비번호<br>(등번호) | | 감독위원<br>확　　인 | |
|---|---|---|---|---|

<table>
<tr><th rowspan="2">측정항목</th><th colspan="2">① 점검(또는 측정)</th><th colspan="2">② 판정 및 정비(또는 조치)사항</th><th rowspan="2">득　점</th></tr>
<tr><th>측 정 값</th><th>규정(정비한계)값</th><th>판　정</th><th>정비 및 조치할 사항</th></tr>
<tr><td>CO</td><td></td><td></td><td rowspan="2">양호　불량</td><td rowspan="2"></td><td rowspan="2"></td></tr>
<tr><td>HC</td><td></td><td></td></tr>
</table>

**▶기록표 작성방법**

① 측정값 : 수검자가 측정한 값을 단위와 함께 기록한다.(예 : CO 0.9%, HC 200ppm)

② 규정(정비한계)값 : 측정용 차량의 제원에 맞는 규정 값을 단위와 함께 기록한다.(예 : CO 1.2% 이하, HC 220ppm 이하)

③ 판정 : 측정한 값이 정비 한계 값 이내인 경우에는 “양호”, 벗어난 경우에는 “불량”으로 기록한다.

④ 정비 및 조치할 사항 : 양호로 판정한 경우에는 “사용가능”, 불량으로 판정한 경우에는 정비 및 조치할 사항을 기록한다.

2. 주어진 자동차 기관에서 공전속도를 확인하고 공기 과잉률(λ)을 측정하여 기록표에 기록하시오.

| 배출가스 점검<br>자동차 번호 : | 비번호<br>(등번호) | | 감독위원<br>확 인 | |
|---|---|---|---|---|

| 측정항목 | ① 점검(또는 측정) | | ② 판정 및 정비(또는 조치)사항 | | 득 점 |
|---|---|---|---|---|---|
| | 측 정 값 | 규정(정비한계)값 | 판 정 | 정비 및 조치할 사항 | |
| 공기 과잉률(λ) | | | 양호 불량 | | |

▶기록표 작성방법

① 측정값 : 수검자가 측정한 값을 단위와 함께 기록한다.(예 : 1.0)

② 규정(정비한계)값 : 측정용 차량의 제원에 맞는 규정 값을 단위와 함께 기록한다.(예 : 1.0±0.1)

③ 판정 : 측정한 값이 정비 한계 값 이내인 경우에는 "양호", 벗어난 경우에는 "불량"으로 기록한다.

④ 정비 및 조치할 사항 : 양호로 판정한 경우에는 "사용가능", 불량으로 판정한 경우에는 정비 및 조치할 사항을 기록한다.

제 2 편

# LPG 연료계통 정비

# 제10장 메인 솔레노이드 듀티 값

## 10.1 메인 솔레노이드 밸브의 기능

메인 솔레노이드 밸브는 혼합비를 제어하는 작용을 하며, 혼합비가 농후할 때에는 듀티를 50% 이하로, 혼합비가 희박할 때에는 듀티를 50% 이상으로 제어한다.

## 10.2 메인 솔레노이드 밸브 점검방법

### 10.2.1 하이 스캔 프로를 사용할 때

0 기능 선택

↘ 02 + ENTER

4. 차량 스코프미터 기능

| 2. 차량 스코프미터 기능 |
|---|
| 01. 엔진 자동 스코프 |
| 02. 자동변속기 자동 스코프 |
| 03. 제동제어 자동 스코프 |
| 04. 오실로스코프 |
| 05. 멀티 미터(V, F, R, A, T, P) |
| 06. 그래프 & 멀티 미터 |
| 07. 액추에이터 구동 |
| 08. 센서 시뮬레이션 |

[그림10-1] 듀티 검사 흐름모드

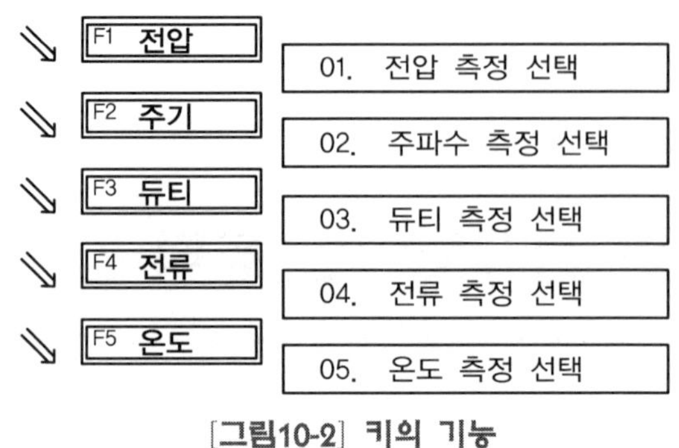


[그림10-2] 키의 기능

## 10.2.2 Hi-DS를 사용할 때

### 【1】 Hi-DS 배선 연결방법

① 축전지 입력 케이블을 축전지 [+], [-]단자에 연결한다.

② 오실로스코프 프로브의 흑색은 차체에 접지시키고, 칼라는 메인 솔레노이드 ECU 입력단자에 연결한다.

### 【2】 메인 솔레노이드 밸브 듀티 측정방법

① 기관을 시동하여 난기운전 후 공전상태로 한다.

② 초기화면에서 차량 선택 아이콘을 클릭한 후 차량의 제원을 설정한 다음 확인 버튼을 클릭한다.

③ 스코프 테크 측정모드에서 오실로스코프 항목을 클릭한다.

④ 오실로스코프 위쪽의 환경설정 아이콘을 클릭한 후 측정 제원을 설정한다.

⑤ 모니터 아래쪽의 채널선택을 메인 솔레노이드 밸브의 ECU 입력 단자에 연결한 프로브와 같은 채널선으로 선택한다.

⑥ 트리거 아이콘을 클릭한 후 측정 창의 원하는 위치에서 트리거 수준을 30V 정도에 선정하면 측정화면이 고정된다.

⑦ 투 커서 아이콘을 클릭하면 커서 라인이 실선으로 변화한다. 이때 휠 마우스의 오른쪽과 왼쪽 버튼을 이용하여 커서 A와 B의 실선 내에 메인 솔레노이드 밸브 듀티 파형이 들어오도록 하면 투 커서의 기능이 작동되어 모니터 오른쪽에 데이터가 지시된다.

## 【3】 메인 솔레노이드 밸브 파형 설명

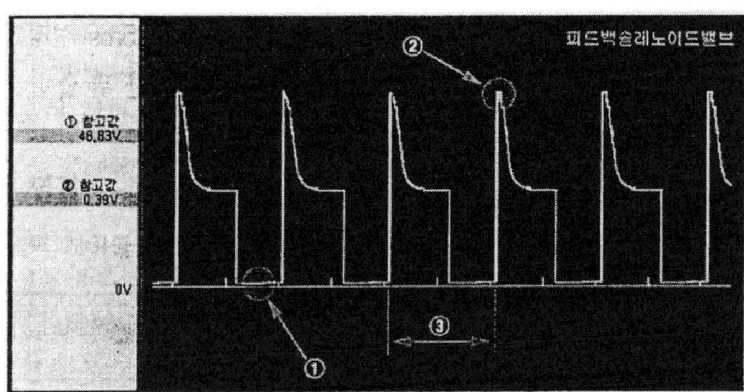


[그림10-3] 메인 솔레노이드 밸브의 파형 설명

(1) 그림 10-3의 ③ 영역은 1사이클을 표시하며, 듀티 비율은 1사이클 중 밸브가 열려있는 시간이 차지하는 비율을 나타낸다. 위 파형은 약 55%의 듀티 비율을 나타낸다.

(2) 공전상태에서 듀티 비율은 30~50% 정도가 좋으며, 공전속도와 듀티 비율이 정상이면 CO 농도가 거의 0%를 표시한다.

주어진 LPG 기관에서 공 회전할 때 메인 솔레노이드 듀티 값을 측정하여 기록표에 기록하시오.

LPG 기관 점검
자동차 번호 :

| 비번호<br>(등번호) | | 감독위원<br>확　인 | |
|---|---|---|---|

| 측정항목 | ① 점검(또는 측정) | | ② 판정 및 정비(또는 조치)사항 | | 득 점 |
|---|---|---|---|---|---|
| | 측 정 값 | 규정(정비한계)값 | 판　정 | 정비 및 조치할 사항 | |
| 메인 솔레노이드 듀티값 | | | 양호　불량 | | |

▶기록표 작성방법

① 측정값 : 수검자가 측정한 값을 단위와 함께 기록한다.(예 : 50%)

② 규정(정비한계)값 : 측정용 차량의 제원에 맞는 규정 값을 단위와 함께 기록한다.(예 : 50±10%/750rpm)

③ 판정 : 측정한 값이 정비 한계 값 이내인 경우에는 "양호", 벗어난 경우에는 "불량"으로 기록한다.

④ 정비 및 조치할 사항 : 양호로 판정한 경우에는 "사용가능", 불량으로 판정한 경우에는 정비 및 조치할 사항을 기록한다.(예 : 믹서 교환)

# 베이퍼라이저 1차실 압력 점검 및 조정

## 11.1 베이퍼라이저의 기능

베이퍼라이저는 감압, 기화, 압력조절 등의 기능을 하며, 봄베로부터 압송된 높은 압력의 LPG를 베이퍼라이저에서 압력을 낮춘 다음 기체 LPG로 기화시켜 엔진출력 및 연료 소비량에 만족할 수 있도록 압력을 조절한다.

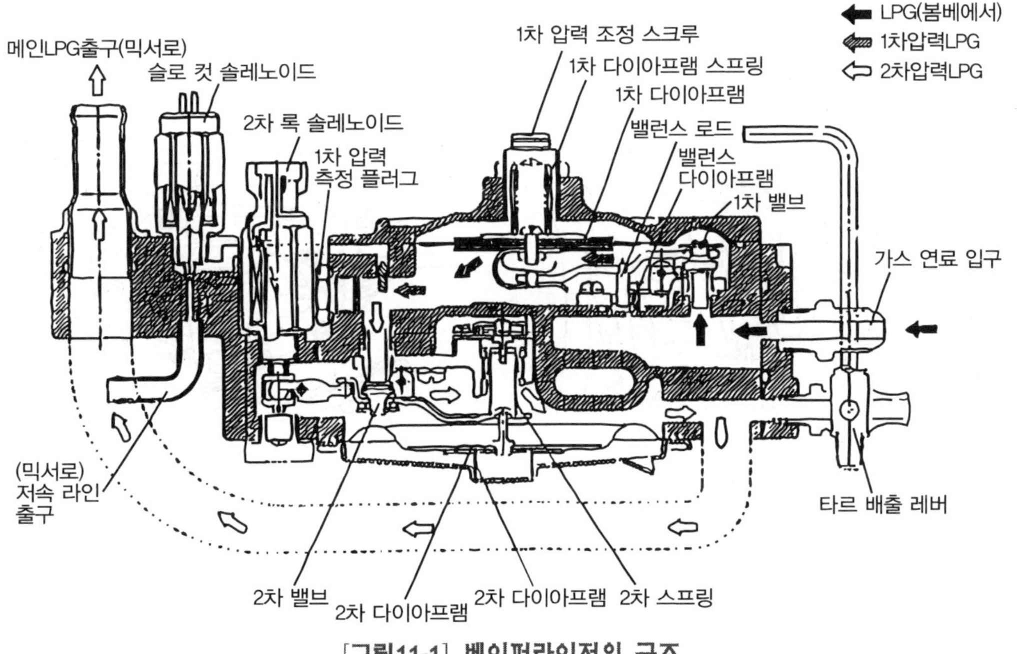


[그림11-1] **베이퍼라이저의 구조**

베이퍼라이저에 LPG는 액체상태에서 기체로 될 때 주위에서 증발잠열을 빼앗

아 온도가 낮아지기 때문에 베이퍼라이저의 밸브를 동결시켜 기관에 적당한 양의 LPG를 공급할 수 없게 된다. 이를 방지하기 위해 베이퍼라이저 내에 냉각수 통로를 설치하고 냉각수를 순환시켜 기화에 필요한 열을 공급한다.

## 11.2 베이퍼라이저 1차 압력 점검방법

① 운전실 내의 LPG스위치를 OFF시키고 기관이 정지할 때까지 공전시켜 파이프 내의 연료를 제거한다.
② 1차 압력 배출구의 플러그를 열고 압력계를 설치한다.
③ LPG 스위치를 ON으로 하고 기관의 시동을 건다.
④ 이때 압력계 지침이 규정 값 이내에 있는가를 점검한다. 규정 값은 0.3± 0.025 kgf/㎠이다.
⑤ 압력이 규정 값을 벗어난 경우에는 압력조정 나사를 돌려 압력을 조정한다.

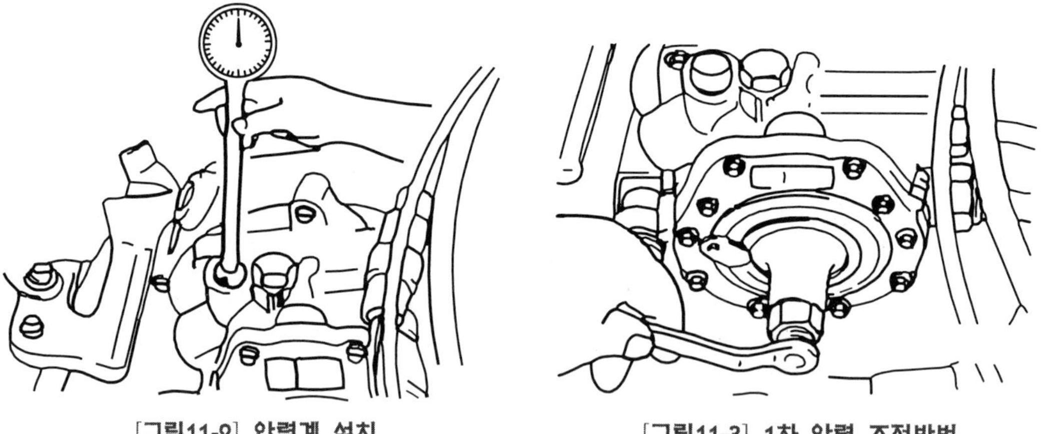

[그림11-2] 압력계 설치　　[그림11-3] 1차 압력 조정방법

주어진 LPG 기관의 베이퍼라이저의 1차 압력 값을 측정하여 기록표에 기록하시오.

**LPG 기관 점검**
자동차 번호 :

| 비번호<br>(등번호) | | 감독위원<br>확 인 | |
|---|---|---|---|

<table>
<tr><td rowspan="2">측정항목</td><td colspan="2">① 점검(또는 측정)</td><td colspan="2">② 판정 및 정비(또는 조치)사항</td><td rowspan="2">득 점</td></tr>
<tr><td>측 정 값</td><td>규정(정비한계)값</td><td>판 정</td><td>정비 및 조치할 사항</td></tr>
<tr><td>베이퍼라이저<br>1차 압력</td><td></td><td></td><td>불 량</td><td></td><td></td></tr>
</table>

### ▶기록표 작성방법

① 측정값 : 수검자가 측정한 값을 단위와 함께 기록한다.(예 : 0.35kgf/㎠)

② 규정(정비한계)값 : 측정용 차량의 제원에 맞는 규정 값을 단위와 함께 기록한다.(예 : 0.3±0.025kgf/㎠)

③ 판정 : 측정한 값이 정비 한계 값 이내인 경우에는 "양호", 벗어난 경우에는 "불량"으로 기록한다.

④ 정비 및 조치할 사항 : 양호로 판정한 경우에는 "사용가능", 불량으로 판정한 경우에는 정비 및 조치할 사항을 기록한다.(예 : 베이퍼라이저의 1차 압력 조정)

MEMO

# 제 3 편

# 디젤기관 점검 및 정비

제 12 장

# 디젤기관 분해 · 조립 순서

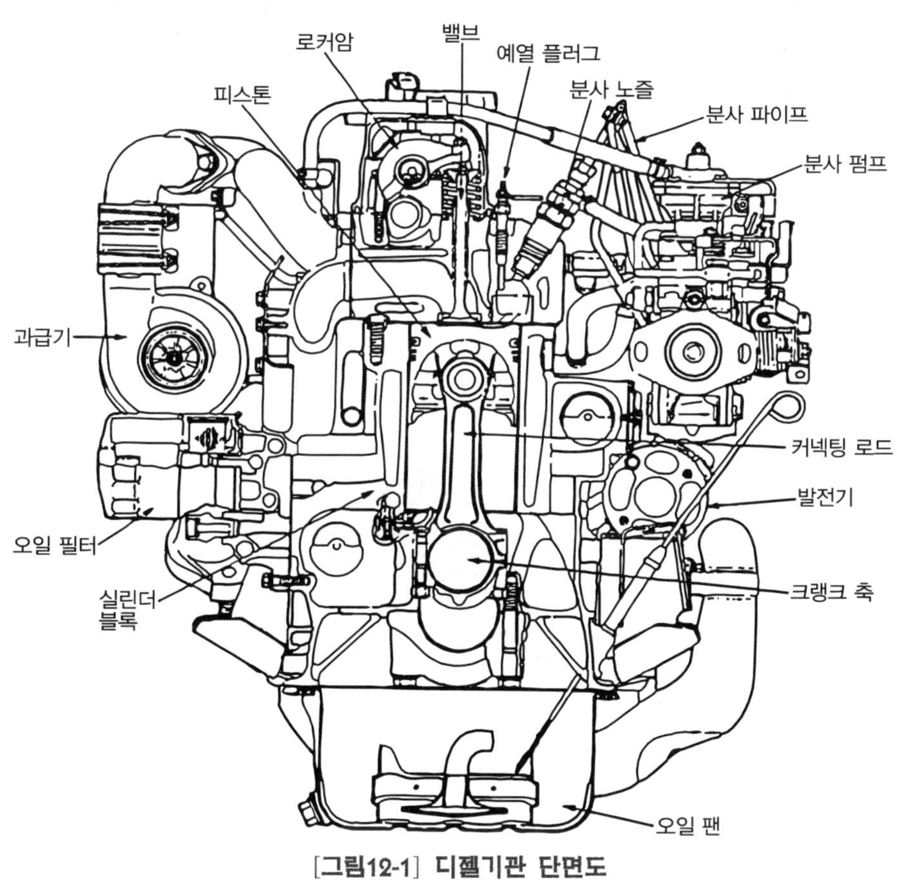


[그림12-1] 디젤기관 단면도

## 12.1 기관에 부착된 부품들 분해순서

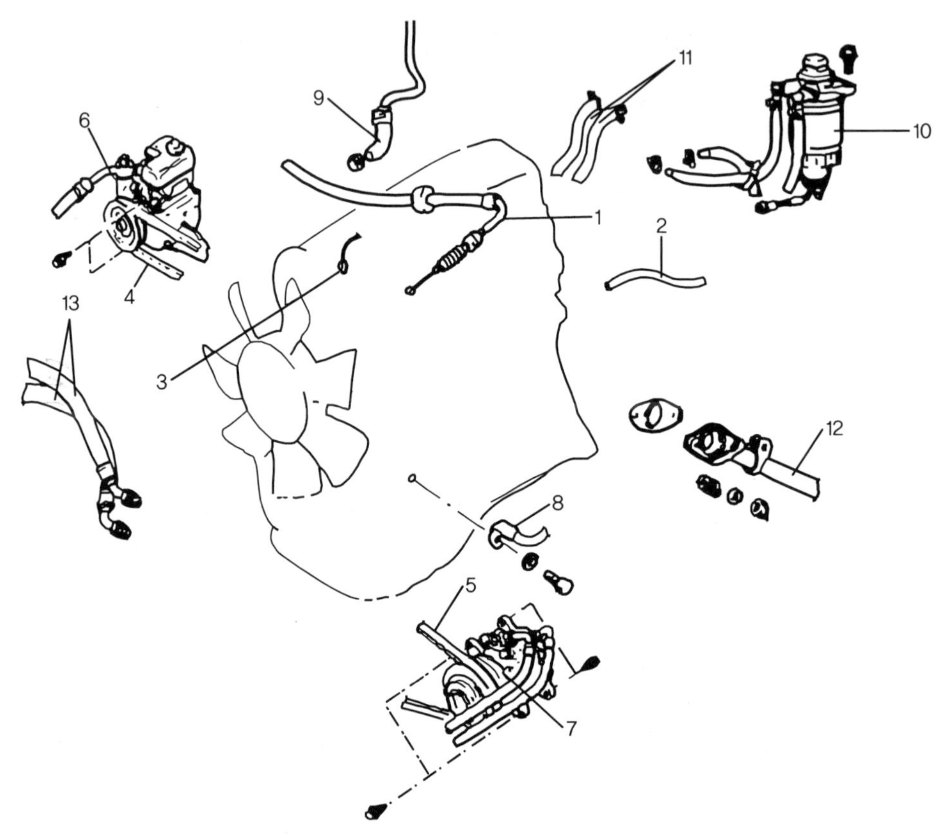


| | |
|---|---|
| 1. 가속 케이블 | 2. 진공호스 |
| 3. 수온 센서 | 4. 구동벨트(파워스티어링) |
| 5. 구동벨트(에어컨) | 6. 파워스티어링 오일 펌프 |
| 7. 에어컨 압축기 | 8. 배선 |
| 9. 브레이크 진공호스 | 10. 브레이크 진공호스 |
| 11. 냉각수 호스 | 12. 앞쪽 배기 파이프 |
| 13. 기관 오일 냉각기 튜브 | |

[그림12-2] 기관주위 부품들 분해순서

① 가속 케이블(1)과 진공호스(2)를 떼어낸다.
② 수온센서(3)를 떼어낸다.
③ 파워 스티어링 오일펌프 구동벨트(4)와 에어컨 압축기 구동벨트(5)를 떼어 낸다.
④ 파워 스티어링 오일펌프(6)를 떼어낸다.
⑤ 에어컨 압축기(7)를 떼어낸다.
⑥ 배선(8)을 떼어낸다.
⑦ 브레이크 진공호스(9)를 떼어낸다.
⑧ 연료 필터(10)를 떼어낸다.
⑨ 냉각수 호스(11)를 떼어낸다.
⑩ 앞쪽 배기 파이프(12)를 떼어낸다.
⑪ 기관오일 냉각기 튜브(13)를 떼어낸다.
⑫ 교류 발전기를 떼어낸다.

## 12.2 타이밍 벨트 분해 · 조립순서

### 12.2.1 타이밍 벨트 분해순서

① 크랭크축 풀리 볼트(1)를 푼 다음 스페셜 와셔(2)와 크랭크축 풀리(3)를 떼어낸다.
② 타이밍 벨트 위 커버(4)와 아래 커버(5)를 떼어낸다.
③ 액세스 커버(6)를 떼어낸 다음 플랜지(7)를 떼어낸다.
④ 타이밍 벨트 텐셔너(8), 텐셔너 스페이서(9), 텐셔너 스프링(10)을 떼어낸다.
⑤ 타이밍 벨트(11)를 떼어낸다-벨트 윗면에 회전방향을 나타내는 화살표를 분필 등으로 표시해 준다. 이것은 벨트를 다시 사용할 경우 같은 방향으로 조립하기 위함이다.

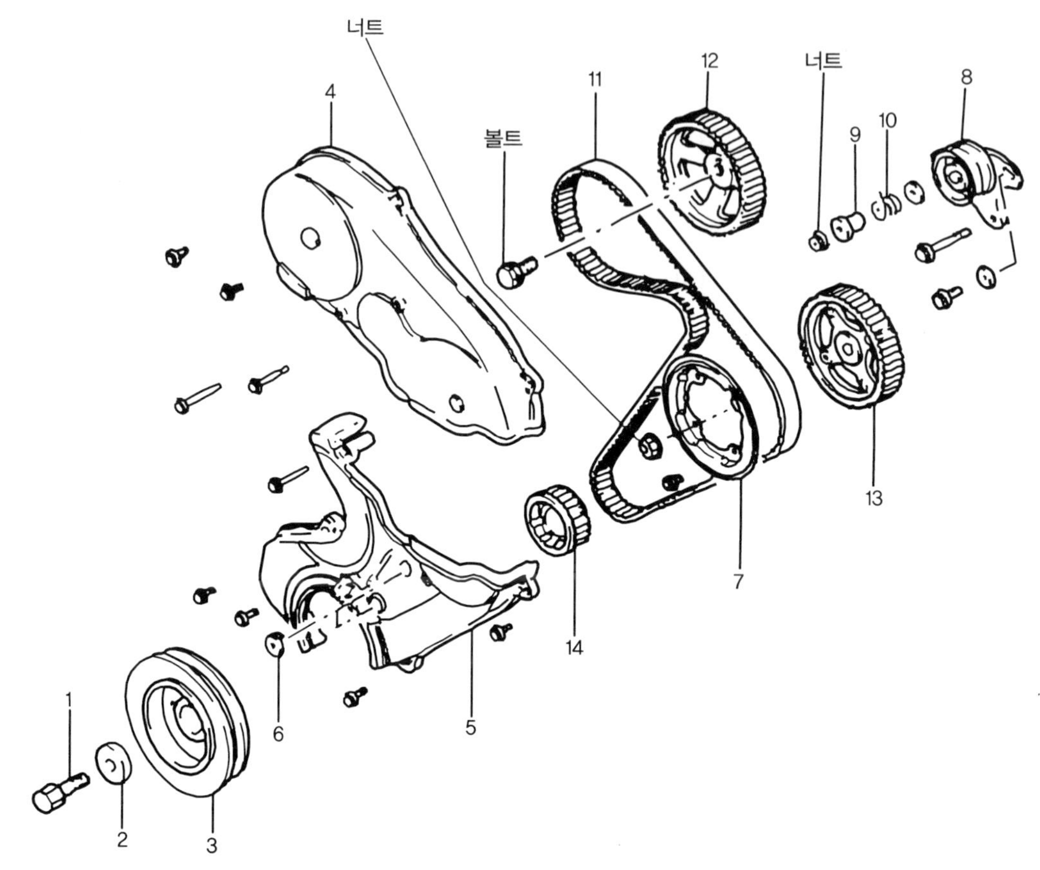


1. 크랭크축 풀리 볼트
2. 스페셜 와셔
3. 크랭크축 풀리
4. 타이밍 벨트 위 커버
5. 타이밍 벨트 아래 커버
6. 액세스 커버
7. 플랜지
8. 타이밍 벨트 텐셔너
9. 텐셔너 스페이서
10. 텐셔너 스프링
11. 타이밍 벨트
12. 캠축 스프로킷
13. 분사 펌프 스프로킷
14. 크랭크축 스프로킷
15. 플랜지
16. 개스킷
17. 텐셔너 스페이서
18. 텐셔너 스프링 B
19. 타이밍 벨트 텐셔너 B
20. 타이밍 벨트 B
21. 사일런트 축 스프로킷, 우측
22. 사일런트 축 스프로킷, 좌측
23. 스페이서
24. 크랭크 축 스프로킷 B

**[그림12-3] 타이밍 벨트 구성부품(1)**

참고

벨트에 물・오일 등이 부착되면 벨트의 수명을 단축시킴으로 떼어낸 타이밍 벨트・스프로킷 및 텐셔너에 오일 등이 부착되지 않도록 한다. 이 부품은 세척해서는 안 되며 오염되거나 오일 등이 묻은 것은 교환한다.

⑥ 캠축 스프로킷(12)을 떼어낸다.

⑦ 분사펌프 스프로킷(13)을 떼어낸다-분사펌프 스프로킷을 떼어낼 때에는 풀러(또는 특수공구)를 사용하여 떼어내도록 한다. 또 스프로킷을 떼어낼 때 축과 스프로킷을 두드려서는 안 된다. 충격을 가하면 분사펌프의 고장 원인이 되므로 반드시 풀러를 사용하여 스프로킷을 떼어내야 한다.

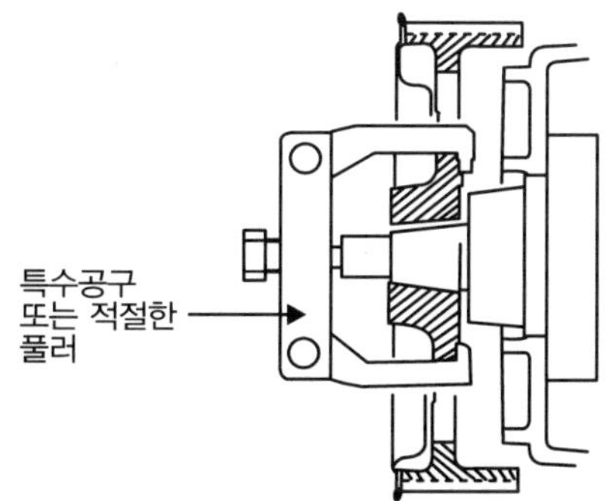


[그림12-4] 분사펌프 스프로킷 분리하기

⑧ 크랭크축 스프로킷(14)을 떼어낸다.

⑨ 플랜지(15), 개스킷(16), 텐셔너 스페이서(17), 텐셔너 스프링 B(18), 타이밍 벨트 텐셔너 B(19)를 떼어낸다.

⑩ 타이밍 벨트 B(20)를 떼어낸다.-벨트 윗면에 회전방향을 나타내는 화살표를 분필 등으로 표시한다.

⑪ 사일런트 축 스프로킷(오른쪽, 21)과 사일런트 축 스프로킷(왼쪽, 22)을 떼어낸다-사일런트 축 스프로킷의 너트와 볼트는 그림 12-5에 나타낸 바와 같이 사일런트 축이 회전하지 않도록 고정시킨 후 떼어낸다.

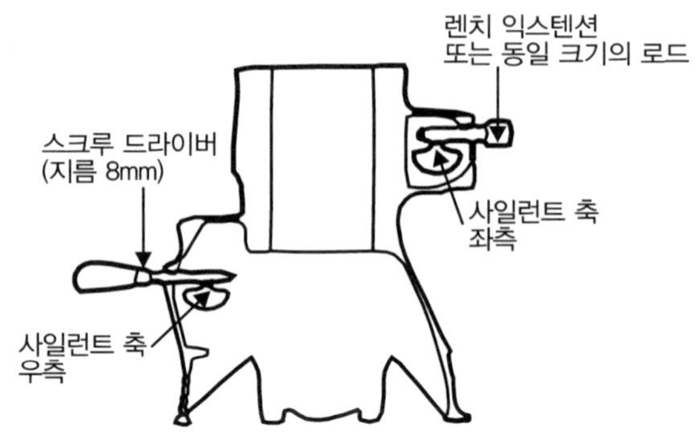


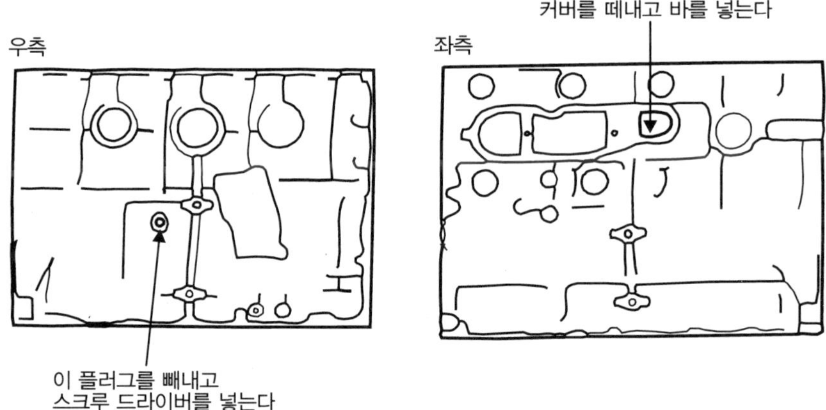


[그림12-5] 사일런트 축 고정하기

⑫ 스페이서(23)를 떼어낸다.

⑬ 크랭크축 스프로킷 B(24)를 떼어낸다.

## 12.2.2 타이밍 벨트 조립순서

타이밍 벨트의 조립순서는 분해순서와 반대이며 여기서는 조립할 때 주의하여야 하는 부분만 설명하도록 한다.

① 크랭크축 스프로킷 B, 플렌지, 크랭크축 스프로킷을 그림 12-6에 나타낸 바와 같이 조립방향에 주의하여 조립한다.

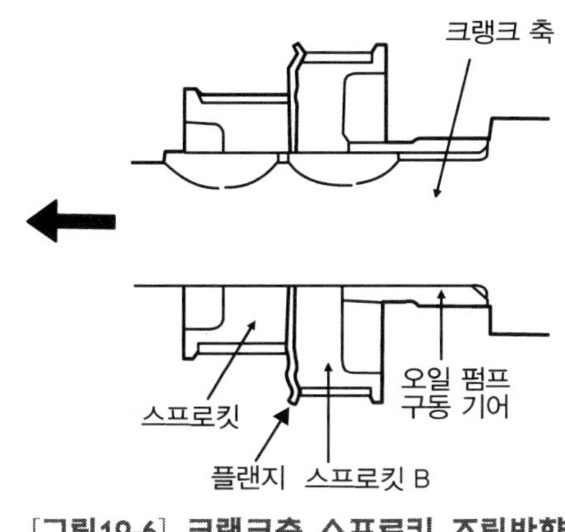


[그림12-6] 크랭크축 스프로킷 조립방향

② 스페이스는 모따기가 있는 부분으로 넣는다. 만약 반대로 조립이 되면 오일 실(oil seal)이 손상된다.

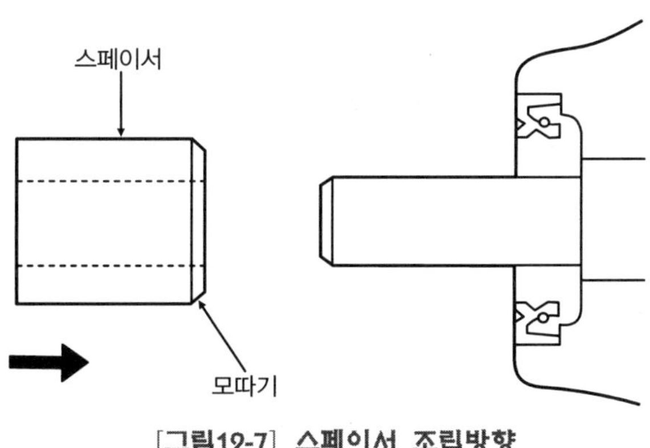


[그림12-7] 스페이서 조립방향

③ 오른쪽과 왼쪽 사일런트 축 스프로킷을 조립한다. 이때 볼트 및 너트를 조일 경우에는 사일런트 축이 회전하지 않도록 고정하고 규정 토크로 조인다.

④ 타이밍 벨트 B를 텐셔너에 다음 순서로 조립한다.

㉮ 텐셔너, 텐셔너 스프링 및 스페이서를 조립한다.

㉯ 물 펌프 쪽으로 힘껏 밀어붙인 후 너트를 조여 고정한다.

주의 ▶ 텐셔너 스프링은 끝이 짧은 쪽을 물 펌프 쪽에 설치한다.

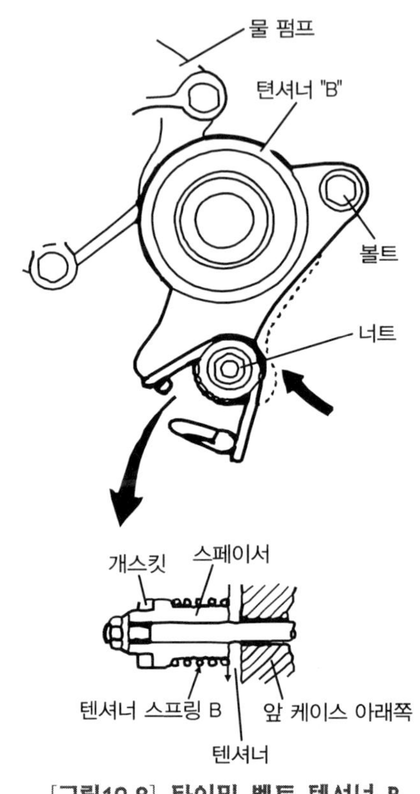


[그림12-8] 타이밍 벨트 텐셔너 B

⑤ 타이밍 벨트 B를 다음 순서로 조립한다.

㉮ 크랭크축 스프로킷 B와 좌·우측 사일런트 축 스프로킷 위쪽에 타이밍 마크를 정렬한다.

㉯ 타이밍 벨트 B를 조립하면서 인장 측의 헐거움 유무를 확인한다.

㉰ 손가락으로 슬랙 사이드(그림 12-10에서 "A"로 표시한 부분)를 밀어 타이밍 벨트 B의 텐셔너를 팽팽하게 하면서 타이밍 마크가 잘 정렬되었는지 확인한다.

㉱ 물 펌프 쪽에 조여져 있던 텐셔너 B 너트를 조금 풀어 텐셔너 스프링의 장력을 이용하여 벨트에 장력을 준다.

㉲ 텐셔너 B 너트와 볼트를 조인다. 이때 볼트를 먼저 조이면 텐셔너 B도 함께 회전하여 타이밍 벨트 B의 장력도 감소하므로 주의한다.

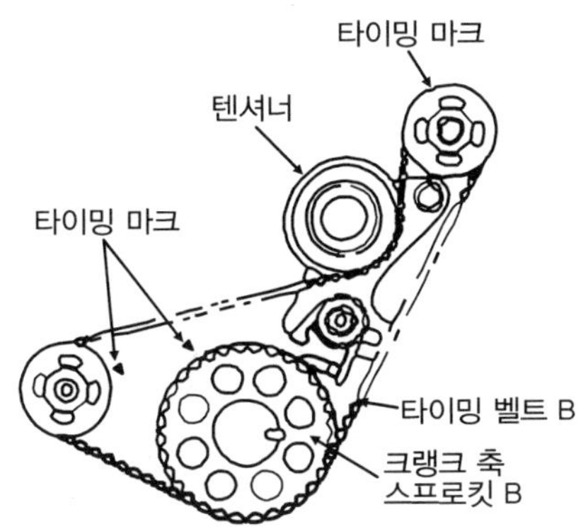


[그림12-9] 타이밍 벨트 B 조립

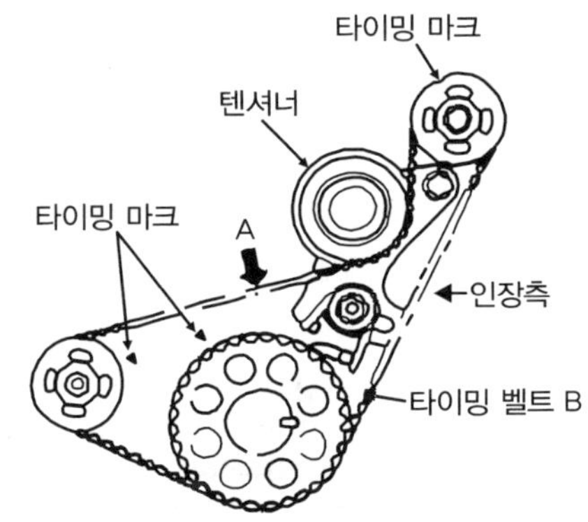


[그림12-10] 타이밍 마크 정렬 확인

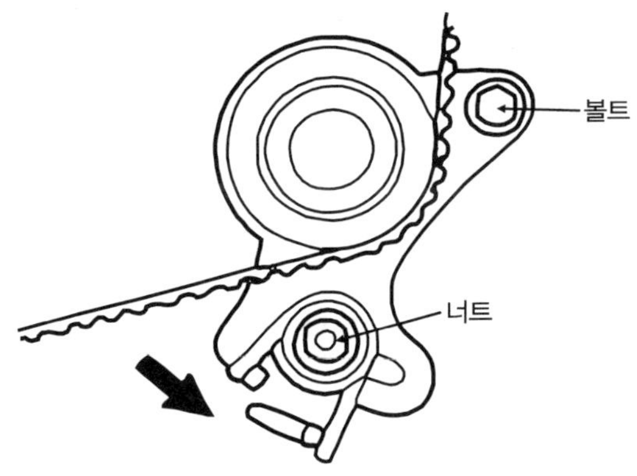


[그림12-11] 너트와 볼트 위치

㉥ 그림 12-12에 나타낸 화살표 부분을 인지로 눌렀을 때 처짐이 4~5mm 이내인지를 확인한다.

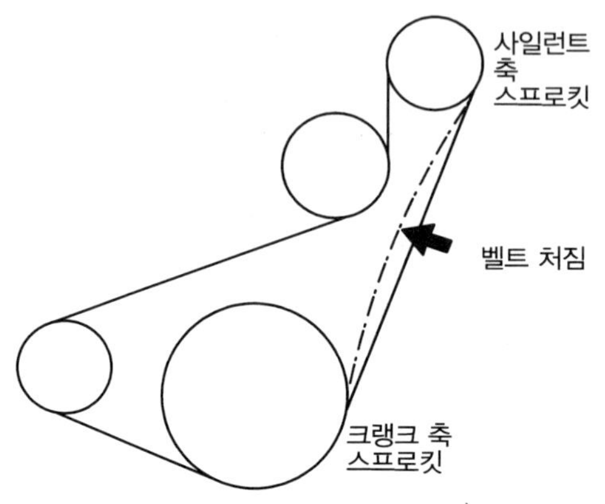


[그림12-12] **타이밍 벨트 처짐 점검**

⑥ 타이밍 벨트 텐셔너를 조립한다-텐셔너, 텐셔너 스프링, 텐셔너 스페이서를 조립할 때 "B" 볼트를 손으로 조여 놓은 후 "A" 볼트를 조인다.

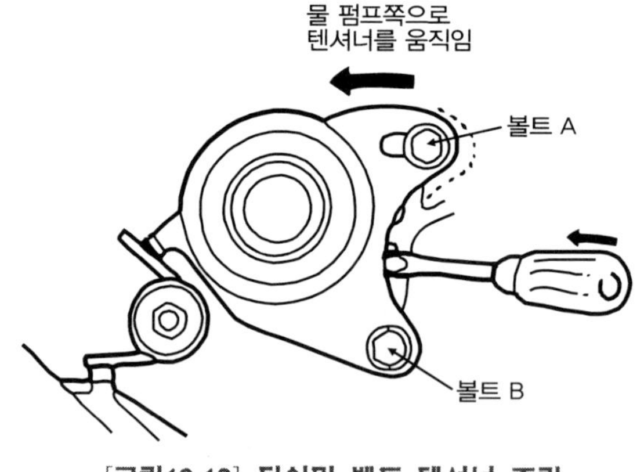


[그림12-13] **타이밍 벨트 텐셔너 조립**

⑦ 타이밍 벨트를 다음 순서로 조립한다.

㉮ 3개 스프로킷의 타이밍 마크를 그림 12-14에 나타낸 바와 같이 정확히 맞춘다.

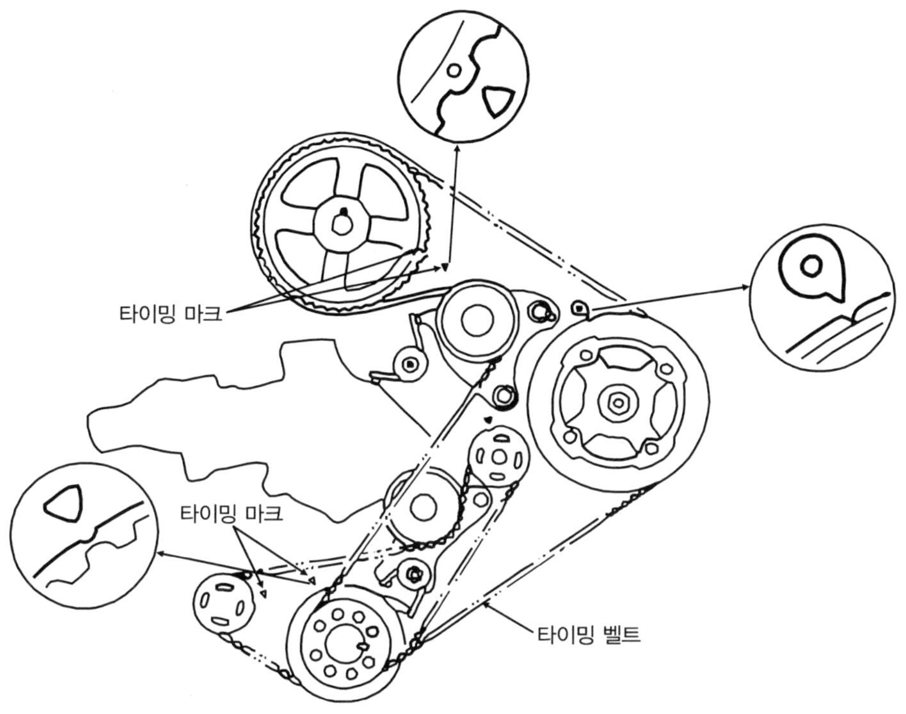


[그림12-14] 타이밍 마크의 위치

㉯ 타이밍 벨트의 인장측이 느슨해지지 않도록 조심하면서 크랭크축 스프로킷 분사펌프 스프로킷, 텐셔너, 캠축 스프로킷 순서로 벨트를 조립한다.

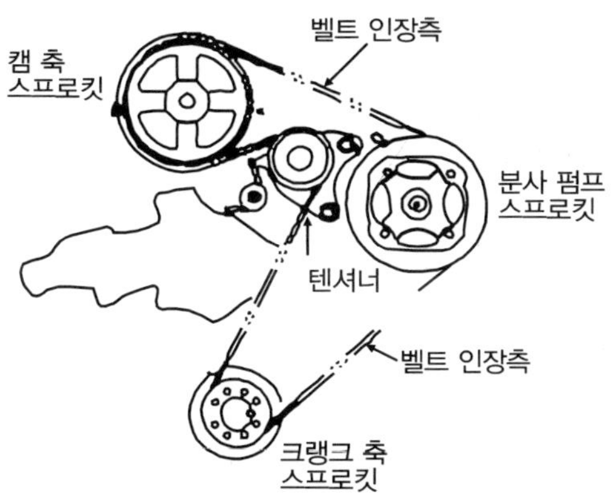


[그림12-15] 타이밍 벨트 인장측 위치

**주의** 분사펌프 스프로킷은 펌프 내의 스프링 장력으로 자전하도록 되어 있기 때문에 움직이지 않도록 하고 벨트를 조립하여야 한다. 또 벨트를 다시 사용할 경우에는 분해할 때 표시한 화살표 방향대로 조립하여야 한다.

㉰ 텐셔너 볼트를 느슨하게 한다.

㉱ 물 펌프에 고정하였던 텐셔너 볼트 "A"를 그림 12-16에 나타낸 화살표 방향으로 민다. 이때 1~2회전시키면 벨트에 장력이 걸린다.

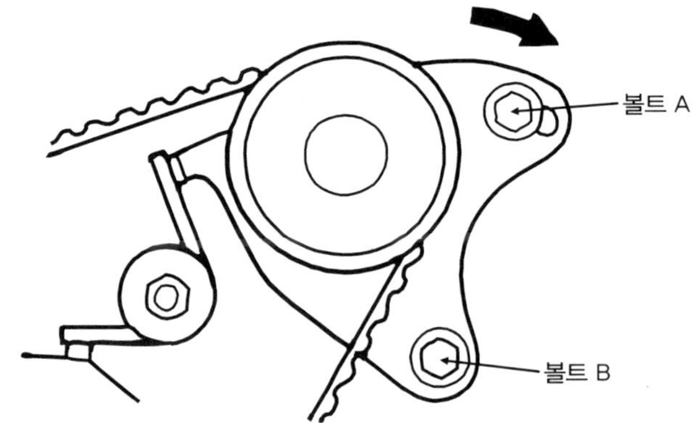


[그림12-16] 텐셔너 볼트 "A"의 위치

㉲ 타이밍 벨트가 3개의 스프로킷과 올바르게 연결되었는지 확인한다.

㉳ 캠축의 2개 이빨 수만큼 크랭크축 케이스를 시계방향으로 회전시킨 다음 자리를 잡아준다.

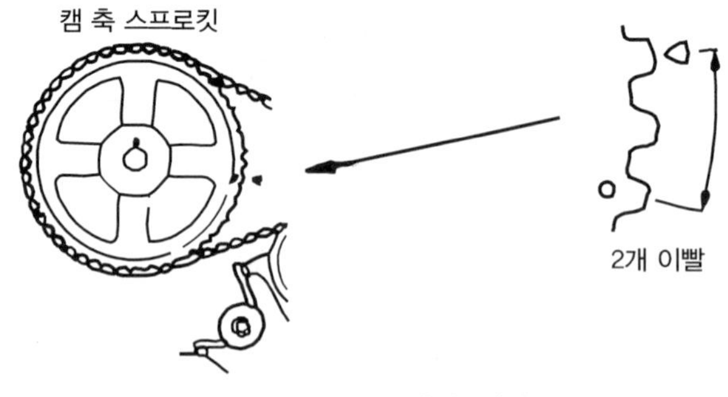


[그림12-17] 2개의 이빨

㉴ 볼트 "A"와 "B"를 조인다. 이때 볼트 B를 먼저 조이면 텐셔너가 함께 회전하기 때문에 타이밍 벨트에 과다한 장력이 걸리게 된다.

㉮ 타이밍 마크를 정렬시키려면 크랭크축을 뒤로 회전시킨다. 이 상태에서 인지로 눌렀을 때 벨트 처짐이 4~5mm인지를 점검한다.

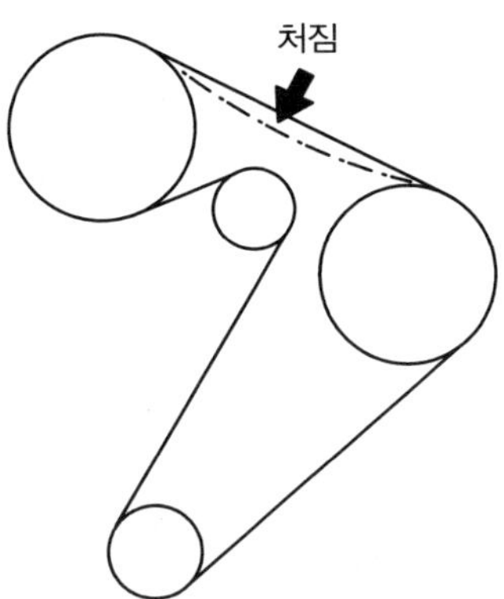


[그림12-18] 벨트 처짐 점검

⑧ 플렌지를 조립한다-이때 플렌지와 분사펌프에 있는 볼트 구멍이 한곳에서 오프셋 되어 있는 것에 주의한다. 조립할 때 그림 12-19에 나타낸 바와 같이 플랜지와 스프로킷을 위치시킨다.

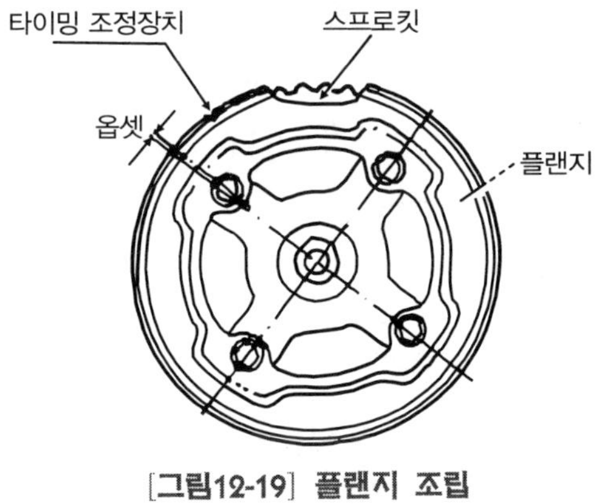


[그림12-19] 플랜지 조립

# 12.3 로커암 축 어셈블리 및 캠축 분해순서

## 12.3.1 로커암 축 어셈블리 및 캠축 분해순서

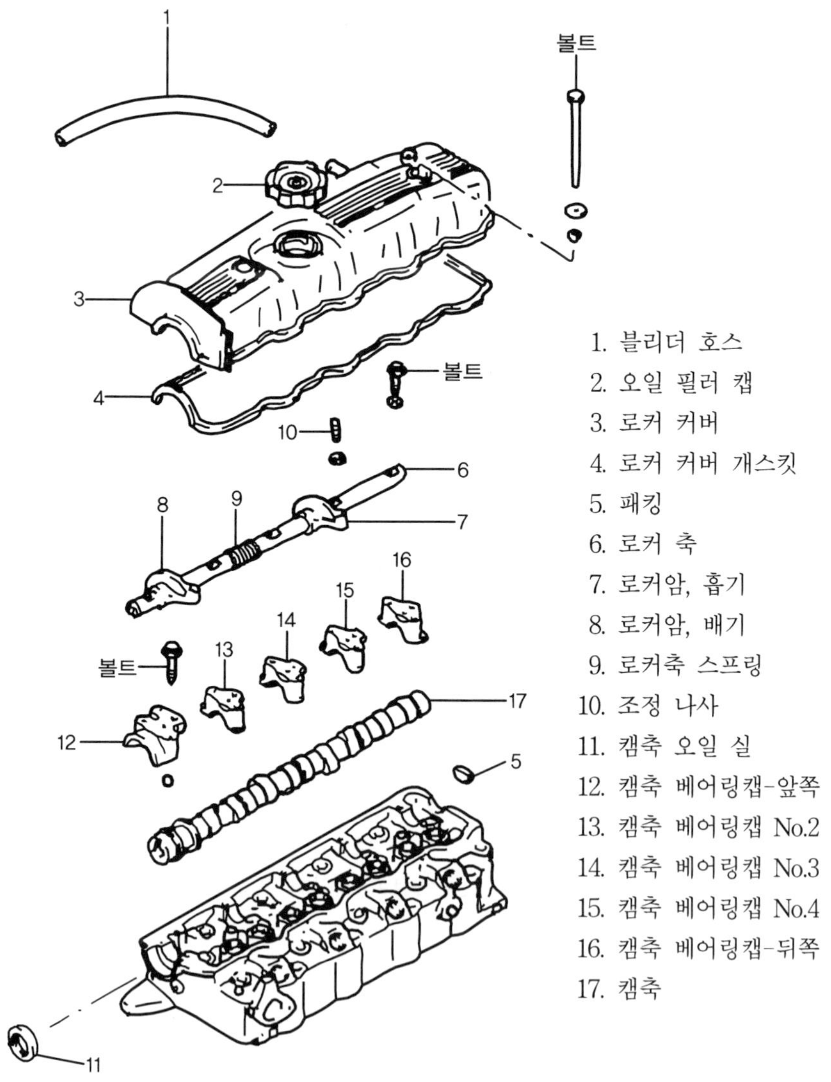


[그림12-20] 로커암 축 어셈블리 및 캠축 구성부품

① 블리더 호스(1), 기관오일 필러 캡(2)을 떼어낸다.
② 로커암 축 어셈블리 커버(3)와 커버 개스킷(4)을 떼어낸다.
③ 패킹(5)을 떼어낸다.
④ 로커암 축(6)을 떼어낸다.
⑤ 흡기 로커암(7)과 배기 로커암(8)을 떼어낸다.
⑥ 로커암 지지 스프링(9)을 떼어낸다.
⑦ 조정 나사(10)를 떼어낸다.
⑧ 캠축 오일 실(11)을 떼어낸다.
⑨ 캠축 베어링 캡(12, 13, 14, 15, 16)을 떼어낸다.
⑩ 실린더 헤드에서 캠축(17)을 떼어낸다.

## 12.3.2 로커암 축 어셈블리 및 캠축 조립순서

### 【1】 캠축 조립

캠축의 다웰 핀이 위로 향하도록 하여 실린더 헤드에 설치한다.

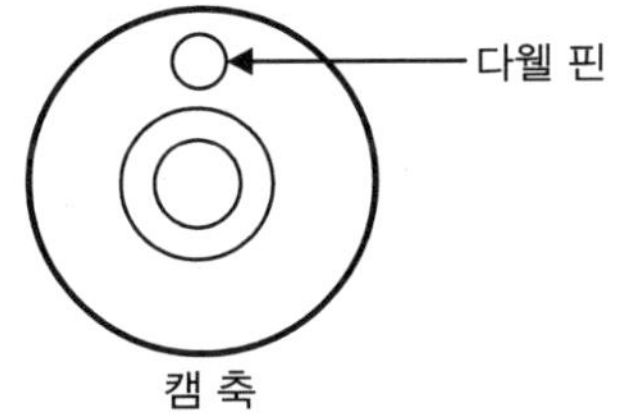


[그림12-21] 캠축의 다웰핀 설치방향

### 【2】 캠축 베어링 캡 조립

베어링 캡 위 부분에 타각되어 있는 식별 번호 순서대로 조립한다.

| 캡 번호 | 1 | 2 | 3 | 4 | 5 |
|---|---|---|---|---|---|
| 식별 번호 | 없음 | 2 | 3 | 4 | 없음 |

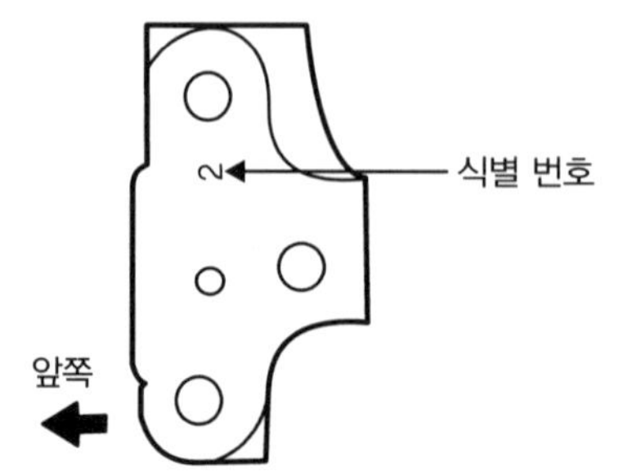

[그림12-22] 캠축 베어링 캡 식별 번호

## 【3】 캠축 오일 실(oil seal) 조립

① 특수공구를 사용하여 신품 오일 실을 앞 베어링 캡 부분에 압입한다.

② 오일 실 립 부분에 오일을 바른다.

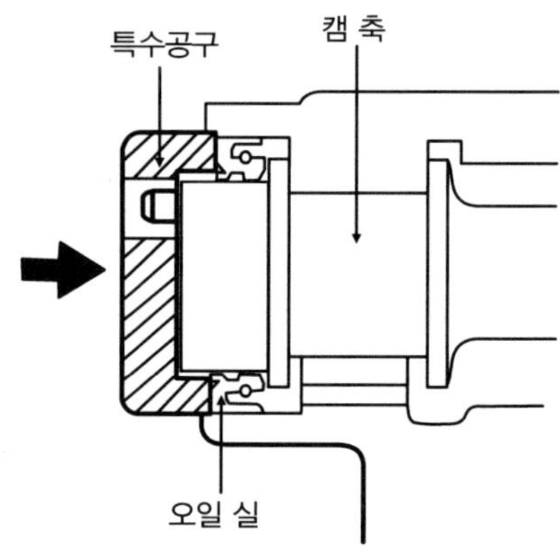

[그림12-23] 캠축 오일 실 조립

## 【4】 로커암 조립

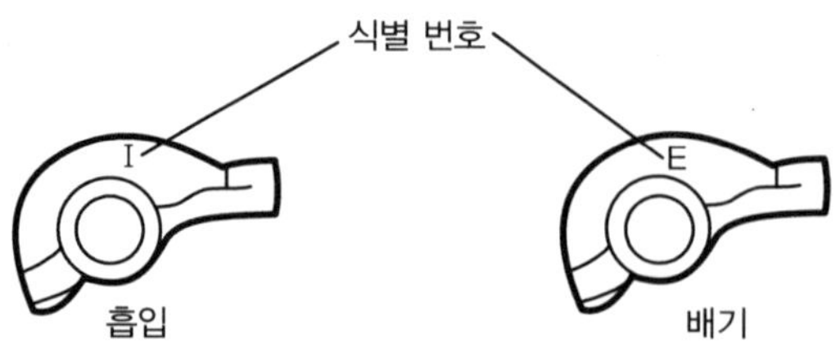

[그림12-24] 로커암 식별 기호

식별 기호(흡입 로커암에는 "I", 배기 로커암에는 "E")를 확인하여 잘못 조립되지 않도록 주의한다.

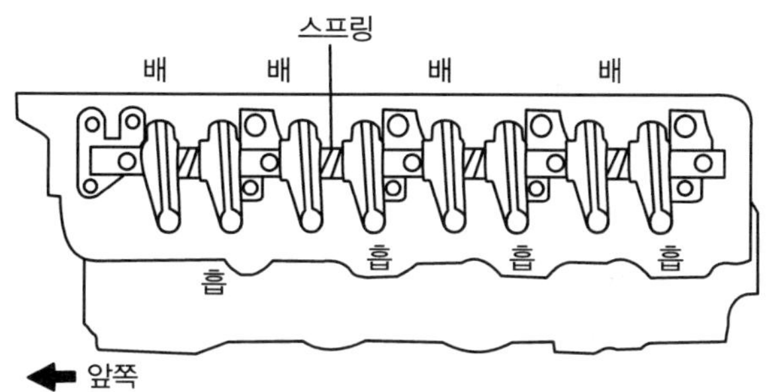


[그림12-25] 흡 · 배기 로커암의 조립상태

## 【5】 로커암 축 조립

① 그림 12-26에 나타낸 바와 같이 오일통로 쪽을 아래쪽으로 조립한다.
② 오일통로 1개가 있는 곳을 앞쪽으로 하여 조립한다.

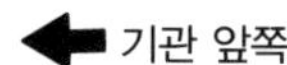


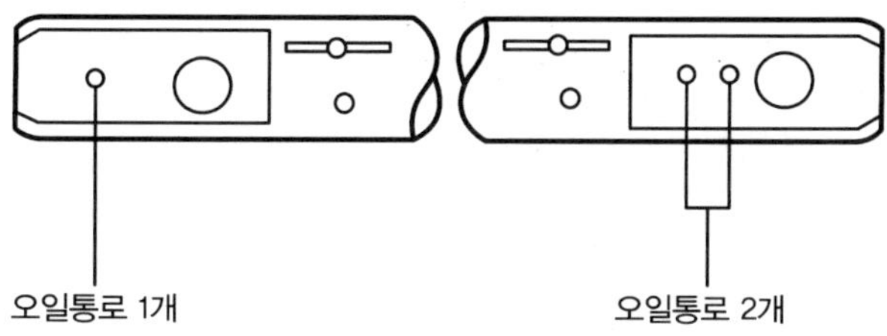


[그림12-26] 로커암 축 조립방향

# 12.4 실린더헤드 정비

## 12.4.1 실린더 헤드 분해순서

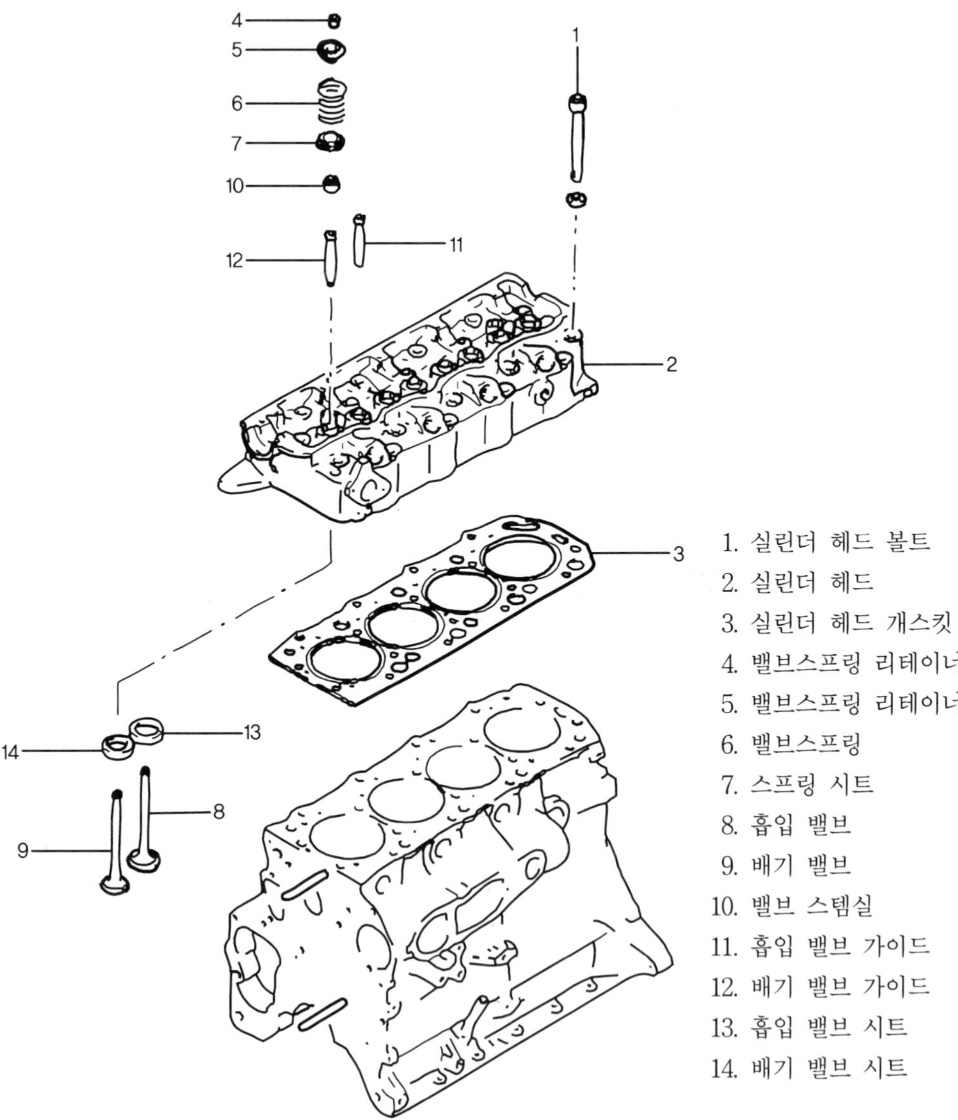


[그림12-27] 실린더 헤드 · 밸브 및 밸브스프링 구성부품

① 실린더 헤드 볼트(1)를 푼다-특수공구를 사용하여 그림 12-29에 나타낸 순서대로 조금씩 풀도록 한다.

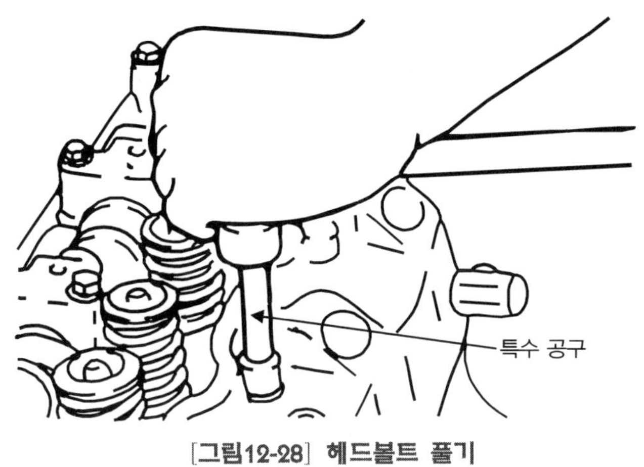


[그림12-28] 헤드볼트 풀기

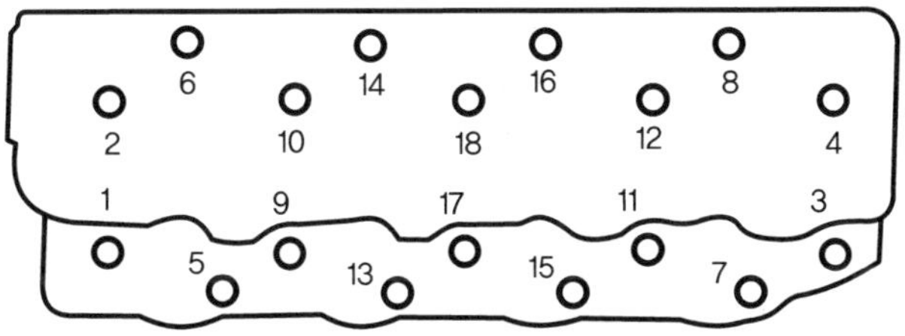

[그림12-29] 헤드 볼트 푸는 순서

② 실린더 헤드(2)를 떼어낸 다음 헤드 개스킷(3)을 떼어낸다.

## 12.4.2 실린더 헤드 조립순서

### 【1】 헤드 개스킷 조립

① 실린더 헤드와 블록의 개스킷 접촉면을 청소한다.
그림 12-30에 나타낸 부분을 위쪽으로 하여 설치한다.

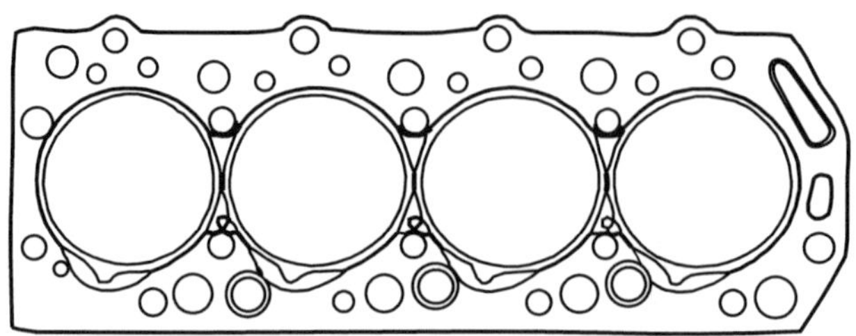

[그림12-30] 헤드 개스킷 설치방향

### 【2】 헤드 볼트 조임

① 특수공구를 사용하여 그림 12-31에 나타낸 순서로 헤드 볼트를 조인다.

② 헤드볼트는 2~3회 나누어서 천천히 조이고 마지막에 규정 토크로 조인다.

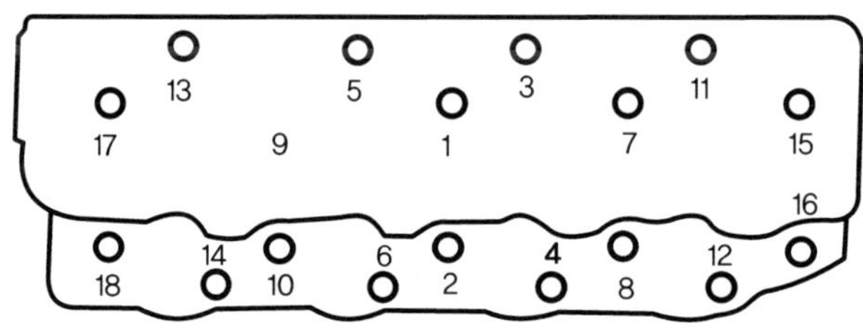


[그림12-31] 헤드볼트 조임 순서

- 헤드볼트 조임 토크(갤로퍼 Ⅱ 엔진)

| 냉각 상태 | 10.5~11.5kgf-m |
|---|---|
| 열간 상태 | 11.5~12.5kgf-m |

## 12.5 앞 케이스 · 사일런트 축 및 오일 팬 정비

### 12.5.1 앞 케이스 · 사일런트 축 및 오일 팬 분해 순서

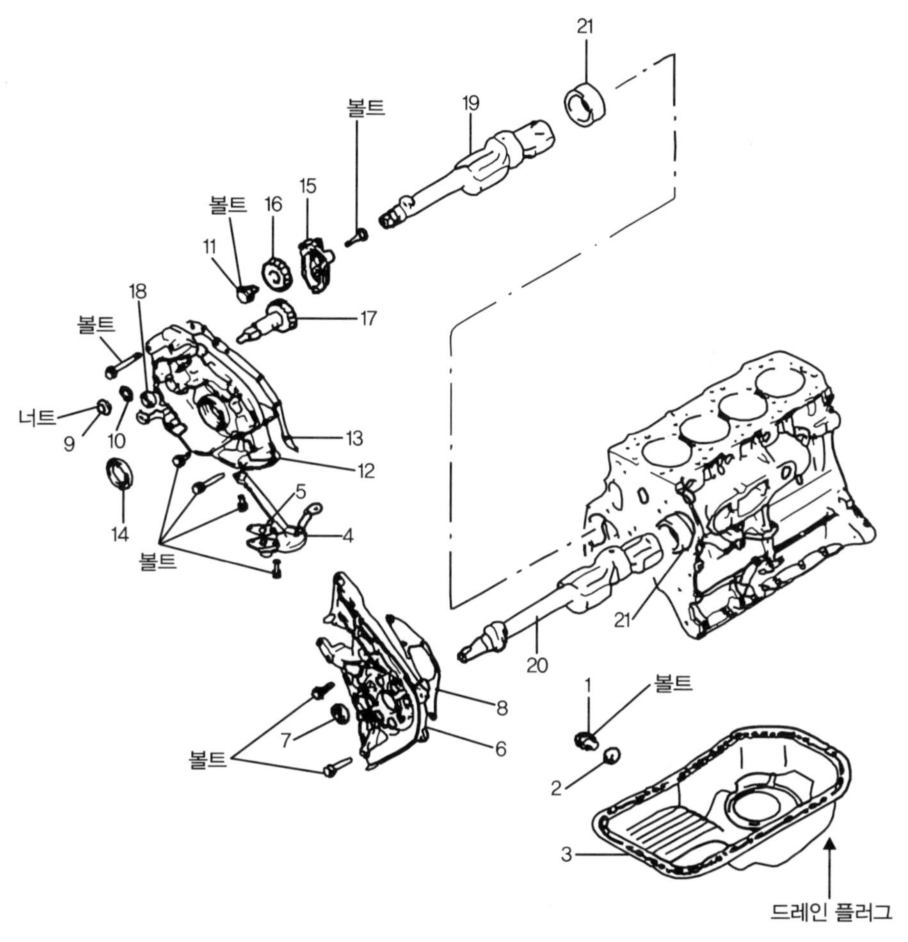


1. 드레인 플러그
2. 드레인 플러그 개스킷
3. 오일팬
4. 오일 스트레이너
5. 오일 스트레이너 개스킷
6. 앞 위 케이스
7. 오일 실
8. 앞 위 케이스 개스킷
9. 플러그 캡
10. O-링
11. 플랜지 볼트
12. 앞 아래 케이스
13. 앞 아래 케이스 개스킷
14. 앞 오일 실
15. 사일런트 축 기어 커버
16. 사일런트 축 피동 기어
17. 사일런트 축 구동 기어
18. 오일 실
19. 사일런트 축, 우측
20. 사일런트 축, 좌측
21. 베어링, 뒤쪽

**[그림12-32] 앞 케이스 · 사일런트 축 및 오일 팬 분리하기**

① 오일 팬의 드레인 플러그(1)를 풀고 기관오일을 배출시킨다.

② 오일 팬(3)을 떼어낸다-오일 팬 밑면 모서리 부분이나 드레인 플러그 부분을 고무 망치로 두들겨서 떼어낸다. 이때 오일 팬 플랜지와 실린더 블록 사이에 끌이나 (-)드라이버를 집어넣어 오일 팬을 떼어내서는 안 된다. 오일 팬 플랜지 면이 변형되기 쉽다.

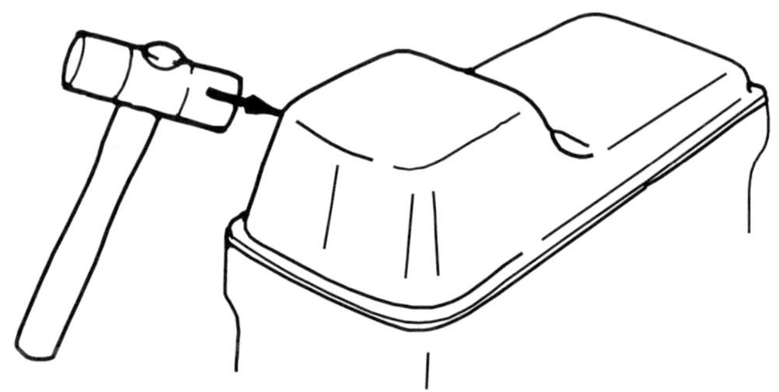

[그림12-33] 오일 팬 분리하기

③ 아래 케이스(12)에서 오일 스트레이너(4)와 개스킷(5)을 떼어낸다.

④ 위 케이스(6)를 떼어낸다.

⑤ 위 케이스(6)에서 오일 실(7)과 케이스 개스킷(8), 오일 실(14, 18)을 떼어낸다.

⑥ 아래 케이스(12)에서 플러그 캡(9)과 O-링(10)을 빼낸다.

⑦ 사일런트 축 기어 플렌지 볼트(11)를 풀고 사일런트 구동 기어(16), 기어 커버(15), 피동 기어(17)를 떼어낸다-플렌지 볼트는 다음 순서로 풀도록 한다.

㉮ 실린더 블록 오른쪽 플러그를 떼어낸다.

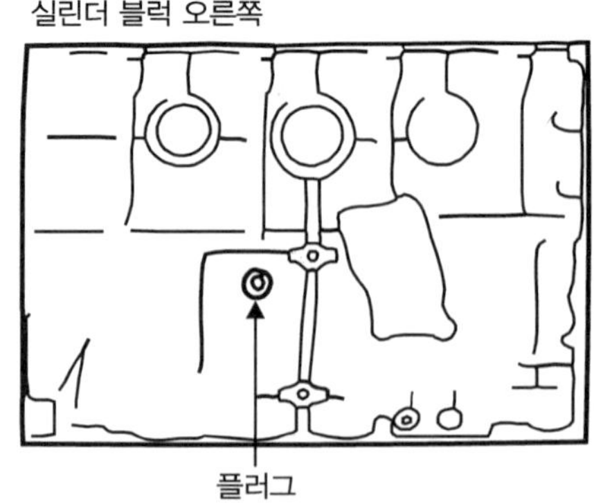


[그림12-34] 실린더 블록의 오른쪽 플러그 위치

㉯ 드라이버를 플러그 구멍으로 집어넣어 사일런트 축이 회전하지 않도록 고정한다.

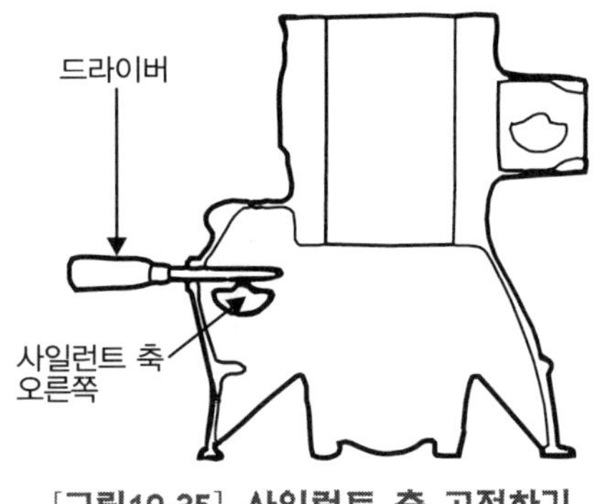


[그림12-35] 사일런트 축 고정하기

㉰ 플렌지 볼트를 푼다.

⑧ 아래 케이스(12)와 케이스 개스킷(13)을 떼어낸다.

⑨ 실린더 블록으로부터 좌·우측 사일런트 축을 빼낸다.

## 12.5.2 앞 케이스·사일런트 축 및 오일 팬 조립 순서

### 【1】 오일 실(oil seal) 조립

구동기어에 특수공구를 연결하고 특수공구 바깥둘레 및 구동기어 축에 기관오일을 바른다.

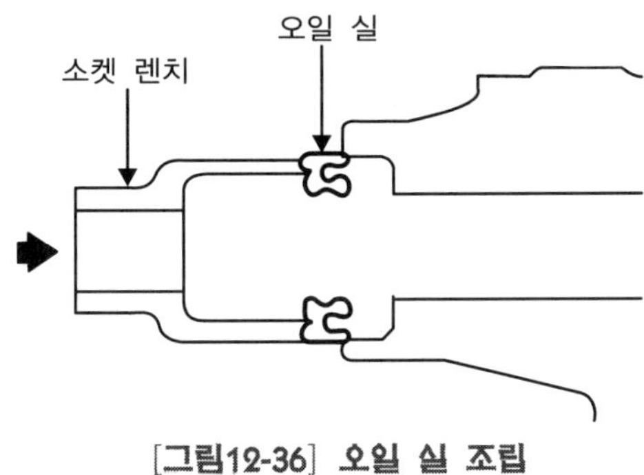


[그림12-36] 오일 실 조립

### 【2】 사일런트 축 구동기어와 피동기어 조립

① 기어에 기관오일을 바른다.

② 사일런트 축 구동기어와 피동기어의 일치마크를 맞추어 아래 케이스에 조립한다.

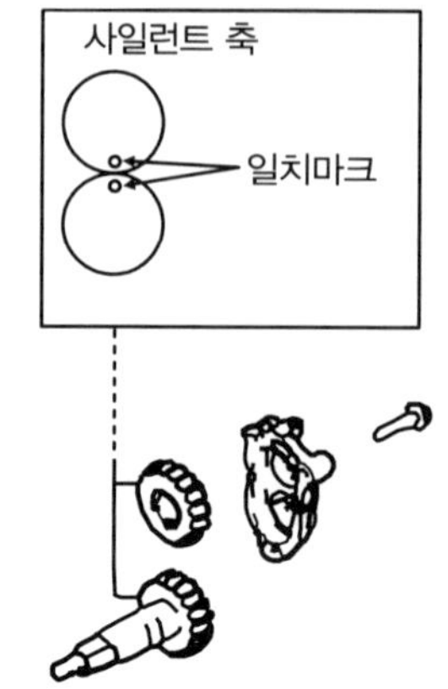


[그림12-37] 기어의 일치마크

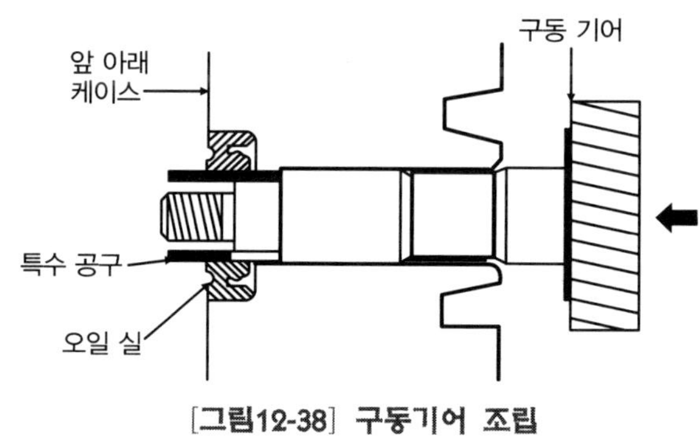


[그림12-38] 구동기어 조립

## 【3】 아래 케이스 조립

그림 12-39에 나타낸 바와 같이 7개의 볼트를 규정 토크로 조인다.

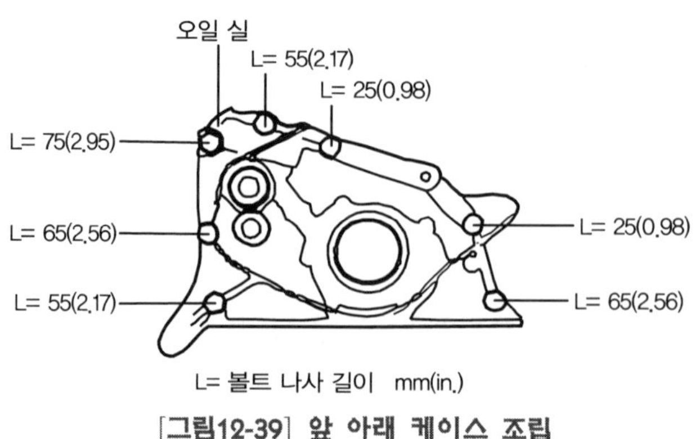


[그림12-39] 앞 아래 케이스 조립

### 【4】 앞 오일 실(front oil seal) 조립

① 크랭크축에 특수공구의 가이드를 조립하고 바깥둘레에 기관오일을 바른다.
② 특수공구를 사용하여 앞 오일 실을 케이스에 조립한다.

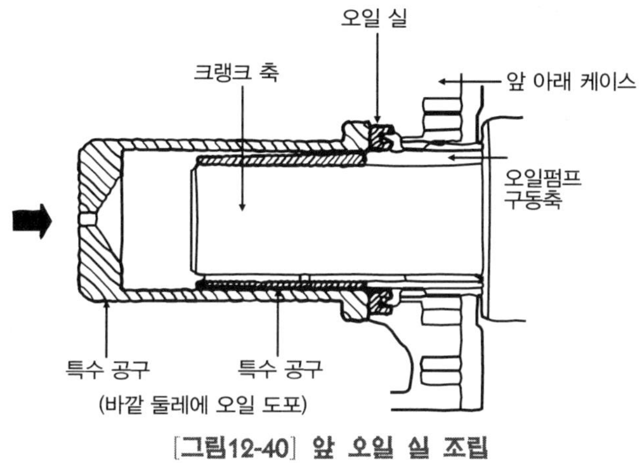


[그림12-40] 앞 오일 실 조립

### 【5】 플렌지 볼트 조립

① 드라이버를 실린더 블록의 플러그 구멍으로 끼워 넣어 오른쪽 사일런트 축이 회전하지 못하도록 한다.
② 플렌지 볼트를 규정 토크로 조인다.
③ 드라이버를 빼내고 플러그를 조립한다.

### 【6】 오일 팬 조립

① 실린더 블록 및 오일 팬의 개스킷 면에 부착된 실(seal)제를 제거한다.
② 오일 팬 플렌지에 실(seal)을 4mm 두께로 바른다.
③ 실제를 바른 후 15분 이내에 오일 팬을 조립하고 볼트를 규정 토크로 조인다.

## 12.6 피스톤-커넥팅로드 점검 · 정비

### 12.6.1 피스톤 커넥팅로드 분해순서

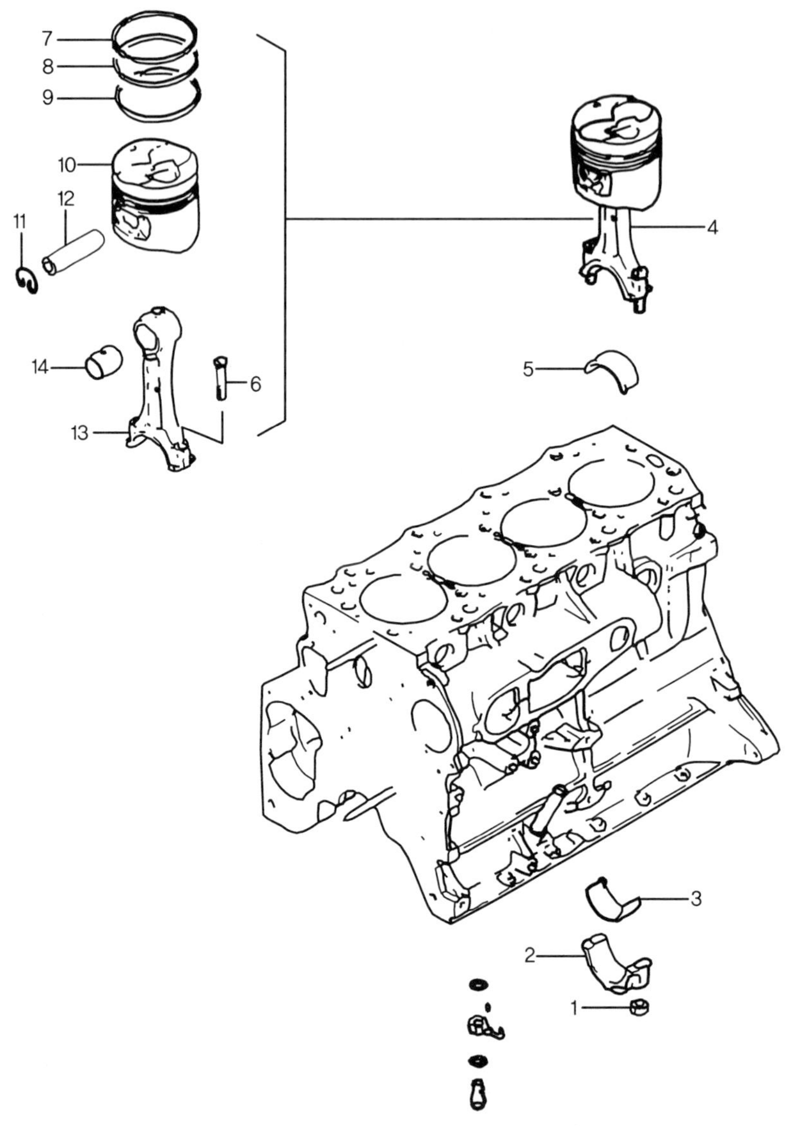


| | |
|---|---|
| 1. 너트 | 2. 커넥팅 로드 캡 |
| 3. 커넥팅 로드 베어링 | 4. 피스톤과 커넥팅 로드 어셈블리 |
| 5. 커넥팅 로드 베어링 | 6. 볼트 |
| 7. 피스톤 링 No.1 | 8. 피스톤 링 No.2 |
| 9. 오일링 | 10. 피스톤 |
| 11. 스냅링 | 12. 피스톤 핀 |
| 13. 커넥팅 로드 | 14. 부싱 |

[그림12-41] **피스톤 커넥팅로드 구성부품**

① 너트 (1)를 풀고 커넥팅로드 베어링 캡(2)과 베어링(3)을 떼어낸다.
② 피스톤-커넥팅로드 어셈블리(4)를 실린더 블록으로부터 빼낸다.

## 12.6.2 피스톤 커넥팅로드 조립순서

### 【1】 피스톤 링 조립순서

① 오일 링 익스팬더와 오일 링을 피스톤에 조립한다.
② No.2 및 No.1 압축 링을 조립한다. 피스톤 링은 제조회사 표시, 크기가 표시된 부위가 피스톤 위쪽으로 향하도록 하여 조립한다.

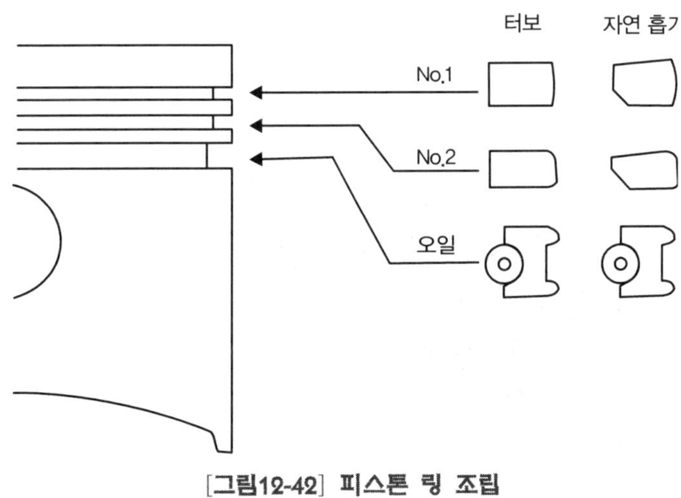

[그림12-42] 피스톤 링 조립

### 【2】 실린더에 피스톤-커넥팅로드 어셈블리 조립하기

① 피스톤·피스톤 링에 기관오일을 바른다.
② 그림 12-43에 나타낸 바와 같이 압축 링과 오일 링의 엔드 갭 방향을 조절한다.

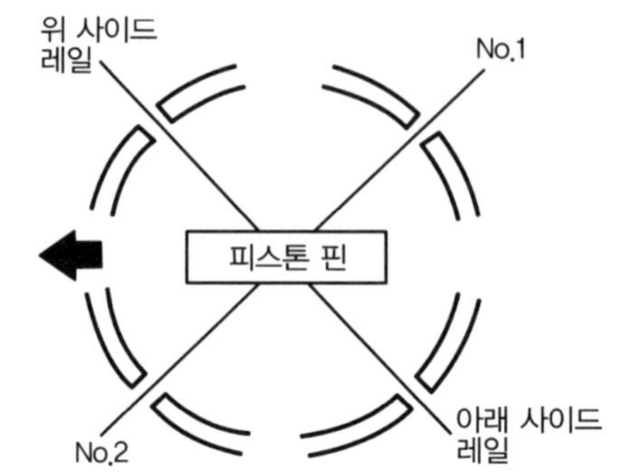


[그림12-43] **압축 링과 오일 링 엔드 갭 방향**

③ 피스톤-커넥팅로드 어셈블리는 피스톤 앞쪽 표시 및 커넥팅로드의 앞쪽 표시가 기관 앞쪽으로 향하도록 하고 실린더 위쪽으로부터 끼운다.

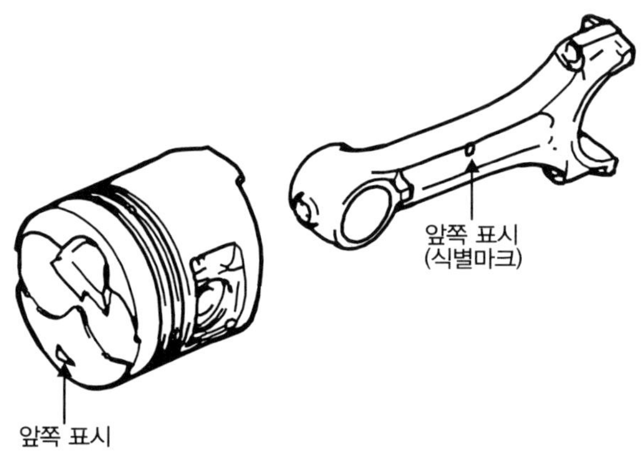


[그림12-44] **앞쪽 표시**

④ 피스톤 링 밴드로 피스톤 링을 확실히 고정하고 피스톤을 실린더에 끼운다. 이때 강하게 쳐서 조립하면 피스톤 링 · 크랭크축 핀의 손상 원인이 된다.

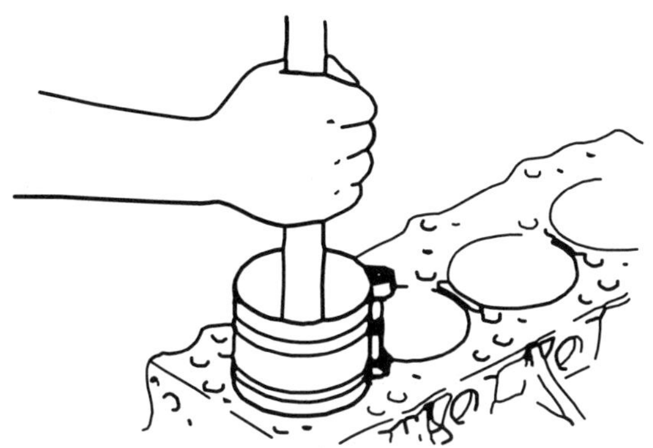

[그림12-45] 실린더에 피스톤 조립하기

### 【3】 커넥팅로드 베어링 캡 조립

분해할 때 표시한 마크에 맞추어 베어링 캡을 커넥팅로드 대단부에 조립한다. 일치 마크가 없는 신품인 경우에는 그림 12-46에 나타낸 바와 같이 노치 부분이 같은 방향이 되도록 조립한다.

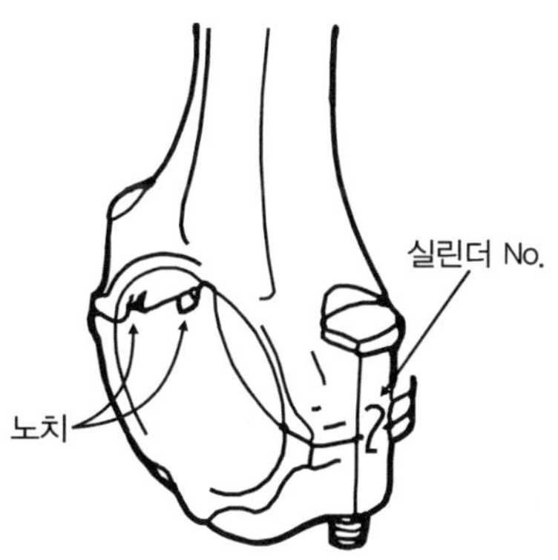


[그림12-46] 베어링 캡 노치 방향

## 12.7 크랭크축과 플라이 휠 점검·정비

### 12.7.1 크랭크축과 플라이 휠 분해순서

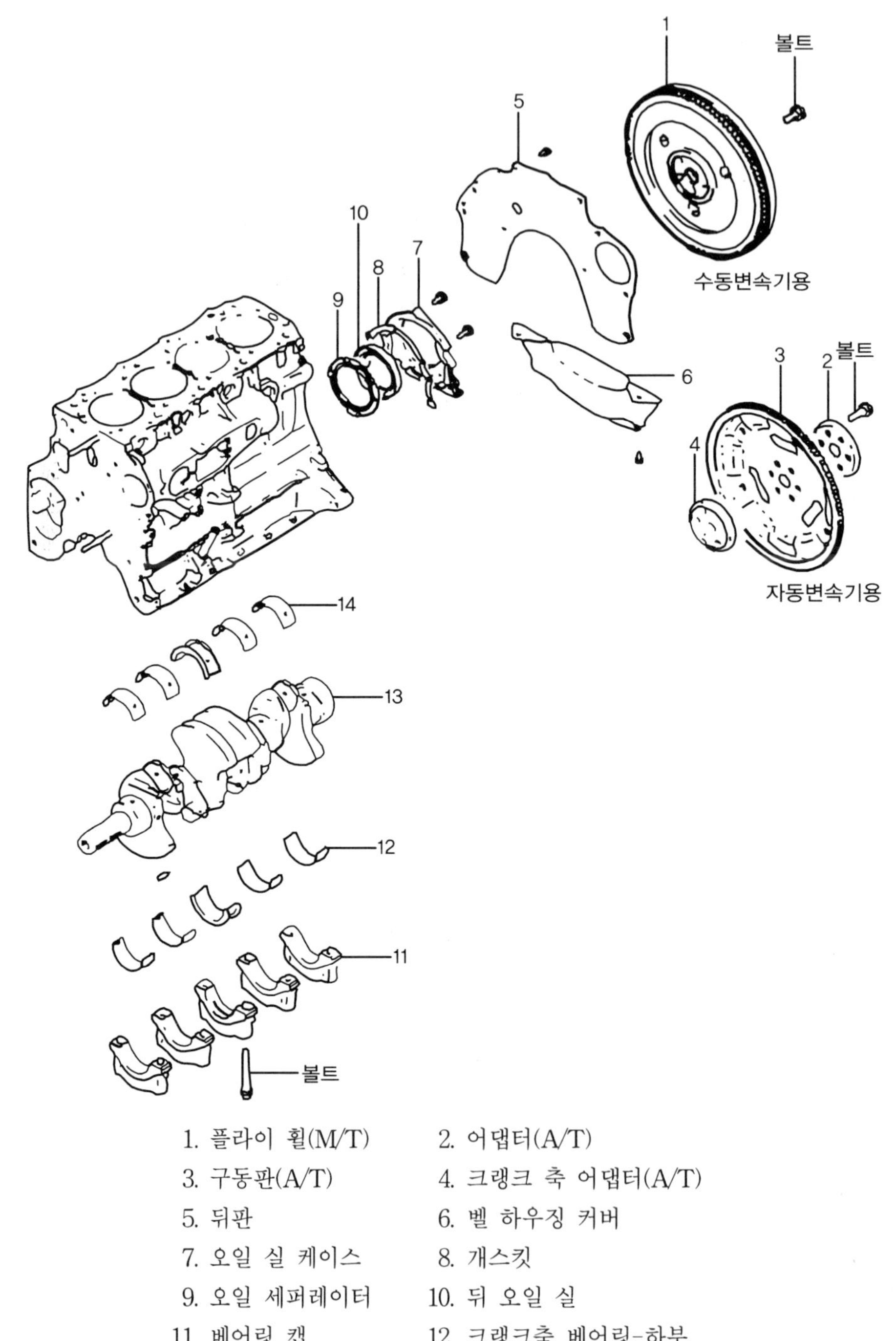


1. 플라이 휠(M/T)
2. 어댑터(A/T)
3. 구동판(A/T)
4. 크랭크 축 어댑터(A/T)
5. 뒤판
6. 벨 하우징 커버
7. 오일 실 케이스
8. 개스킷
9. 오일 세퍼레이터
10. 뒤 오일 실
11. 베어링 캡
12. 크랭크축 베어링-하부
13. 크랭크축
14. 크랭크축 베어링-상부

**[그림12-47] 크랭크축과 플라이 휠 구성부품**

① 수동 변속기(M/T) 차량인 경우에는 플라이 휠 고정 볼트를 풀고 플라이 휠(1)을 떼어낸다.
② 자동 변속기(A/T) 차량인 경우에는 어댑터 판(2), 구동 판(3), 크랭크축 어댑터(4)를 떼어내다.
③ 뒤 판(rear plate, 5)과 벨 하우징 커버(6)를 떼어낸다.
④ 오일 실 케이스(7), 개스킷(8), 오일 세퍼레이터(9), 뒤 오일 실(10)을 떼어낸다.
⑤ 크랭크축 메인 베어링 캡(11)과 아래 베어링(12)을 떼어낸다.
⑥ 크랭크축(13)과 위 베어링(14)을 떼어낸다.

## 12.7.2 크랭크축과 플라이 휠 조립순서

### 【1】 메인 베어링과 베어링 캡 조립

① 위 메인 베어링을 실린더 블록에 조립한다. 위 메인 베어링에는 오일 홈이 있다.
② 아래 메인 베어링을 각 베어링 캡에 조립하고 베어링 표면에 기관오일을 바른다.

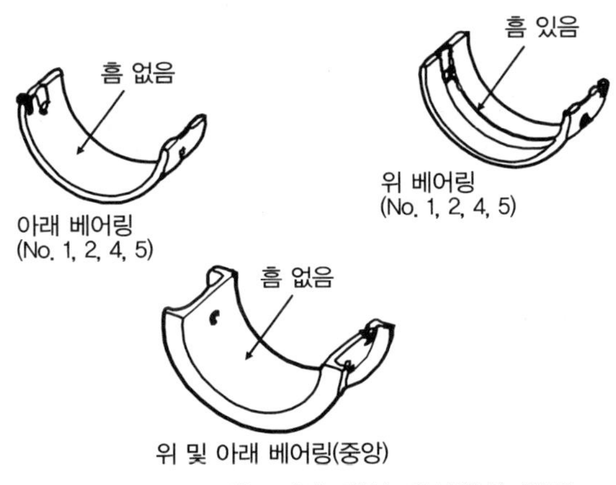


[그림12-48] 위 · 아래 메인 베어링의 구조

③ 캡의 번호 및 화살표에 주의하여 베어링 캡을 조립한다.

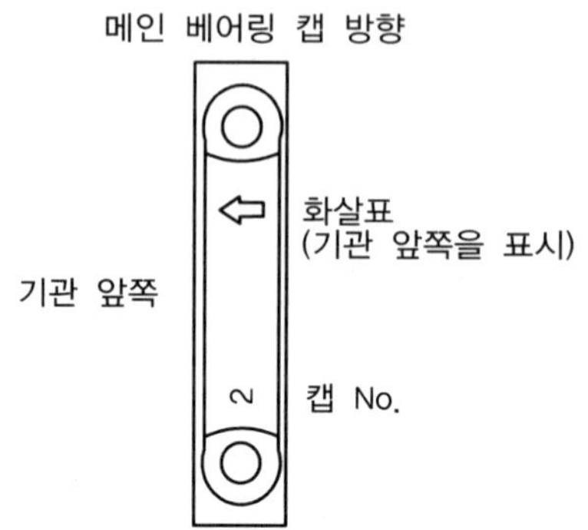


[그림12-49] **메인 베어링 캡 조립방향**

## 【2】 오일 실 조립

특수공구를 사용하여 오일 실 케이스에 신품 오일 실을 끼운다.

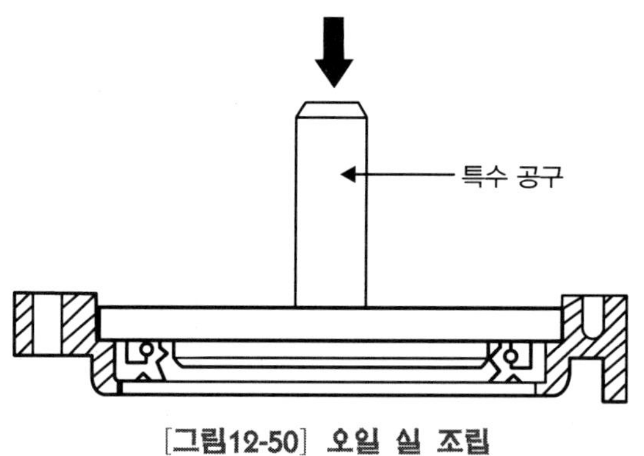


[그림12-50] **오일 실 조립**

## 【3】 오일 세퍼레이터 조립

오일 세퍼레이터는 오일구멍이 밑으로 오도록 하여 케이스에 조립한다.

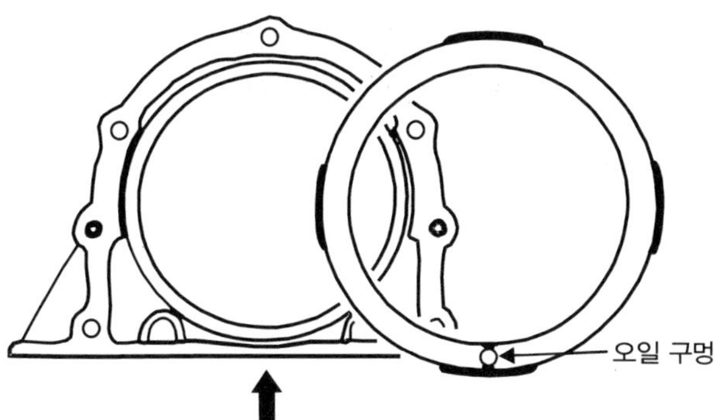


[그림12-51] 오일 세퍼레이터 조립

## 12.8 실린더 블록

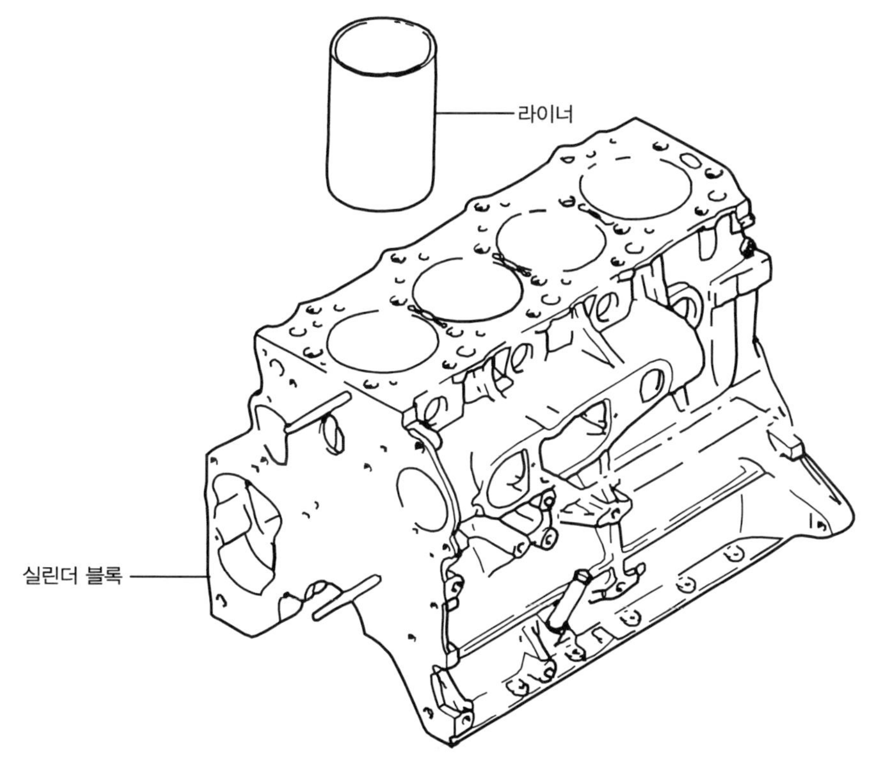


[그림12-52] 실린더 블록과 라이너

# MEMO

# 제13장 디젤기관 시동작업 및 공전속도 점검

## 13.1 디젤기관 시동작업

### 13.1.1 연료장치 공기빼기 작업

**【1】 독립형 분사펌프를 사용하는 기관**

① 연료 공급펌프의 출구 파이프의 피팅을 조금 풀고 프라이밍 펌프를 작동시켜 기포가 나오지 않을 때까지 작업을 한 후 피팅을 조인다.

② 연료 여과기의 출구 파이프의 피팅을 조금 풀고 프라이밍 펌프를 작동시켜 기포가 나오지 않을 때까지 작업을 한 후 피팅을 조인다.

③ 분사펌프의 입구 파이프 피팅과 분사노즐의 입구 파이프 피팅을 조금 풀고 프라이밍 펌프를 작동시켜 기포가 나오지 않을 때까지 작업을 한 후 피팅을 조인다.

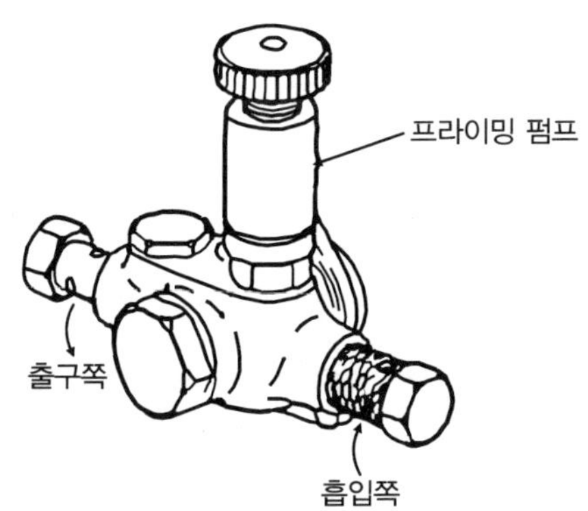


[그림13-1] 프라이밍 펌프 설치위치

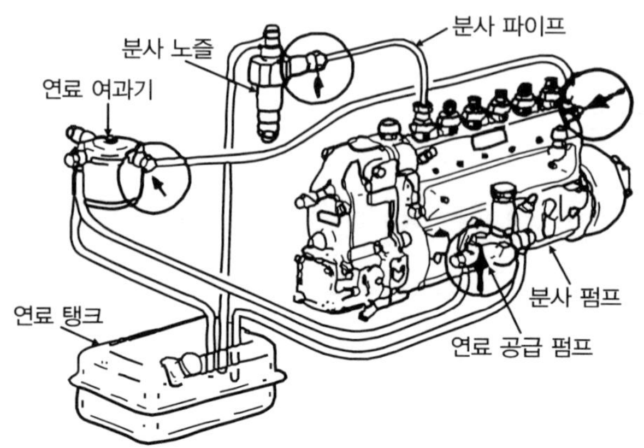

[그림13-2] 공기빼기용 피팅 설치위치

### 【2】 분배형 분사펌프를 사용하는 기관

① 연료 여과기의 공기빼기 플러그를 푼다.

② 공기빼기 플러그 구멍의 주위를 헝겊 등으로 덮어 플러그 구멍에서 기포가 나오지 않을 때까지 프라이밍 펌프의 조작을 반복한 후 공기빼기 플러그를 조인다.

③ 프라이밍 펌프의 조작이 무거워질 때까지 반복한다.

④ 공기빼기 작업이 끝나면 공기빼기 플러그를 확실하게 조인다.

⑤ 분사 파이프를 노즐 쪽에서 1개씩 풀면서 연료가 나올 때까지 기동전동기로 기관을 크랭킹시켜 공기빼기를 한다. 이때 연료차단 솔레노이드 밸브가 연결되어 있어야 한다.

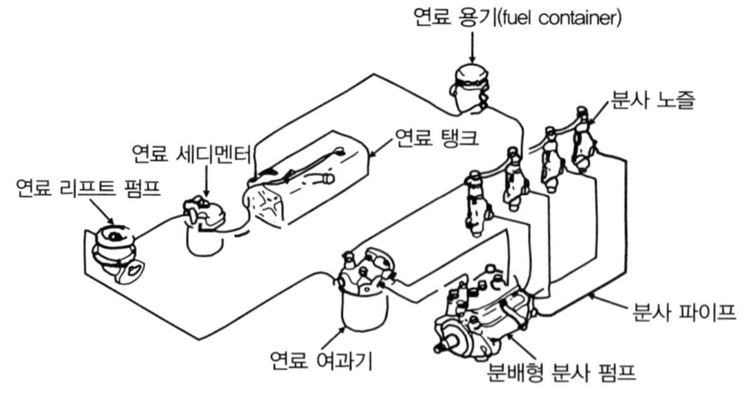

[그림13-3] 분배형 연료계통의 구성부품

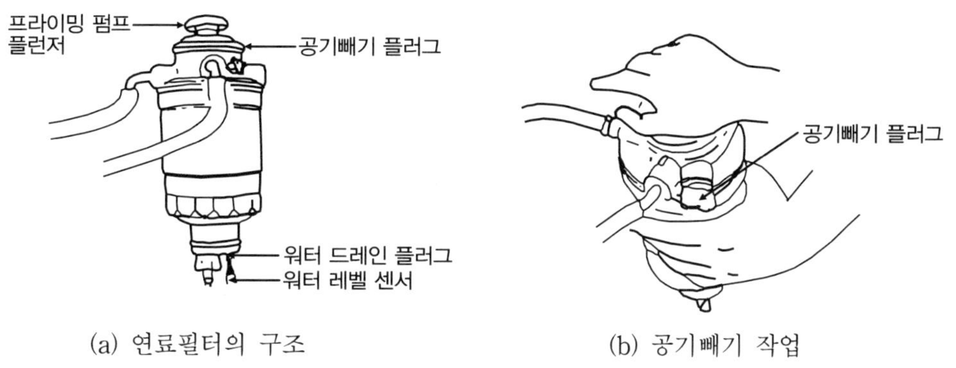


(a) 연료필터의 구조 (b) 공기빼기 작업

[그림13-4] 공기빼기 작업

## 13.1.2 디젤기관 시동작업(분배형 분사펌프 사용)

① 크랭크축 풀리의 V노치를 인디케이터에 일치시킨다.

② 밸브간극을 점검하고 필요하면 조정한 다음 다시 크랭크축 풀리의 V노치를 인디케이터에 일치시킨다.

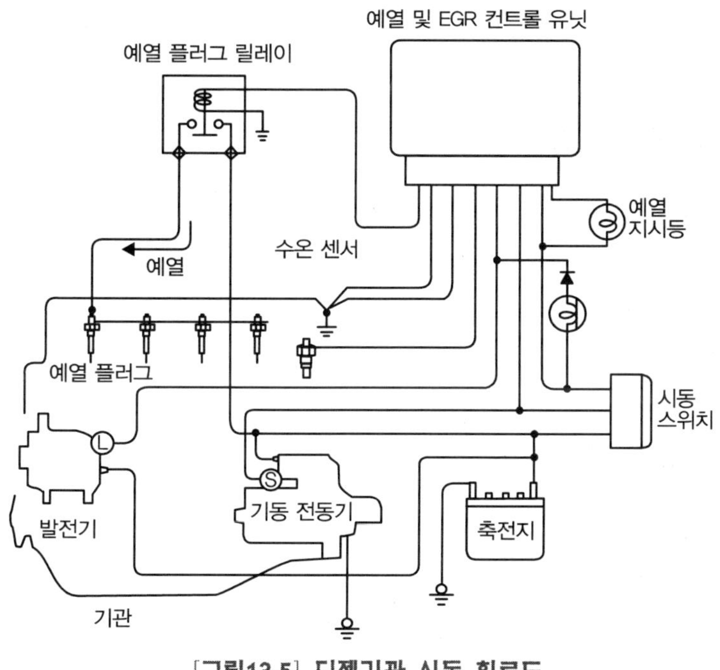


[그림13-5] 디젤기관 시동 회로도

③ 연료장치의 공기빼기작업을 실시한다.
④ 예열플러그, 연료차단 솔레노이드 밸브, 스로틀 포지션센서(자동 변속기 차량)의 배선을 연결한다.
⑤ 예열플러그 릴레이 및 기동전동기에 배선을 한다.
⑥ 축전지 [+], [-]단자에 케이블을 연결하고 30초 정도 시동스위치를 ON으로 하여 예열시킨 후 Start위치로 시동 스위치를 돌려 기관을 시동한다.

## 13.2 디젤기관 공전속도 점검방법

### 13.2.1 준비 작업

① 기관 냉각수 온도가 80~90℃가 되게 난기시킨다.
② 등화 장치 및 전장부품을 모두 OFF시킨다.
③ 변속레버는 중립으로 한다.
④ 밸브간극 및 분사시기를 점검한다.

### 13.2.2 배선 연결방법

① 축전지 [+]단자에 적색 클립을, [-]단자에는 흑색클립을 연결한다.
② 전압 체크배선을 축전지 [+]단자에 연결한다.
③ 피에조 센서 케이블은 분사펌프 1번 분사파이프 상의 분사노즐에 가장 가까운 부분에 단단히 설치한다.

### 13.2.3 공전속도 측정방법

① 규정된 회전속도로 기관을 공전시킨다.
② 플래쉬/메모리 키를 눌러 TDC마크에 불빛을 비춘다. 만약 일치하지 않으면 각도 증감 스위치를 좌우로 눌러 TDC마크와 일치시킨다.
③ TDC마크와 일치하면 플래쉬/메모리 키를 놓는다. 이때 진각도와 회전속도

(rpm)가 약 10초 동안 메모리 된다.

④ 액정에 나타난 진각도와 회전속도를 읽어 규정 값을 벗어나면 조정한다.

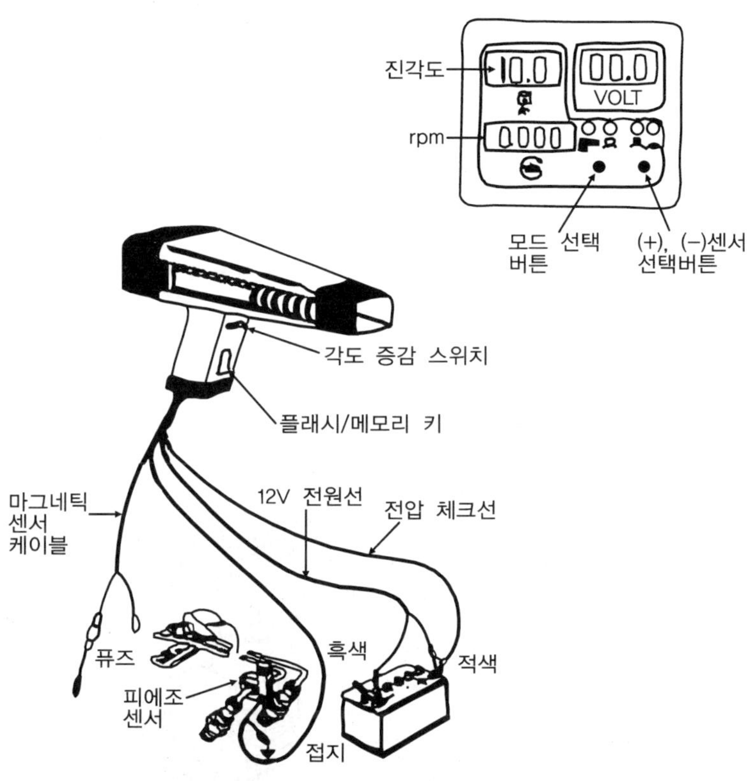


[그림13-6] **디젤기관 회전속도 측정기(MOD 231)**

## 13.2.4 공전속도 조정방법

① 가속 케이블의 휨량을 점검한다. 휨량이 표준 값(1.0~3.0mm)을 벗어나면 가속케이블 고정너트를 돌려 조정한다.

② 공전속도 조정볼트의 고정너트를 풀고 공전속도 조정볼트를 돌려 조정한다. 이때 조정볼트를 시계방향으로 돌리면 회전속도가 증가하고, 반 시계방향으로 돌리면 감소한다.

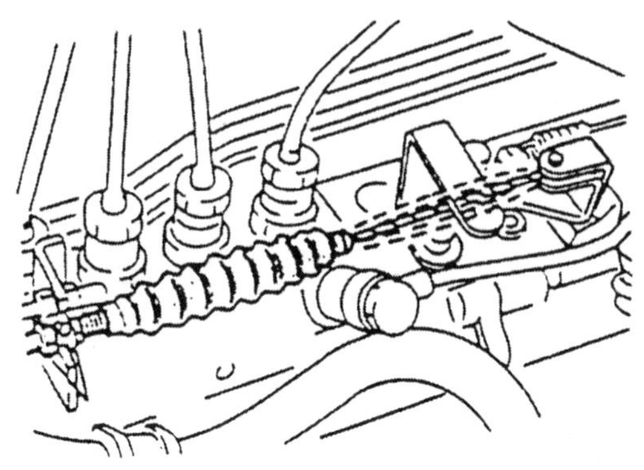

[그림13-7] 가속 케이블 설치위치

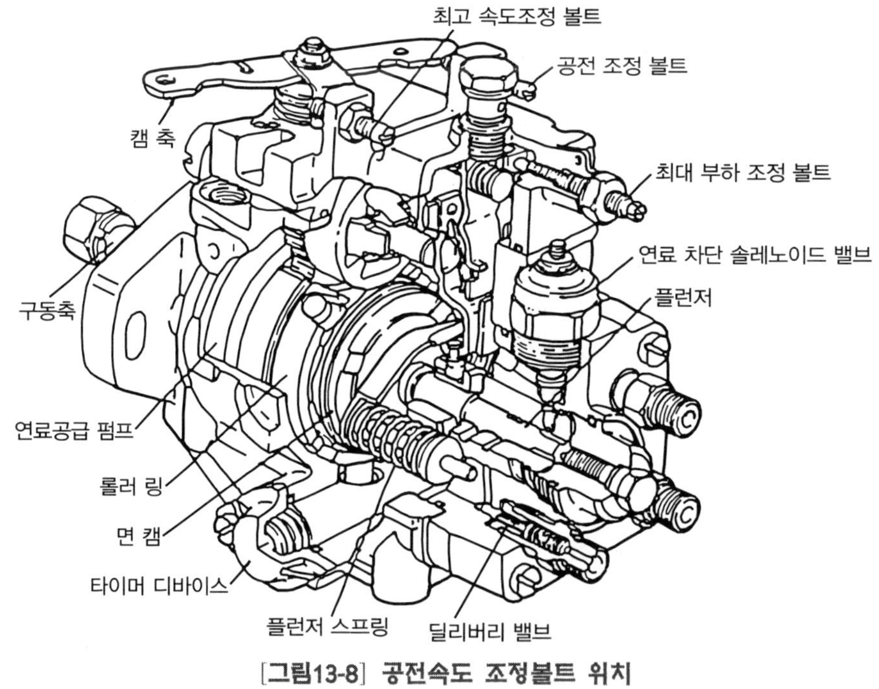


[그림13-8] 공전속도 조정볼트 위치

▶ 차량별 분사시기 및 공전속도

| 차 종 \ 항 목 | | 분사시기 | 공전속도(rpm) |
|---|---|---|---|
| 그레이스 | | ATDC4° | 750±50 |
| 갤 로 퍼 | | ATDC° | 720~780 |
| 무 쏘 | 601 | BTDC 15±1° | 700±50 |
| | 602 | BTDC 15±1° | 750±50 |
| 코란도 | 601 | BTDC 15±1° | 800±50 |
| | 602 | BTDC 15±1° | 770±50 |
| 스타렉스 | D4BB | ATDC 5° | 850±100 |
| | D4BF | ATDC 7° | 750±30 |
| 스포티지 | RT | ATDC 9° | 770+30, -20 |
| | RE | ATDC 11° | 800±25 |

주어진 디젤 기관에서 타이밍 벨트(또는 타이밍 기어)를 교환하여 시동을 걸고 공전속도를 점검하여 기록표에 기록하시오.

| 디젤기관 점검<br>자동차 번호 : | 비번호<br>(등번호) | | 감독위원<br>확 인 | |
|---|---|---|---|---|

| 측정항목 | ① 점검(또는 측정) | | ② 판정 및 정비(또는 조치)사항 | | 득 점 |
|---|---|---|---|---|---|
| | 측 정 값 | 규정(정비한계)값 | 판 정 | 정비 및 조치할 사항 | |
| 공전속도 | | | 양호 불량 | | |

▶기록표 작성방법

① 측정값 : 수검자가 측정한 값을 단위와 함께 기록한다.(예 : 760rpm)

② 규정(정비한계)값 : 측정용 차량의 제원에 맞는 규정 값을 단위와 함께 기록한다.(예 : 750±50rpm)

③ 판정 : 측정한 값이 정비 한계 값 이내인 경우에는 “양호”, 벗어난 경우에는 “불량”으로 기록한다.

④ 정비 및 조치할 사항 : 양호로 판정한 경우에는 “사용가능”, 불량으로 판정한 경우에는 정비 및 조치할 사항을 기록한다.(예 : 공전조정 나사로 공전 조정)

# 분사펌프 교환작업

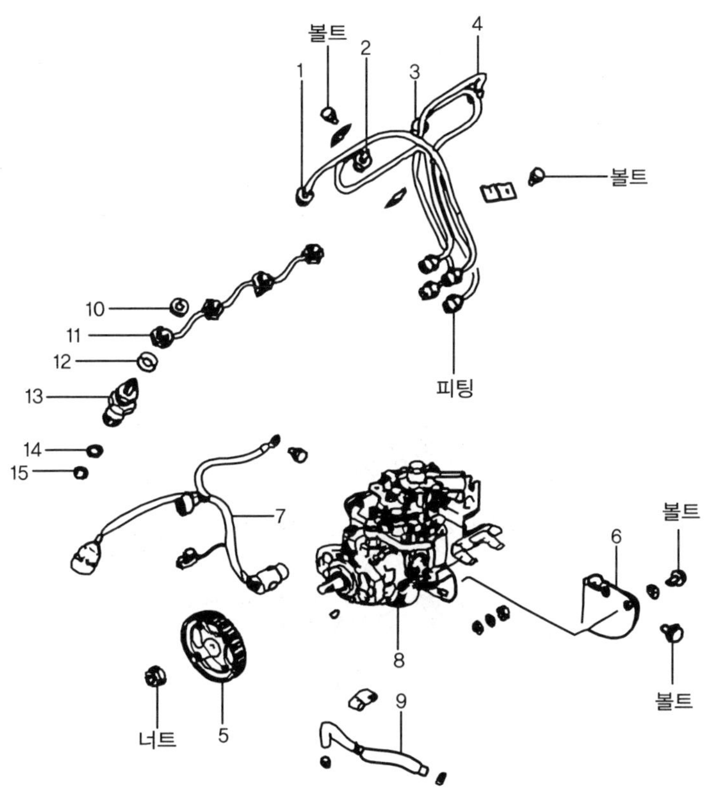


1. 분사 파이프 No.1
2. 분사 파이프 No.2
3. 분사 파이프 No.3
4. 분사 파이프 No.4
5. 분사 펌프 스프로킷
6. 분사 펌프 브래킷
7. 분사 펌프 하니스
8. 분사 펌프
9. 튜브
10. 리턴 파이프 너트
11. 리턴 파이프
12. 개스킷
13. 분사 노즐
14. 홀더 개스킷
15. 노즐 개스킷

[그림14-1] 분사펌프의 연결부품

① 분사파이프를 푼다. 분사펌프의 고정너트를 풀 때에는 스패너로 분사펌프 헤드 위의 딜리버리 밸브 홀더를 잡아야 한다. 그리고 분사파이프 고정너트를 풀 때에는 딜리버리 밸브 홀더와 분사노즐 홀더가 함께 돌지 않도록 스패너로 고정한다.

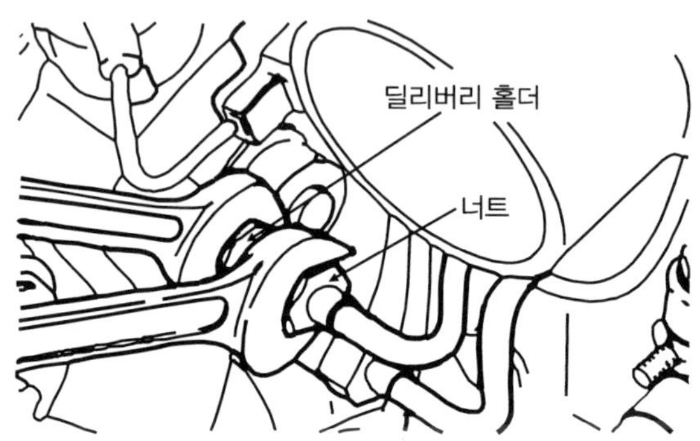


[그림14-2] 딜리버리 밸브 홀더 고정하기

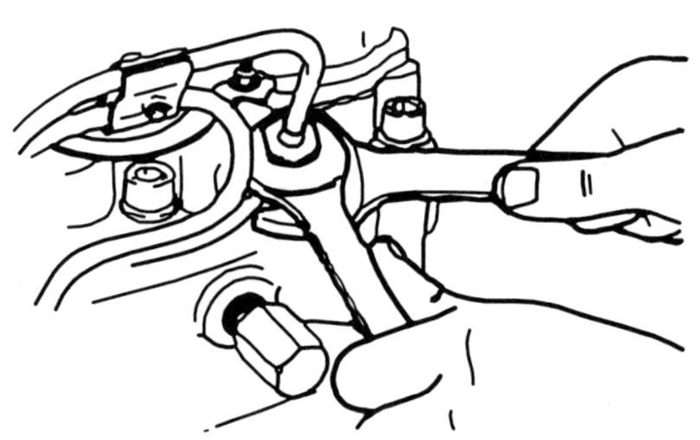

[그림14-3] 분사노즐 홀더 고정하기

② 분사펌프 스프로킷을 분리한다. 이때 스프로킷과 구동축에 충격을 주어서는 안 된다.

③ 분사펌프 브래킷을 분리한다.

④ 분사펌프 하니스 어셈블리를 분리한다.

⑤ 분사펌프를 분리한다.

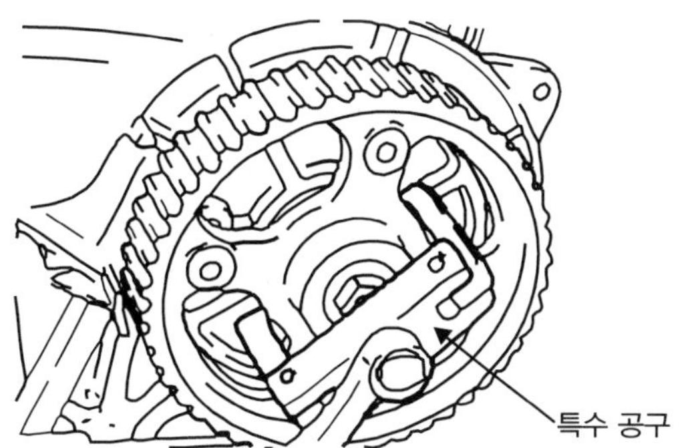


[그림14-4] 분사펌프 스프로킷 분리하기

MEMO

# 제 15 장 분사시기 점검 방법

## 15.1 분사시기 점검방법 (1)-두원 정공

① No.1 실린더 피스톤이 압축 상사점에 오도록 크랭크축을 돌린다.

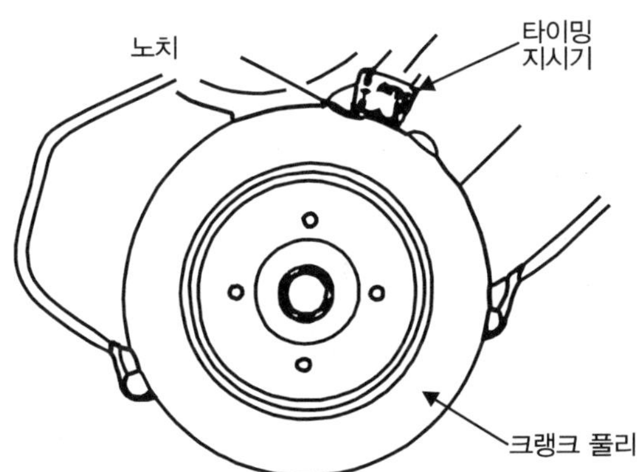


[그림15-1] No.1 실린더 피스톤 상사점 위치

② 분사펌프 쪽에 있는 분사파이프의 유니언 너트(4개)를 풀어 가체결 상태로 둔다. 이때 딜리버리 밸브(분배밸브) 홀더가 함께 돌지 않도록 스패너로 고정한다.

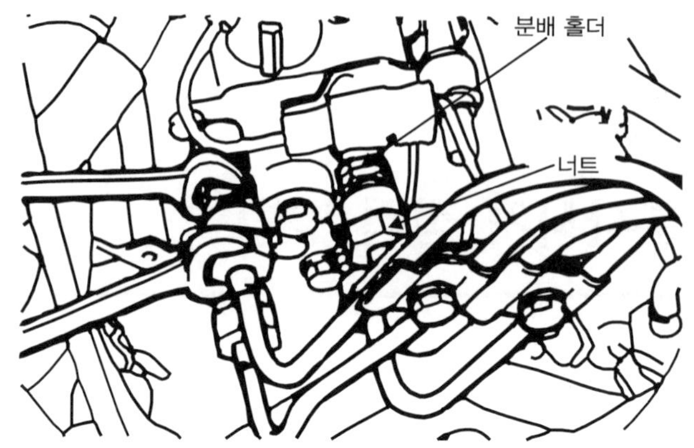


[그림15-2] 분사파이프 유니언 너트 풀기

③ 분사펌프 고정너트 및 볼트를 풀어 가체결 상태로 둔다.

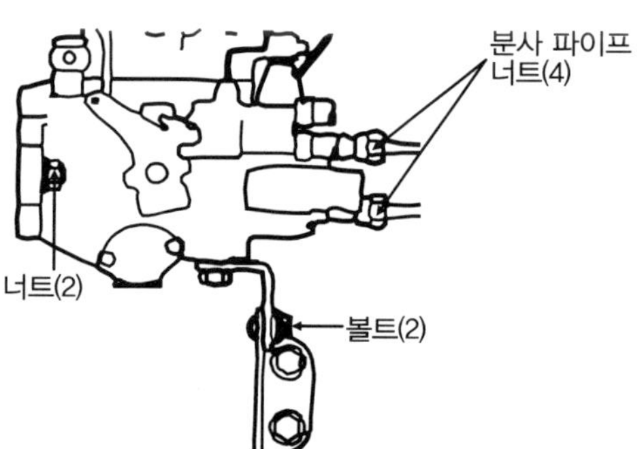


[그림15-3] 분사펌프 고정너트 및 볼트 위치

④ 분사펌프의 타이밍 검사 플러그를 분리한다.

[그림15-4] 타이밍 검사 플러그 위치

⑤ 특수공구를 설치하기 전에 푸시로드가 10mm 정도 돌출되어 있는지를 확인한다.

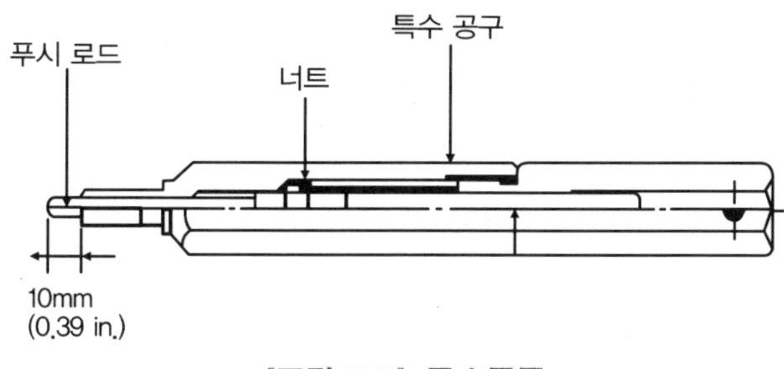


[그림15-5] **특수공구**

⑥ 특수공구를 분사펌프 타이밍 검사 플러그 구멍에 설치하고 다이얼 게이지를 조립한다.

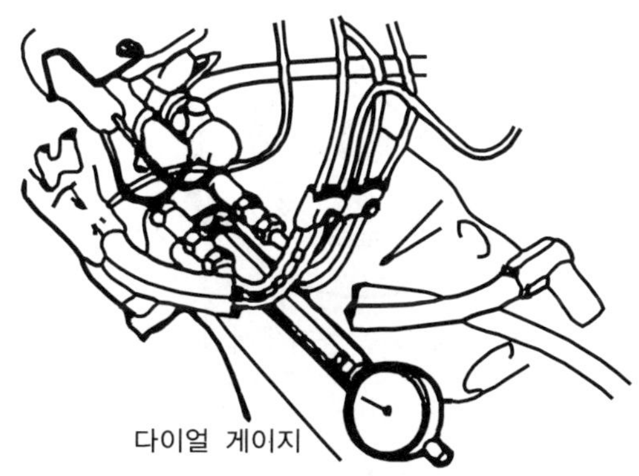


[그림15-6] **다이얼 게이지 설치하기**

⑦ 크랭크축 풀리의 노치를 No.1 실린더 압축 상사점 전 약 30°에 맞춘다.
⑧ 다이얼 게이지의 지침을 0에 맞춘다.
⑨ 크랭크축 풀리를 좌우로 조금 돌려 지침이 0위치에서 움직이는지를 점검한다. 지침이 불안정하면 크랭크축 풀리의 노치 위치가 부정확하므로 다시 상사점 전 30°에 맞춘다.
⑩ 크랭크축을 오른쪽으로 돌려 풀리의 노치를 자연 흡입방식 기관은 4°, 터보차저 설치기관은 7°에 맞춘다. 이때 다이얼 게이지 지침이 표준 값 내에 있는지를 확인한다. 표준 값은 1±0.03mm이다.

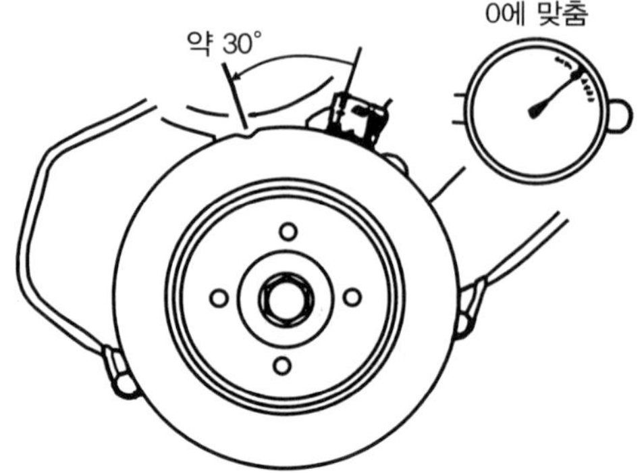


[그림15-7] 크랭크축 풀리의 노치 조정하기

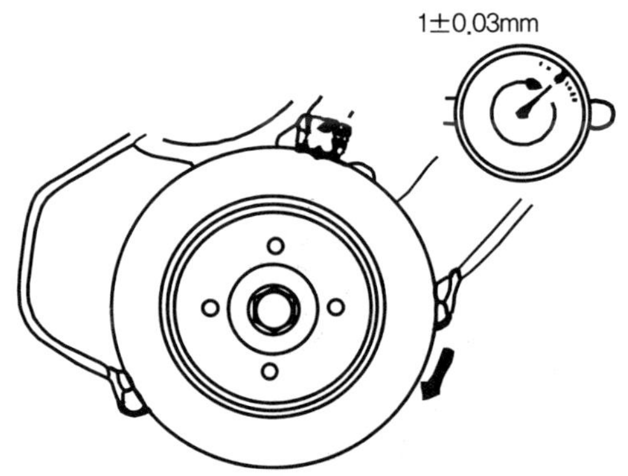


(a) 크랭크축 풀리에서 본 경우

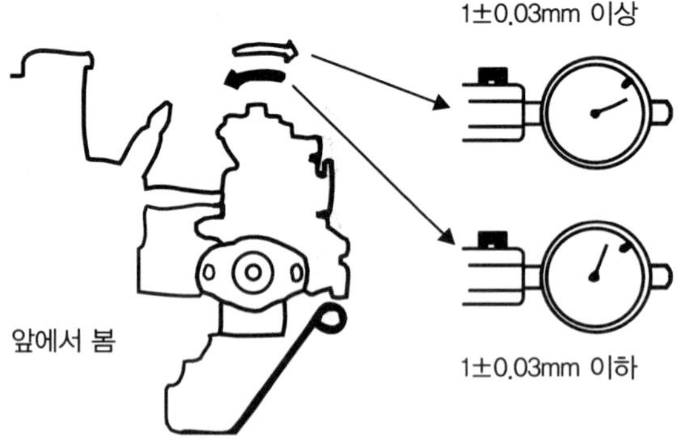


(b) 앞에서 본 경우

[그림15-8] 분사시기 표준 값

⑪ 다이얼 게이지의 지침이 표준 값을 벗어난 경우에는 분사펌프 본체를 오른쪽이나 왼쪽으로 기울려 표준 값으로 조정하고 분사펌프 고정너트와 볼트를 규정 값으로 조인다.

⑫ 조정 후 ⑦~⑩번을 다시 실시하여 조정이 올바르게 되었는지를 확인한다.

⑬ 다이얼 게이지 및 특수공구를 떼어내고 타이밍 검사 개스킷과 플러그를 조립한다.

⑭ 분사파이프 유니언 너트를 조인다. 이때 딜리버리 밸브 홀더가 함께 돌지 않도록 스패너로 고정한다.

## 15.2 분사시기 점검방법(2)-루커스 디젤기관

① 기관의 가동을 정지시킨 상태에서 분사펌프의 위쪽 고정너트와 볼트를 풀어 가체결 상태로 하고 분사파이프도 함께 풀어 가체결 상태로 한다. 분사파이프를 풀 때 딜리버리 밸브 홀더가 함께 돌지 않도록 밸브 홀더를 스패너로 고정하고 푼다.

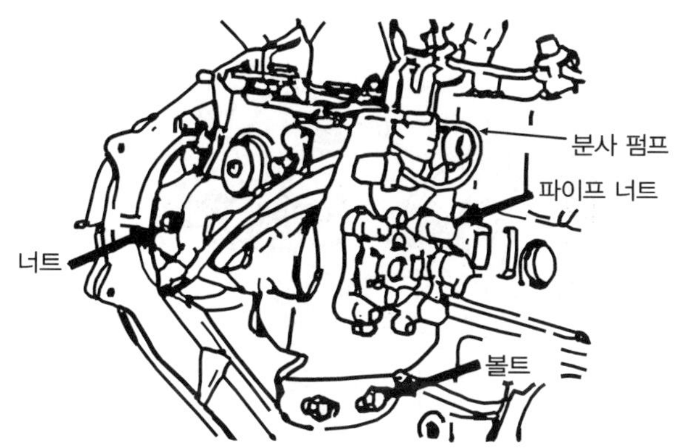


[그림15-9] 분사펌프 고정너트와 볼트 위치

② 크랭크축 풀리를 돌려 V홈(노치)를 ATDC 0°에 맞춘 후 크랭크축과 캠축의 0점 세팅을 확인한다.

③ 분사펌프의 분사시기 점검 플러그를 풀고 가이드 축(특수공구)을 끼운 다음 분사시기 측정용 브래킷과 다이얼 게이지를 가이드 축에 설치하고 크랭크축

을 반 시계방향으로 회전시켜 다이얼 게이지 지침이 최저로 내려가는 위치를 0으로 세팅한다.

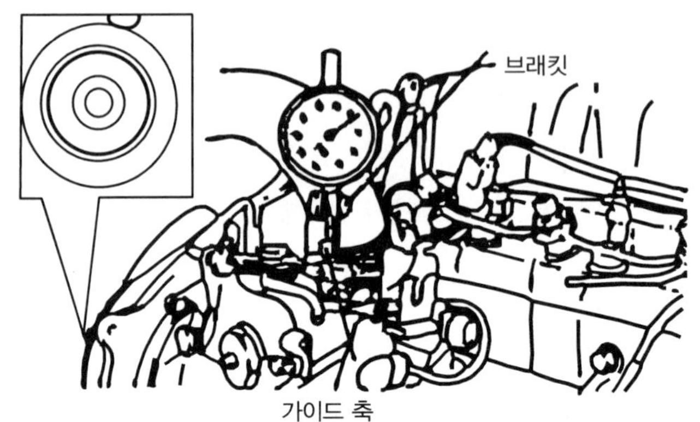


[그림15-10] 다이얼 게이지 설치하기

④ 크랭크축을 시계방향으로 회전시켜 크랭크축 풀리의 V홈이 ATDC 4°에 위치할 때 다이얼 게이지의 지침과 스로틀 레버에 있는 기준 값(7.75mm) 보다 큰 경우는 분사펌프를 반 시계방향으로 완전히 돌린 후 다시 시계방향으로 돌려 눈금을 기준 값에 맞춘다.

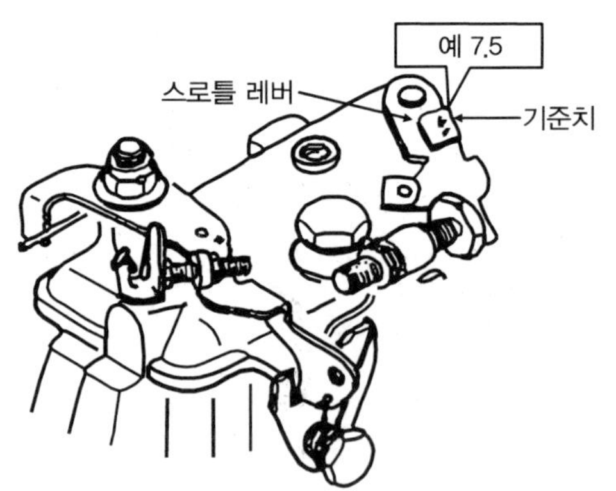


[그림15-11] 분사시기 조정(1)

⑤ 가체결한 고정너트와 볼트 및 분사파이프를 조인다.

⑥ 크랭크축 풀리를 반 시계방향으로 90° 이상 돌린 후 시계방향으로 돌려 ATDC4°에 맞춘다. 이때 기준 값과 다이얼 게이지 지침의 값이 ±0.05mm 이상 차이가 있으면 다시 조정한다.

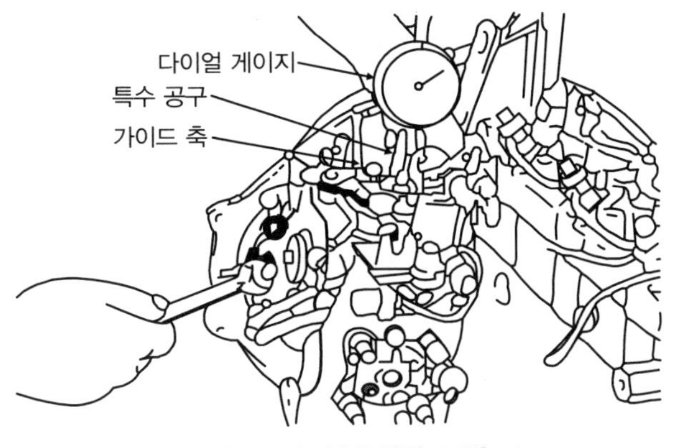


[그림15-12] 분사시기 조정(2)

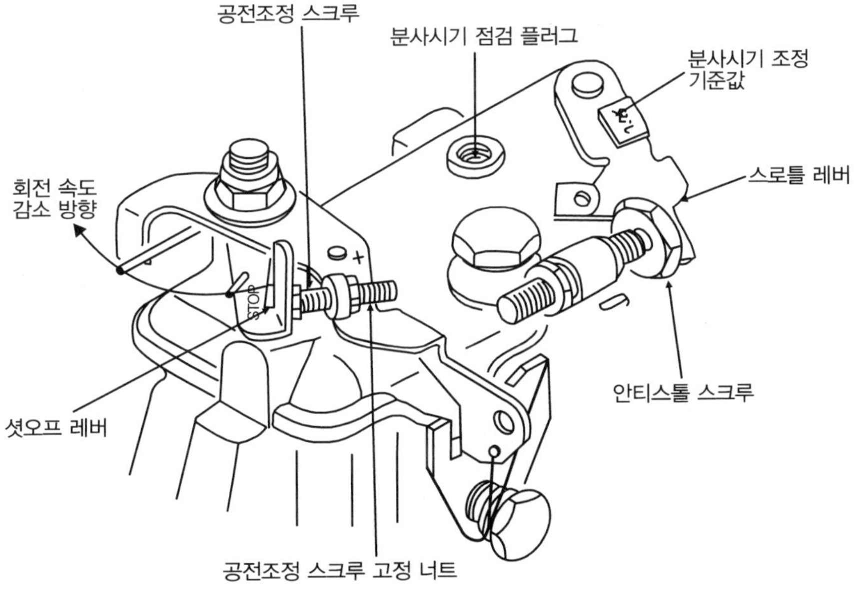


[그림15-13] 분사시기 조정 기준 값 표시 위치

## 15.3 분사시기 점검방법(3)-테스터 사용

### 15.3.1 테스터 배선 연결방법

① 축전지 [+]단자에 적색 클립을, [-]단자에 흑색 클립을 연결한다.

② 전압 점검 배선을 축전지 [+]단자에 연결한다.

③ 피에조 센서 케이블을 No1. 분사파이프의 분사노즐에 가장 가까운 부분에 단단히 설치한다.

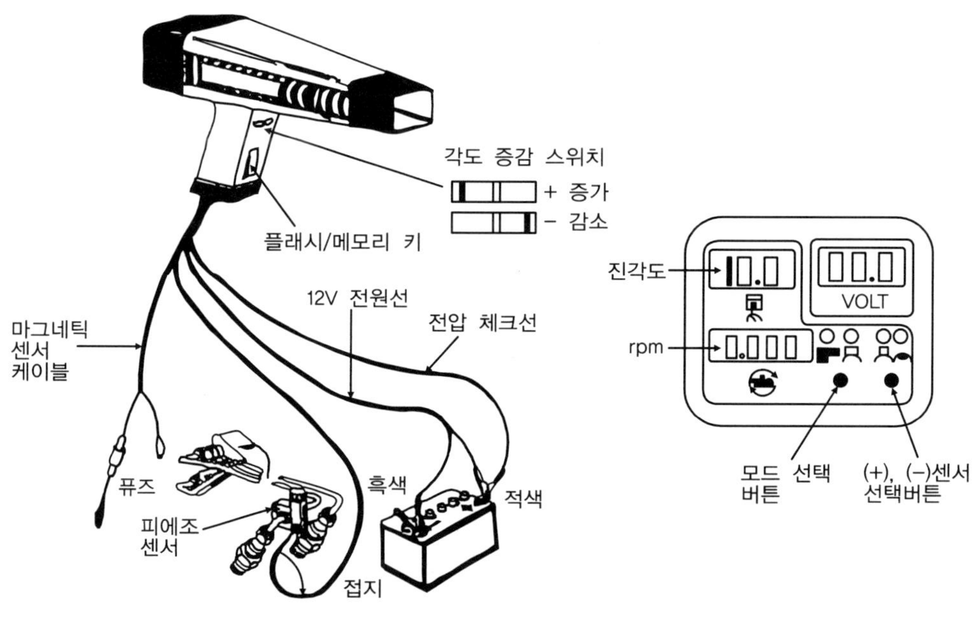


[그림15-14] 디젤기관 회전속도 및 분사시기 테스터

### 15.3.2 분사시기 점검방법

① 기관을 가동하여 공전상태로 한다.

② 플래시/메모리 키를 누르고 상사점 마크에 불빛을 비춘다. 이때 일치하지 않으면 각도 증감 스위치를 좌우로 눌러 상사점 마크와 일치되도록 한다.

③ 상사점 마크와 일치하면 플래시/메모리 키를 놓는다. 액정에 나타난 분사시기 진각도와 회전속도를 읽는다.

주어진 디젤기관에서 분사펌프를 교환하여 시동을 걸고 분사시기를 점검하여 기록표에 기록하시오.

| 디젤기관 점검<br>자동차 번호 : | | | 비번호<br>(등번호) | | 감독위원<br>확 인 | |
|---|---|---|---|---|---|---|
| 측정항목 | ① 점검(또는 측정) | | ② 판정 및 정비(또는 조치)사항 | | 득 점 | |
| | 측 정 값 | 규정(정비한계)값 | 판 정 | 정비 및 조치할 사항 | | |
| 분사시기 | | | 양호 불량 | | | |

▶기록표 작성방법

① 측정값 : 수검자가 측정한 값을 단위와 함께 기록한다.(예 : 상사점 전 5°)

② 규정(정비한계)값 : 측정용 차량의 제원에 맞는 규정 값을 단위와 함께 기록한다.(예 : 상사점 전 4°)

③ 판정 : 측정한 값이 정비 한계 값 이내인 경우에는 "양호", 벗어난 경우에는 "불량"으로 기록한다.

④ 정비 및 조치할 사항 : 양호로 판정한 경우에는 "사용가능", 불량으로 판정한 경우에는 정비 및 조치할 사항을 기록한다.(예 : 분사시기 조정)

# MEMO

제 16 장

# 예열 플러그 저항 점검

① 멀티 테스터를 사용하여 적색 리드 선은 예열 플러그 단자에 흑색 리드 선은 플러그 몸체나 실린더 헤드에 접촉시켜 통전 여부를 점검한다.

② 통전이 되지 않으면 예열 플러그를 교환한다. 이때 저항 값은 0.25Ω 정도이다.

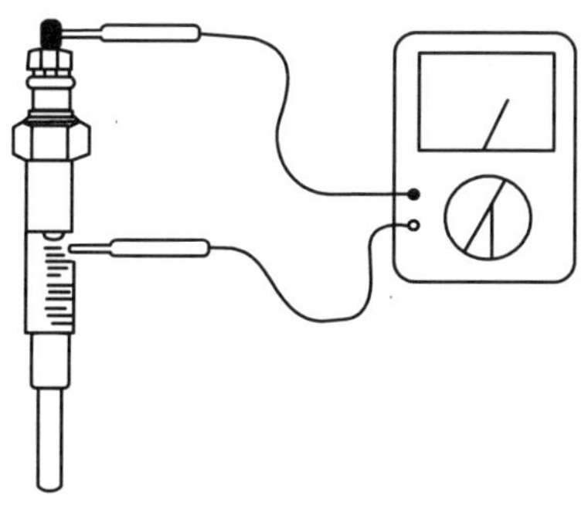

[그림16-1] 예열 플러그 통전 점검

주어진 디젤 기관에서 분사펌프를 교환하여 시동을 걸고 예열 플러그 저항을 점검하여 기록표에 기록하시오.

| 디젤기관 점검<br>자동차 번호 : | | | 비번호<br>(등번호) | | 감독위원<br>확 인 | |
|---|---|---|---|---|---|---|
| 측정항목 | ① 점검(또는 측정) | | ② 판정 및 정비(또는 조치)사항 | | 득 점 | |
| | 측 정 값 | 규정(정비한계)값 | 판 정 | 정비 및 조치할 사항 | | |
| 예열플러그 저항 | | | 양호 불량 | | | |

▶기록표 작성방법

① 측정값 : 수검자가 측정한 값을 단위와 함께 기록한다.(예 : 0.35Ω)

② 규정(정비한계)값 : 측정용 차량의 제원에 맞는 규정 값을 단위와 함께 기록한다.(예 : 0.25Ω)

③ 판정 : 측정한 값이 정비 한계 값 이내인 경우에는 "양호", 벗어난 경우에는 "불량"으로 기록한다.

④ 정비 및 조치할 사항 : 양호로 판정한 경우에는 "사용가능", 불량으로 판정한 경우에는 정비 및 조치할 사항을 기록한다.(예 : 예열 플러그 교환)

# 제17장 분사노즐 점검방법

## 17.1 분사노즐 분해 순서

① 분사노즐 홀더 보디를 바이스에 고정한다.
② 리테이닝 너트를 푼다.
③ 노즐보디를 떼어낸다.
④ 디스턴스 피스를 떼어낸다.
⑤ 푸시로드→노즐 스프링→심(shim) 순서로 떼어낸다.

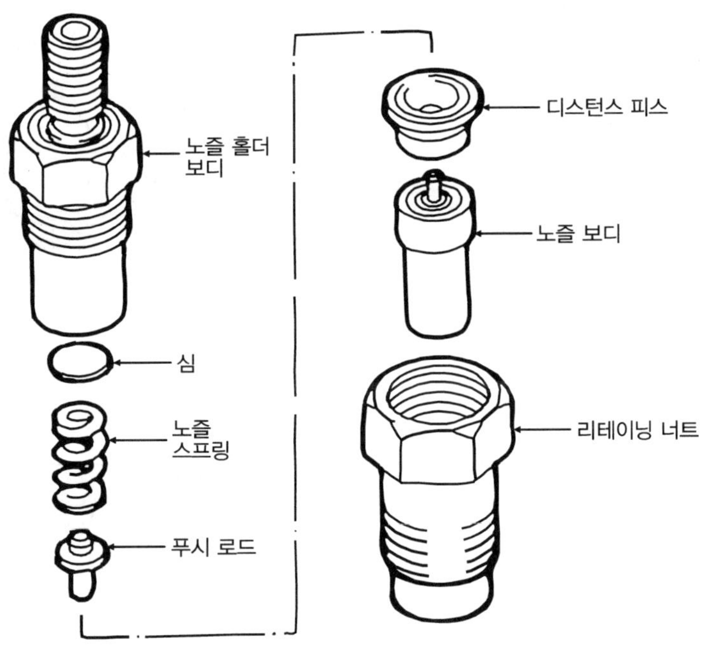


[그림17-1] 분사 노즐 분해도

## 17.2 분사노즐 시험

### 17.2.1 분사개시 압력 측정방법

① 노즐 시험기에 노즐을 설치한다.

② 노즐 시험기 연료탱크의 연료(경유)량을 점검한다.

③ 노즐 시험기 펌프레버를 작동시켜 공기빼기를 실시한다.

④ 펌프레버를 1~2회 정도 작동시켰다가 힘껏 1회전 작동시킨다. 이때 매초 1회 정도의 속도로 작동시킨다.

⑤ 압력계의 지침이 천천히 상승하고 분사 중에는 지침이 흔들린다. 지침이 흔들리기 시작한 위치를 읽어 분사 개시 압력을 측정한다.

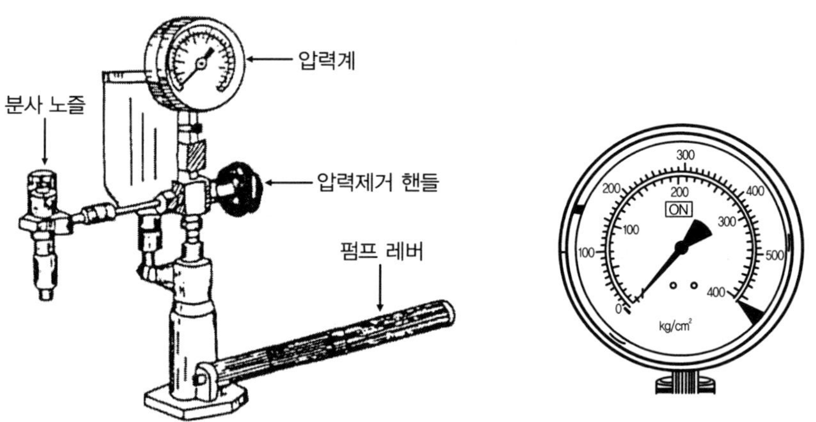


[그림17-2] 분사노즐 시험기

▶ 차량별 분사 개시 압력

| 차 종 | 분사 개시 압력 |
|---|---|
| 그레이스, 포터 | 분사 개시 압력 : 120kgf/cm$^2$<br>조정 압력 : 125~135kgf/cm$^2$ |
| 타이탄, 베스타 | 135kgf/cm$^2$ |
| 점보 타이탄 | 170~175kgf/cm$^2$ |

## 17.2.2 분사압력 조정방법

① 조정나사 방식(screw type) : 압력 조정나사를 조이면 상승하고, 풀면 하강한다.

② 심 조정방식(shim type) : 심을 증가시키면 압력이 상승하고, 감소시키면 하강한다.

## 17.2.3 분사각도 측정방법

① 노즐 팁 아래쪽을 깨끗이 닦고 흰 종이를 깐다.

② 펌프 레버를 작동하여 연료를 분사시킨다.

③ 흰 종이 위에 분사된 연료가 퍼지기 전에 연필로 분사된 자국을 4개소 정도를 표시한다.

④ 표시한 점을 따라서 원을 그린다.

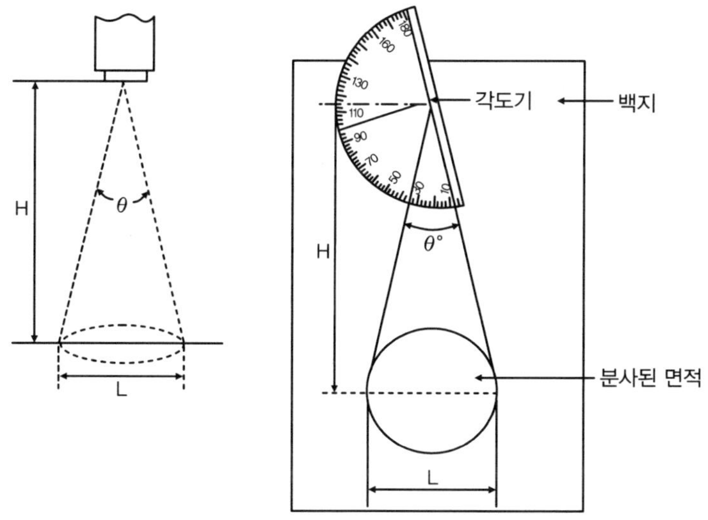


[그림17-3] 분사각도 측정방법

⑤ 원의 중심점으로부터 분사노즐 팁에서 흰 종이까지의 높이 만큼의 거리에 점을 표시하고 원 둘레의 접지선을 그린다.

⑥ 각도기로 분사각도를 측정한다.

## 17.3 후적 유무 및 분무 상태 점검

① 분사 노즐 팁을 깨끗이 닦는다.

② 노즐 시험기 펌프레버를 매초 4~6회 정도의 속도로 작동시킨다.

③ 분무는 약 0°가 되고 그림 17-4와 같이 양호한 상태인지를 점검한다.

④ 분무 정지 후 경유 방울이 방울져 떨어지지 않는지를 점검한다.(후적 유무 점검)

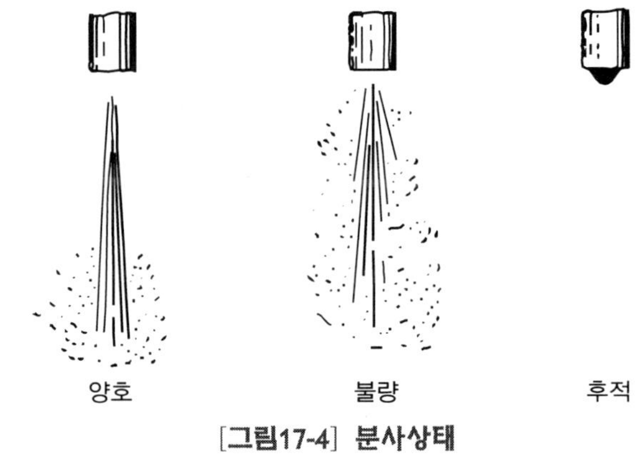


[그림17-4] 분사상태

제 18 장

# 배기가스의 매연 측정

## 18.1 매연 측정의 개요

매연 시험기는 디젤기관에서 배출되는 배기가스 중의 흑연의 농도를 측정하는 것이며, 일정량의 배기가스 중의 흑연에 의하여 오염된 여과지에 빛을 비추어 그 반사량을 광전 소자로 받아서 전류로 바꾼 다음 이것을 계기판에 표시하는 것이다.

기관을 무부하 상태에서 급 가속시켜 매연을 측정하므로 풋 스위치(foot switch)를 시험 자동차의 가속페달 위에 올려놓고 빨리 밟으면 흡입펌프가 작동하여 다음의 순서로 일정량의 매연을 채취한다.

① 시험 대상 자동차의 기관을 변속기가 중립인 상태(정지 가동 상태)에서 급 가속하며, 최고 회전속도 도달 후 2초 동안 공전시키고 정지 가동(공전)상태로 5~6초 동안 둔다.

이와 같은 과정을 3회 반복 실시한다. 이는 기관을 정상상태로 할 뿐만 아니라 배기관 내에 축적되어 있는 매연을 배출시키기 위함이다.

② 시험기의 시료 채취관을 배기관 중앙에 오도록 하고 20cm 정도의 깊이로 삽입한다.

③ 급 가속 공전 후 5~6초 동안 정지 가동할 때 규정된 여지(여과지)를 시험기의 시료 채취구에 삽입하거나 이와 상응하는 여지가 준비 되도록 한다.

④ 가속페달에 발을 올려놓고 기관의 최고 회전속도에 도달할 때까지 급속히 밟으면서 동시에 시료 채취 펌프를 작동시킨다.

이때 가속페달을 밟을 때부터 놓을 때까지의 소요시간은 4초 이내로 하고 이 시간 내에 시료를 채취하여야 한다.

⑤ 매연 채취가 끝난 다음 시료 채취구에서 여지를 뽑아내어 여지의 매연 농도를 측정하고 시료 채취관은 압축 공기로 청소한다.
여지의 매연농도 측정이 자동으로 될 경우에는 별도의 매연농도 측정 절차를 거치지 아니한다.

⑥ 기관의 급 가속에서부터 시료 채취관의 압축공기 청소까지에 소요되는 시간은 15초 정도로 한다.

⑦ 새로운 여지를 삽입하여 측정을 시작하며, 이상의 방법으로 매연농도를 3회 연속 측정한다.

## 18.2 매연 테스터 사용방법

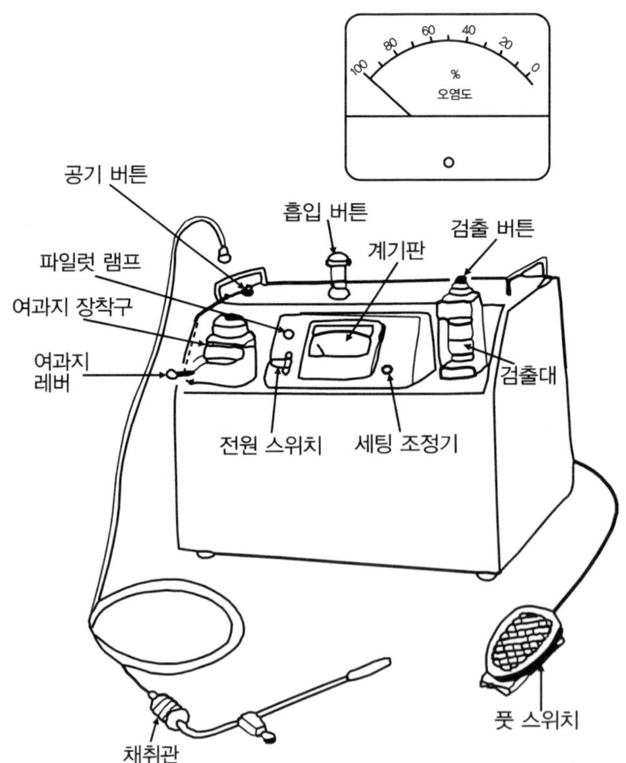


[그림18-1] 매연 테스터의 구조

### 18.2.1 매연을 측정할 때 준비사항

① 시험 자동차의 기관을 시동하여 난기운전 시킨다.
② 전원 코드, 시료 채취관, 풋 스위치, 공기 호스 등을 연결한다.
③ 시료 채취관을 배기관에 20cm 정도 넣고 확실하게 고정한다.
④ 시험기의 전원 스위치를 ON으로 하고 2~3분 정도 워밍업 시킨다.
⑤ 표준 검출지를 검출대에 넣고 검출 버튼을 누르면서 표시된 농도(예 40%)에 맞게 조정한다.

### 18.2.2 매연 측정방법

① 공기 버튼을 눌러 청소시킨다.
② 흡입 펌프를 아래쪽으로 눌러 내린다.
③ 여과지 레버를 아래쪽으로 누르고, 여과지 장착구에 깨끗한 여과지 1매를 넣는다.
④ 시험 자동차를 급 가속하여 배기관에 잔류하는 매연을 배출시킨다.
⑤ 풋 스위치를 가속 페달 위에 올려놓고 빠른 속도로 밟아 4정 정도 지속시켰다가 놓는다. 이때 흡입 펌프가 상승하며 매연이 여과지에 채취된다.
⑥ 채취된 여과지를 깨끗한 여과지 10매 정도 위에 올려서 검출대에 넣고 검출 버튼을 눌러 계기판의 지침을 읽어 기록한다.
⑦ ⑤~⑥의 과정을 3회 반복하여 평균값을 측정값으로 한다.

### 18.2.3 매연 측정값의 산출방법

① 3회 연속 측정한 매연농도를 산술 평균하여 소수점 이하는 반올림한 값을 최종 측정값으로 한다.
② 이때 3회 측정한 매연 농도의 최대 값과 최소 값의 차이가 5%를 초과하는 경우에는 2회를 다시 측정하여 총 5회 중 최대 값과 최소 값을 제외한 나머지 3회의 측정값을 산술 평균한 값을 최종 측정값으로 한다.

## 18.2.4 운행 차량 배출 허용 기준 (매연)--2005년 5월 6일 개정

<table>
<tr><th>사용<br>연료</th><th>구분</th><th>차종</th><th colspan="2">제작 일자</th><th>매연<br>(연지반사식)</th></tr>
<tr><td rowspan="11">경유</td><td rowspan="7">2000년 12월 31일 이전 제작 자동차</td><td rowspan="2">승용자동차ㆍ소형화물자동차</td><td colspan="2">1995년 12월 31일 이전</td><td>40%(2도 이하)</td></tr>
<tr><td colspan="2">1996년 1월 1일부터<br>2000년 12월 31일까지</td><td>35%(2도 이하)</td></tr>
<tr><td rowspan="5">중량자동차</td><td colspan="2">1992년 12월 31일 이전</td><td>40%(2도 이하)</td></tr>
<tr><td colspan="2">1993년 1월 1일부터<br>1995년 12월 31일까지</td><td>35%(2도 이하)</td></tr>
<tr><td colspan="2">1996년 1월 1일부터<br>1997년 12월 31일까지</td><td>30%(2도 이하)</td></tr>
<tr><td rowspan="2">1998년 1월 1일부터<br>2000년 12월 31일까지</td><td>시내버스</td><td>25%(2도 이하)</td></tr>
<tr><td>시내버스 외</td><td>35%(2도 이하)</td></tr>
<tr><td rowspan="2">2001년 1월 1일부터 2002년 6월 30일까지 제작자동차</td><td>승용자동차ㆍ다목적자동차ㆍ중형자동차</td><td rowspan="2" colspan="2">2001년 1월 1일부터<br>2002년 6월 30일까지</td><td>30%(2도 이하)</td></tr>
<tr><td>대형자동차</td><td>25%(2도 이하)</td></tr>
<tr><td rowspan="2">2002년 7월 1일 이후<br>제작자동차</td><td>승용1ㆍ승용2ㆍ승용3ㆍ화물1ㆍ화물2</td><td rowspan="2" colspan="2">2002년 7월 1일 이후</td><td>25%(2도 이하)</td></tr>
<tr><td>승용4ㆍ화물3</td><td>20%(2도 이하)</td></tr>
</table>

1. 주어진 디젤기관에서 연료 공급펌프를 교환하여 시동을 걸고 배출가스의 매연을 점검하여 기록표에 기록하시오.

**디젤기관 점검**
자동차 번호 :

| 비번호<br>(등번호) | | 감독위원<br>확 인 | |
|---|---|---|---|

| 측정항목 | ① 점검(또는 측정) | | ② 판정 및 정비(또는 조치)사항 | | 득 점 |
|---|---|---|---|---|---|
| | 측 정 값 | 규정(정비한계)값 | 판 정 | 정비 및 조치할 사항 | |
| 매 연 | | | 양호 불량 | | |

2. 주어진 디젤기관에서 연료필터를 교환하여 시동을 걸고 배출가스의 매연을 점검하여 기록표에 기록하시오.

**디젤기관 점검**
자동차 번호 :

| 비번호<br>(등번호) | | 감독위원<br>확 인 | |
|---|---|---|---|

| 측정항목 | ① 점검(또는 측정) | | ② 판정 및 정비(또는 조치)사항 | | 득 점 |
|---|---|---|---|---|---|
| | 측 정 값 | 규정(정비한계)값 | 판 정 | 정비 및 조치할 사항 | |
| 매연 농도 | | | 양호 불량 | | |

**▶기록표 작성방법**

① 측정값 : 수검자가 측정한 값을 단위와 함께 기록한다.(예 : 30%)

② 규정(정비한계)값 : 측정용 차량의 제원에 맞는 규정 값을 단위와 함께 기록한다.(예 : 25%)

③ 판정 : 측정한 값이 정비 한계 값 이내인 경우에는 “양호”, 벗어난 경우에는 “불량”으로 기록한다.

④ 정비 및 조치할 사항 : 양호로 판정한 경우에는 “사용가능”, 불량으로 판정한 경우에는 정비 및 조치할 사항을 기록한다.(예 : 연료 공급계통 정비)

# MEMO

# 분사펌프 시험기에서 분사량 점검

[그림19-1] GOLD-3500 분사펌프 시험기

## 19.1 분사펌프 시험기의 구조

### 19.1.1 앞면 상단부분 패널

① A-1 리셋(reset) : 다른 전원은 들어오는데 분사펌프 구동용 메인 모터(main motor)가 회전하지 않으면 1~2회 누르면 모터가 회전한다.

② A-2(셀렉터(selector) : 스트로크 수치 단위를 변환하는 스위치이며, High로 올리면 스트로크 숫자가 50단위로 나오고, Low로 내리면 100단위 숫자가

나온다.

③ A-3 드라이브(drive) : 분사펌프 구동용 모터의 회전방향 선택스위치이며, Right로 선정하면 분사펌프가 오른쪽으로 회전하고, Left로 선정하면 분사펌프가 왼쪽으로 회전한다.

④ A-4 스피드 컨트롤(Speed control) : 분사펌프의 회전속도 조정용 볼륨이며, 이 볼륨을 작동시키면 0~3,000rpm까지 조정이 되며, 설정한 회전속도에 도달하면 자동적으로 모터의 회전이 정지한다.

⑤ A-5 스피드 컨트롤(Speed control) : 분사펌프 회전속도를 미세하게 조정하는데 사용한다.

⑥ A-6 스트로크(stroke) : 스트로크 설정 스위치이며, 분사량을 측정할 때 설정한 스트로크에 도달하면 자동적으로 분사가 정지한다.

⑦ A-7 스톱(Stop) : 스트로크 정지 스위치이며, 수동으로 연료분사를 중지시킬 때 사용하며, 이 스위치로 스톱 스위치를 누르면 분사펌프의 작동이 정지하고, 비커에 분사되었던 연료는 연료탱크로 리턴된다.

⑧ A-8 스타트(start) : 스트로크 작동 스위치이며, 스위치를 작동시키면 분사펌프가 작동한다.

⑨ A-9 R.P.M 계기판 : 스피드 컨트롤(A-4)을 이용하여 분사펌프의 회전속도를 설정한 숫자로 나타내는 계기판이다.

⑩ A-10 TURN 계기판 : 스트로크(A-6) 스위치를 이용하여 스트로크를 설정한 숫자를 나타내는 계기판이다.

⑪ B-1 : 공급펌프용 압력계(시험에 설치되어 있는 연료 공급펌프의 송출압력을 나타나는 압력계이다.)

⑫ B-2 : 분사펌프로 공급되는 연료압력을 나타내는 압력계이며, 독립형은 1.6kgf/㎠, 분배형은 0.5kgf/㎠에 1.6K,0.5K 컨트롤 레버(B-4)로 압력을 설정한다.

⑬ B-3 : 360° 휠 이것은 레버를 이용하여 분사시기를 측정할 때 사용된다.

⑭ B-4 : 1.6K, 0.5K 컨트롤 레버이며, 독립형은 1.6kgf/㎠, 분배형은 0.5kfg/㎠로 지정할 때 사용된다.

⑮ B-5 : 직선호스, 분사펌프 시험기의 연료탱크와 연결된다.

⑯ B-6 : 독립형과 분배형용 호스, 분사펌프 연료 공급통로에 연결된다.

⑰ B-7 : 리턴호스, 분사펌프의 리턴 통로에 어댑터를 사용하여 공급펌프용 호

스를 연결하고 위쪽에는 리턴호스를 연결한다.

⑱ B-8 : 공급펌프용 연료호스, 분사펌프의 리턴 통로에 어댑터를 사용하여 아래쪽에 공급 펌프용 호스를 연결하고 위쪽에 리턴 호스를 연결한다.

⑲ B-9 : 공기 압력계, 조속기 작동시험을 할 때 공기압력을 설정하는 계기이다.

⑳ B-10 : 진공계, 조속기 작동시험을 할 때 진공을 설정하는 계기이다.

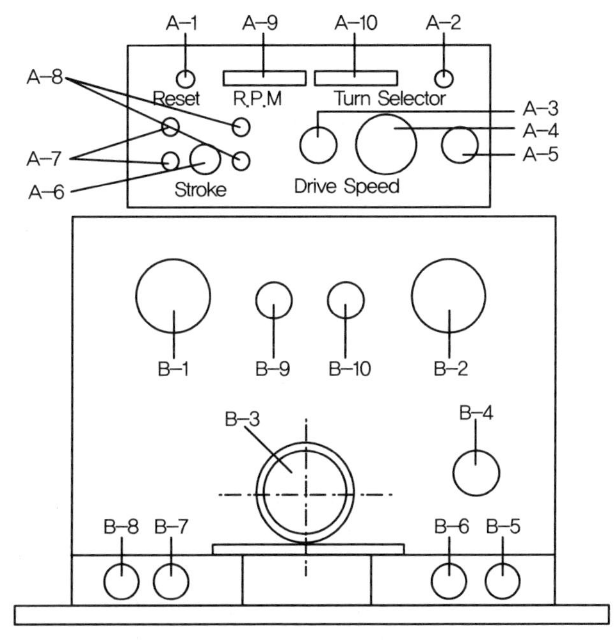


[그림19-2] 앞면 상단부분 패널

## 19.1.2 측면 패널

① C-1 : E/G STOP 스위치, 분사펌프 테스터 작동 중에 긴급한 상황이 발생하였을 때 전원을 차단하는 스위치이다.

② C-2 : 키 스위치, 테스터 본체에 전원을 공급하거나 차단하는 스위치

③ C-3 : 전원 퓨즈

④ C-4 : 차단 스위치(이 스위치를 내리면 전원이 완전히 차단된다.)

⑤ C-5 : 온도계, 연료를 가열하는 온도를 설정하는 계기이다.

⑥ C-6 : DC 12V/24V 선택 스위치, 이 스위치를 올리면 DC12V, 내리면 DC24V

이며, 분사 펌프의 연료 차단 솔레노이드 밸브의 작동 전압을 선택하는 스위치이다.

⑦ C-7 : 전원 연결 잭,

⑧ C-8 : 퓨즈 박스

⑨ C-9 : 펌프 스위치, 분사펌프 테스터 내에 들어있는 연료 공급펌프를 ON, OFF시키는 스위치이며, 적색 버튼은 연료 공급펌프 작동을 OFF, 녹색 버튼은 연료 공급펌프를 ON시킨다.

⑩ C-10 : 자동/수동 측정용 스위치

⑪ C-11 : 진공 호스 커넥터, 조속기 작동을 시험할 때 진공호스를 연결하는 커넥터이다.

⑫ C-12 : 컨트롤 밸브, 조속기 작동을 시험할 때 진공 및 공기를 조절하는 밸브이다.

⑬ C-13 : 조속기를 작동 시험할 때 공기 호스를 연결하는 커넥터이다.

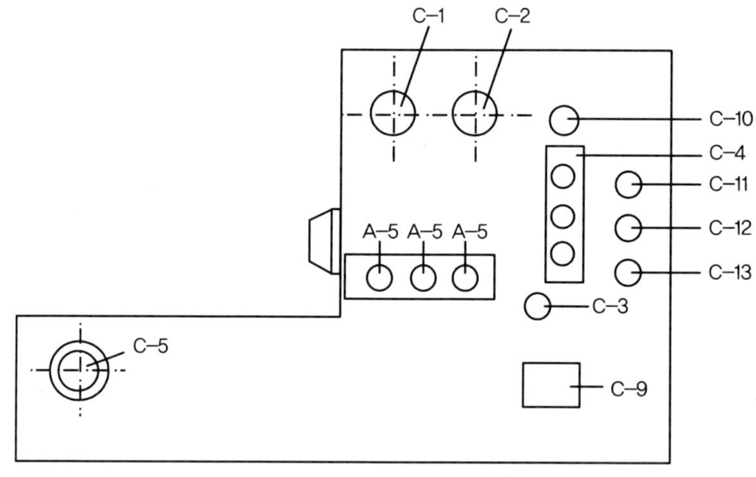


[그림19-3] 측면 패널

## 19.2 분사량 측정방법

① 분사펌프를 테스터에 설치한다.

㉮ 분배형(로터리형) 및 독립형(인라인형) 펌프 겸용 만능 브래킷에 플랜지를 설치한다.

㉯ 분사펌프 축에 커플링을 연결한 다음 플랜지에 볼트를 사용하여 설치한다.

② 분사펌프와 노즐 사이에 고압 파이프를 연결한다.

③ 연료호스를 분사펌프에 설치한다.

㉮ 인라인과 로터리용 연료 호스를 분사펌프의 연료공급 통로 입구 플로 스크루 쪽에 설치한다.

㉯ 어댑터를 사용하여 공급펌프용 연료호스를 플로 스크루 "OUT"쪽에, 리턴 호스를 어댑터 위쪽에 연결한 다음 분사펌프의 리턴 통로에 설치한다.

④ 키 스위치(C-2)를 ON으로 한다.

⑤ 연료차단 솔레노이드 밸브의 리드 선을 전원 연결 잭(C-7)에 연결한 다음 전압 선택스위치(C-6)를 이용하여 축전지 전압(DC12V/24V)을 선정한다.

⑥ E/G STOP 스위치(C-1)를 시계방향으로 완전히 돌린다.

⑦ 펌프 스위치(C-9)의 녹색 버튼을 누른다.

⑧ 자동/수동(C-10) 스위치를 "수동"으로 선택한다.

⑨ 1.6K, 1.5K 컨트롤 레버로 압력을 조정한다. 분배형은 0.5K, 독립형은 1.6K에 선정한다.

⑩ 드라이브 스위치(A-3)로 회전방향을 선정한다. 대게 "FOR"에 선정한다.

⑪ 스피드 컨트롤(A-4)을 이용하여 1,000rpm으로 선정하거나 시험장에서는 시험 감독위원이 지정하는 값으로 한다.

⑫ 스트로크 선택 스위치(A-6)로 스트로크를 설정한다.(일반적으로 200 스트로크로)

⑬ 스타트 버튼(A-8)을 누른다.(스트로크와 rpm이 설정된 수치가 되면 연료 분사가 자동으로 정지되며, 분사된 연료가 비커에 담긴다.)

⑭ 스톱 버튼(A-7)을 누른다.

⑮ 분사량 측정이 완료되면 모든 스위치를 원위치 시킨다.

## 19.3 분사량 불균율 계산 방법

(1) $\text{평균 분사량} = \dfrac{\text{각 분사 노즐의 분사량 합}}{\text{실린더 수}}$

(2) $(+)\ \text{분사량 불균율} = \dfrac{\text{최대 분사량} - \text{평균 분사량}}{\text{평균 분사량}} \times 100$

(3) $(-)\ \text{분사량 불균율} = \dfrac{\text{평균 분사량} - \text{최소 분사량}}{\text{평균 분사량}} \times 100$

주어진 디젤 기관에서 노즐과 연료파이프를 교환하여 시동을 걸고 분사펌프 시험기에서 분사량을 점검하여 기록표에 기록하시오.

<table>
<tr><td>디젤기관 점검<br>기관 번호 :</td><td>비번호<br>(등번호)</td><td></td><td>감독위원<br>확 인</td><td></td></tr>
</table>

<table>
<tr><td rowspan="2">측정항목</td><td colspan="8">① 점검(또는 측정)</td><td colspan="2">② 규정값 및 정비(또는 조치)사항</td><td rowspan="2">득 점</td></tr>
<tr><td colspan="6">측정값(각 실린더별)</td><td>평균분사량</td><td>최대불균율</td><td>판 정</td><td>정비 및 조치할 사항</td></tr>
<tr><td rowspan="2">연료분사<br>펌프 분사량</td><td>1</td><td>2</td><td>3</td><td>4</td><td>5</td><td>6</td><td rowspan="2"></td><td rowspan="2"></td><td rowspan="2">양호 불량</td><td rowspan="2"></td><td rowspan="2"></td></tr>
<tr><td></td><td></td><td></td><td></td><td></td><td></td></tr>
</table>

※ 측정은 500rpm, 200 스트로크(stroke)에서 하고 측정값 허용오차 ±0.5cc이다.

**▶기록표 작성방법**

① 측정값 : 수검자가 측정한 값을 단위와 함께 기록한다.

② 평균 분사량 및 최대 분사량 : 수검자가 측정한 값을 단위와 함께 기록한다.

③ 판정 : 측정한 값이 정비 한계 값 이내인 경우에는 “양호”, 벗어난 경우에는 “불량”으로 기록한다.

④ 정비 및 조치할 사항 : 양호로 판정한 경우에는 “사용가능”, 불량으로 판정한 경우에는 정비 및 조치할 사항을 기록한다.(예 : 연료 분사펌프 정비)

# MEMO

# 자동차 기관 실습


| | |
|---|---|
| 지 은 이 | 안상호 · 손영진 |
| 펴 낸 이 | 김형근 |
| 펴 낸 곳 | 도서출판 기한재 |
| 주 소 | 경기도 파주시 회동길 56<br>(파주출판문화정보단지) |
| 전 화 | 031)955-0900~2 |
| 팩 스 | 031)955-0100 |
| 등 록 | 1990년 3월 15일 제2-968호 |
| 발 행 | 2020년 3월 30일 1판 4쇄 |
| 정 가 | 15,000원 |





Published by Kihanjae Co.

ISBN 978-89-7018-532-3

http://www.kihanjae.com

E-mail : kihanjae@hanmail.net